[illegible]

OBSERVATIONS SUR L'AGRICULTURE ET LE JARDINAGE,

Pour servir d'Instruction à ceux qui desireront s'y rendre habiles.

Par M. ANGRAN DE RUENEUVE, *Conseiller du Roy en l'Election d'Orleans.*

TOME PREMIER.

A PARIS,
Chez CLAUDE PRUDHOMME, au Palais, au sixiéme Pilier de la Grand' Salle, vis-à vis l'Escalier de la Cour des Aides, à la Bonne Foy couronnée.

M. DCCXII.
AVEC PRIVILEGE DU ROY.

P. Simonneau filius fecit.

A MONSEIGNEUR

LOUIS PHELYPEAUX,

CHEVALIER MARQUIS DE LA VRILLIERE & de Chasteauneuf, Vicomte de Saint-Florentin, Baron d'Ervy-le-Chatel, & Seigneur de Bois-commun & autres Lieux; Conseiller du Roy en tous ses Conseils, Secretaire d'Estat & des Commandemens de Sa Majesté, Commandeur & Secretaire de ses Ordres.

MONSEIGNEUR,

Ce n'est pas seulement aux Laboureurs & au simple Peu-

ple de la Campagne que peuvent être utiles les Obſervations ſur l'Agriculture & le Jardinage, *que j'ay l'honneur de preſenter à* VÔTRE GRANDEUR. *Les perſonnes les plus élevées, qui ſont touchées des plaiſirs innocens de la vie champêtre, y trouveront de quoy s'inſtruire & ſe ſatisfaire. On a vû de tout temps des Hommes Illuſtres employer à la Culture des Terres tout le loiſir que leur laiſoient les grandes affaires auſquelles ils étoient occupez pour le bien de l'*Etat *: & cela bien loin de les deshonorer, n'a ſervi qu'à rendre leur nom plus recommandable. En effet, quoy de plus noble, que de* *cooperer, pour ainſi dire, avec l'Auteur de la Nature, en s'appliquant à rendre la Terre plus fertile & à en multiplier les Fruits ? C'eſt à quoy,* MONSEIGNEUR, *Vous avez toujours fait paroître une inclination toute particuliere, qui me fait prendre aujourd'huy la liberté de vous preſenter un Livre où j'ay tâché de ramaſſer toutes les Inſtructions neceſſaires à ceux qui aiment l'Agriculture & le Jardinage. Je devois à* VÔTRE GRANDEUR *cette legere marque de ma reconnoiſſance, pour la maniere pleine de bonté avec laquelle il Luy a plu me recevoir toutes les fois que je me ſuis preſenté devant Elle. Qu'il eſt beau, MONSEIGNEUR, d'avoir dans un rang ſi élevé cette douce affabilité, cette humeur bienfaiſante par laquelle Vous êtes autant diſtingué que par la penetration de vôtre eſprit, l'éclat de vôtre Maiſon, vos illuſtres Alliances & les premiers Emplois de l'Etat que Vous exercez avec tant de deſintereſſement & d'équité! Je m'eſtimerois heureux ſi je pouvois m'aſſurer que mon Ouvrage aura vôtre approbation: je ne craindrois plus de l'expoſer au Public. Mais quel que ſoit le Jugement que Vous en porterez, je me flate du moins que Vous agrerez la proteſtation que je fais ici d'être toute ma vie, avec l'attachement le plus respectueux,*

MONSEIGNEUR,

DE VÔTRE GRANDEUR,

Le tres-humble & tres-obeissant Serviteur,
ANGRAN DE RUENEUVE.

PREFACE.

QUOYQUE mon dessein ne fût pas d'abord de faire une Preface, j'ay crû neanmoins que je devois commencer mon Livre par instruire le Lecteur, de l'ordre que j'y ay observé.

J'ay divisé mon Ouvrage en deux Parties; la premiere contiendra neuf Chapitres, & la seconde sept.

Je ne feray point ici l'éloge de l'Agriculture & du Jardinage, parce que je le fais dans le premier Chapitre de la premiere Partie, où je prouve clairement l'ancienneté, la noblesse, l'excellence, l'utilité, les délices & l'innocence de ces beaux Arts.

Je parle dans le second, des expositions, & des aspects differens du Soleil qui conviennent le mieux à toutes sortes d'Arbres fruitiers, & des moyens de guerir & de prevenir les maladies & les accidens qui pourroient leur survenir.

Le troisiéme Chapitre apprendra ce que c'est que Pepiniere, & la methode sûre pour connoître quelle qualité doit avoir une Terre, comme elle doit être preparée avant de construire cette Pepiniere, à quelle exposition elle doit être, & quels sont les labours qu'il conviendra de donner aux jeunes Arbres qui y seront plantez.

Le quatriéme traitera de toutes sortes de Greffes, & expliquera la maniere de les faire avec regularité.

Le cinquiéme fera connoître

quelles sont les qualitez & les proprietez du fond de chaque Terroir, & les moyens sûrs pour mettre le mauvais en état de produire avec vigueur des Plantes de toutes especes.

Le sixiéme traitera de la maniere de planter dans les regles toutes sortes d'Arbres fruitiers, tant pour les reduire en espalier & en buisson, que pour les élever à haute & à demi-tige.

Le septiéme expliquera la distance qu'il faudra donner aux Fruitiers & non Fruitiers, quand on les plantera, eu égard à la qualité de la terre où on voudra les mettre.

Le huitiéme contiendra les conditions necessaires à toutes sortes d'Arbres, pour meriter d'être choisis, soit qu'ils soient dans les Pepinieres, ou hors des Pepinieres.

Et le neuviéme & dernier instruira amplement de la maniere de tailler, pincer, paliſſader & ébour-geonner les Arbres fruitiers nains & accoler leurs branches aux eſpaliers. On y verra auſſi les raiſons pour leſquelles il faut tailler quelquefois ceux à haute & à demi-tige.

Le premier Chapitre de la ſeconde Partie fera des Obſervations ſur les Labours qu'on doit donner aux Arbres fruitiers & non fruitiers, & ſur les temps les plus propres, tant par raport à la qualité des Terroirs & des Climats contraires les uns aux autres, qu'aux Arbres qui ſeront greffez ſur des ſujets de differente eſpece. On y parlera auſſi de la maniere de faire tenir en toutes Saiſons les Allées des Jardins fort propres & ſans qu'il y croiſſe aucunes herbes.

Le ſecond donnera une methode ſûre pour faire acquerir à la plûpart des Fruits une belle couleur, pour les faire cueillir dans le temps qui eſt le plus propre, & pour les conſerver dans la Serre pendant l'Hiver.

Le troiſiéme traitera de l'art de détruire aiſément toutes ſortes d'Animaux ennemis des Arbres fruitiers & non fruitiers; des Blez & autres Grains, de la Vigne, des Fleurs & des Plantes medecinales & legumineuſes.

Le quatriéme expliquera ſuccintement de quelle maniere il convient faire les differentes eſpeces de Couches.

Le cinquiéme apprendra la maniere de donner des labours aux terres propres à produire des Blez, Sarrazins, Mays, Orges, Avoines, Millets, Pois, Veſces & autres Grains, avant de les y ſemer, eu égard au fond ou à la qualité de ces terres; avec une nouvelle découverte pour empêcher que les Blez fromens ne bruinent & ne roüillent.

Le ſixiéme inſtruira comme il faut planter, tailler, lier, amender, cultiver, multiplier, ébourgeonner & accoler la Vigne, & apprendra deux beaux ſecrets juſqu'à preſent inconnus; le premier pour empêcher que cette Plante ne gele, & le ſecond pour qu'il n'y croiſſe aucunes herbes. A la fin de ce Chapitre il y a une excellente methode de façonner les Vins & autres boiſſons & de faire diverſes ſortes de Rapez.

Et le ſeptiéme & dernier apprendra la maniere de faire élever, cultiver, tailler, arroſer, encaiſſer & rencaiſſer des Orangers, Citronniers & Grenadiers & pluſieurs Arbriſſeaux & Arbuſtes ſervant d'ornement aux Orangeries, & les maintenir longtemps en bon eſtat.

Voila en peu de mots ce qui eſt contenu dans cet Ouvrage, dont on trouvera la Table des

Chapitres au commencement de chaque partie, & celle des termes & des Matieres ſe trouvera à la fin.

Ce n'eſt pas ſeulement pour les Laboureurs, Jardiniers & Vignerons que j'ay travaillé : mais generalement pour toutes les perſonnes qui deſirent apprendre quelque choſe de l'Agriculture & du Jardinage ; c'eſt par cette raiſon que je me ſuis appliqué à ſi bien ménager les diſcours & les raiſonnemens qui le compoſent, que j'oſe eſperer qu'il pourra plaire, & qu'il ſera propre & utile à tous ceux qui aiment ces beaux Arts.

Je me ſuis expliqué de la maniere la plus ſimple qu'il m'a été poſſible, étant perſuadé que ces ſortes de Traitez ne demandent rien de relevé ni d'éloquent, & que le plus grand ornement dont ils ayent beſoin, c'eſt la netteté & la ſimplicité.

PREFACE.

J'ay cru devoir inserer dans mon Ouvrage les Définitions & Etimologies de plusieurs termes propres à l'Agriculture & au Jardinage, afin que ceux qui le liront, n'ayent pas la peine de les chercher dans les Dictionaires. J'y ay ajoûté quelques Remarques faites par des Auteurs anciens & modernes qui ont écrit de ces Arts. J'y ay mis les Descriptions de quantité d'Arbres, Arbrisseaux, Arbustes, Fleurs, Fruits, Grains & Legumes, avec leurs vertus medicinales. J'y parle des Remedes éprouvez contre les Maladies des Plantes, & j'y mêle quelques traits d'Histoires sacrées & profanes concernant la Vie délicieuse & innocente de la Campagne. Mais afin que le Lecteur n'ait pas lieu de dire que je me suis écarté de mon sujet quand j'ay expliqué ces Termes ou fait ces Descriptions, tout cela a esté imprimé en caracteres differens, immediatement aprés les Articles où ces choses ont rapport.

J'ose me flater que le Traité que je prens la liberté de donner au Public, ne luy sera pas inutile, puisque nous voyons aujourd'huy tant de personnes qui s'adonnent à l'Agriculture & au Jardinage; que même sa Majesté & Messeigneurs les Princes, & à leur exemple quantité de personnes de merite & de distinction, font de ces excellens Arts, leur plus agréable divertissement: c'est sans doute à l'imitation de ces fameux Romains, qui au retour des actions militaires, ne dédaignoient pas de donner leurs soins à ces sortes d'exercices.

Je ne pretend pas affecter de cacher d'où j'ay pris ce que j'ose produire sous mon nom, ni de blâmer les inventions d'autruy pour faire valoir les miennes: au contraire je fais profession d'être

fort

fort obligé à plusieurs Ecrivains qui ont travaillé avant moy sur la même matiere. J'avouë ingenuëment que leurs Ouvrages m'ont facilité l'execution du mien. J'ay beaucoup profité des Actes Philosophiques de l'Academie Royale des Sciences & des Societez Royales d'Angleterre & de Montpelier : les Sçavans & Illustres Personnages qui les composent, ont fait sur les Plantes & sur la maniere de les cultiver, de belles découvertes dont j'ay fait usage. Je prie le Tout-Puissant de benir mon travail & de le rendre utile & agréable au Public.

TABLE

DES CHAPITRES contenus en ce premier Volume.

Fin de la Table des Chapitres.

OBSERVATIONS SUR L'AGRICULTURE ET LE JARDINAGE.

PREMIERE PARTIE.

CHAPITRE PREMIER.

De l'ancienneté, de la noblesse, de l'excellence, de l'utilité, des délices & de l'innocence de l'Agriculture, & du Jardinage.

Le repos & la tranquillité d'esprit sont d'ordinaire l'unique but qu'on se propose aprés plusieurs années de travail ; ce n'est ni à la Cour ni aux Villes qu'il faut les rechercher. L'experience nous fait connoître qu'on les y trouve rarement ; semblables aux grandes mers, elles sont remplies d'écueils dangereux & funestes; c'est dans le sejour de la Campagne, toûjours éloigné de la foule & de l'embarras que l'on rencontre le vray calme ; & c'est là qu'exempt du commerce du grand monde, on y passe la vie sans émotion & sans bruit, pourvû que l'on soit inspiré d'y demeurer par des sentimens de pieté.

Mais l'homme ne doit jamais être oisif en quelque situation qu'il soit, le travail continuel étant inseparable de sa condition. Rien au monde ne peut, au dire d'un Ancien, l'occuper à la Campagne, & plus utilement & plus innocemment que l'Agriculture & le Jardinage. Ces Arts sont du nombre de ceux que l'on appelle Liberaux ; car il est tres-constant qu'ils participent plus de l'esprit que du travail de la main, qu'ils consistent plus en la connoissance qu'en l'operation, & en la theorie qu'en la pratique, qu'ils regardent plus le divertissement & la curiosité, que les œuvres serviles & méchaniques : c'est la science des Philosophes, l'ame de l'experience & d'une grande étenduë. Quoique ces Arts soient reconnus pour de vrayes sciences, ils ne peuvent être dans l'oisiveté.

L'Agriculture & le Jardinage sont sans contredit les Arts les plus anciens, les plus nobles & les plus utiles de tous. Dieu, dit Moïse, pourvût au troisiéme jour de la creation du monde, à son ornement par la production de toutes sortes de Plantes medecinales & potageres, d'Arbres, de Fleurs & de Fruits, & commanda à la terre de conserver la Semence de chaque plante, selon son espece, ou dans ses pepins, ou dans ses noyaux, ou dans sa racine, ou dans ses branches, parce qu'alors la vertu active étoit en Dieu, comme en la cause efficace de toutes choses, & que la terre ne contribuoit qu'une vertu passive à leur premiere production; sans avoir autrement expliqué comment se fait le germe, ni comment se fait la semence & le fruit, sinon par la vertu de cette parole, qui est le Verbe de Dieu.

La Toute-puissance, dit l'Ecriture, fit le sixiéme jour l'Homme à son image & à sa ressemblance, mâle & femelle, & leur donna l'autorité sur tous les animaux de la Terre & de la Mer, avec sa benediction, & la vertu de multiplier & de croître, de remplir la Terre & de la soumettre par leur domination sur toutes les creatures sublunaires, & il leur donna toutes ſortes de grains, de fruits & de legumes pour ſe nourrir. Il eſt dit dans la Geneſe, *Chapitre 2. v. 15. 16. & 17.* que le Seigneur mit l'Homme dans un Jardin délicieux, afin qu'il le cultivât & qu'il le gardât. Il luy fit auſſi ce commandement & luy dit : Mangez de tous les fruits du Paradis : mais ne mangez point du fruit de l'Arbre de la ſcience du bien & du mal. Voila l'auguſte origine de l'Agriculture & du Jardinage.

Un illuſtre Moderne a excellemment dit que ces Arts étoient la premiere deſtination de l'Homme ; d'inſtitution divine, ſes mains pures & innocentes devoient être occupées à la Culture du Jardin de delices ; que ce travail n'auroit pas été penible comme il l'eſt aujourd'huy aux Hommes qui cultivent la terre pour l'obliger à produire toutes ſortes de Plantes avec une grande fatigue, qui eſt la juſte peine de leur peché : mais que dans le premier Homme ç'auroit été une Culture parfaite de delices accompagnée de reflexions charmantes ; qu'il ſe ſeroit ſervi de cette Culture pour y penetrer les ſecrets de la grandeur & de la ſageſſe de ſon adorable Createur, avec des vûës profondes & des conſiderations bien plus élevées que ne peuvent être celles des genies les plus éclairez. Auſſi ſaint Auguſtin a-t-il aſſûré que l'Agriculture & le Jardinage étoient alors non le ſupplice d'un Homme condamné, mais la joye & les delices d'un Bienheureux; qu'ils étoient en la perſonne d'Adam plus interieurs qu'exterieurs, plus divins qu'humains; qu'il en tiroit non ſeulement des ſujets d'une contemplation ſublime, proportionnée à la ſainteté de ſon état; mais qu'il admiroit auſſi cette liaiſon ſecrette, & ce rapport ſi eſſentiel de la Culture que les Plantes reçoivent ſur la terre, avec la vertu des influences que Dieu y répand du Ciel.

C'eſt nôtre premier Pere qui a donné le nom aux Animaux & aux Plantes; il les leur donna conformement à leurs qualitez, & ſelon les belles connoiſſances que Dieu luy avoit données. Il ordonna dans la ſuite des temps à ſes deux fils, Caïn & Abel, de faire à cet adorable Createur leurs premiers preſens. Le premier qui aimoit l'Agriculture luy preſenta de ſes Fruits, & le dernier qui étoit Paſteur luy donna ce qu'il avoit de meilleur dans ſes étables. Dieu témoigna d'avoir plus agreable le ſacrifice d'Abel qui étoit un Homme juſte, que celuy de Caïn qui étoit au contraire un Homme fort emporté & fort ambitieux ; celuy-ci ne put souffrir cette preference, & plein d'envie & de rage, tua son frere l'an du Monde 130.

La sainte Bible nous apprend que les Patriarches ont eu autant de soin à cultiver la terre, qu'à enseigner la doctrine des mœurs des Hommes. Isaac alloit entr'autres le soir dans son Champ mediter les grandeurs de Dieu par l'inspection des choses naturelles ; aussi jamais temps & lieu n'ont été mieux choisis pour se recueillir & pour s'occuper de la puissance, de la justice & de la bonté de Dieu.

Le plus sage des Rois se plaisoit beaucoup à l'Agriculture, qui est l'ouvrage des grands Hommes, parce que leur ame est noble. Il sçavoit sans doute que le plus noble des Arts étoit celuy du premier, & du plus noble de tous les Rois, qui avoit eu Dieu pour Pere dans le Paradis terrestre, & qui n'avoit en ce lieu d'autre employ, que d'achever en cultivant la terre, ce que cet adorable Auteur de la nature venoit de commencer en la creant. Le plaisir de Salomon n'étoit pas de s'aller seulement promener dans ses magnifiques Jardins, c'étoit encore de planter, cultiver & tailler luy-même ses Arbres & autres Plantes, & d'y voir naître & croître leurs Fruits ; donnant en cela des exemples & des leçons aux Jardiniers les plus habiles, & se faisant admirer par eux en l'exercice de leur mêtier, autant qu'il se faisoit regarder avec admiration par toutes les Nations dans son Cabinet. Il se plaisoit encore à se trouver seul, autant que ses Courtisans se plaisoient à converser avec luy, & à l'entendre parler. L'heure où aspiroient ses desirs, étoit lorsqu'aprés les travaux du jour, las des affaires, des honneurs & du bruit du grand Monde, il se retiroit en une solitude delicieuse, & que là, selon ses paroles, assis à l'ombre d'un bois, il s'entrenoit avec son Createur sur les fausses esperances de la vie humaine, & sur la vanité des grandeurs & des beautez sujettes à la mort. Ce seul exemple devroit nous exciter à la meditation & au travail ; aussi un sage Chétien a dit, que pour éviter l'oisiveté & l'ennuy, il falloit prier, lire & travailler.

Quoique le travail soit d'une obligation indispensable, cependant il est aujourd'huy fort negligé. On s'imagine qu'il n'y a que les Pauvres qui soient obligez de travailler, & on voit bien peu de Riches qui prennent cette obligation pour eux ; neanmoins plusieurs raisons nous y obligent tous ſans aucune exception. Dieu a condamné tous les Hommes au travail en la perſonne du premier, quand il luy dit aprés ſon peché : la terre ſera maudite à cauſe de vôtre deſobeïſſance, vous n'en tirerez plus rien qu'à force de travail : elle produira des ronces & des épines ſeulement ; vous ne mangerez plus de pain que celuy que vous gagnerez à la ſueur de vôtre viſage. *Geneſ.* 3. 17. Or le commandement que Dieu fit à ce premier Pecheur, eſt une loi generale, dont nul Homme ne ſe peut diſpenſer ; les Rois n'en ſont pas plus exempts que leurs Sujets ; & les Riches y ſont tenus auſſi-bien que les Pauvres. L'Ecriture dit que l'Homme eſt né pour travailler. *Job.* 5. 7. S. Paul ne craint point de dire en general, que celuy qui ne veut point travailler, ne doit point manger. Il eſt vray que tous ne peuvent pas faire le même travail, mais il eſt certain qu'il faut que chacun s'applique toûjours à faire quelque choſe d'utile & d'innocent. Comme l'Agriculture & le Jardinage ſont des Arts tres-nobles, tres-utiles & tres-innocens, j'eſtime que l'on doit les preferer à ceux qui ne ſervent qu'à entretenir le luxe, la vanité & la molleſſe.

On ne perd jamais ses peines, dit le Sage, lorsqu'on travaille à la terre, car elle n'est jamais ingrate; elle nourrit toûjours de ses fruits ceux qui la cultivent avec soin; elle ne refuse ses biens qu'à ceux qui apprehendent de luy donner leurs peines. Plus les Laboureurs, ajoûte-t-il, ont d'enfans, plus ils sont riches; car les enfans dés leur tendre jeunesse, commencent à les secourir & à les aider; les plus jeunes ont la conduite des Moutons & des Pourceaux dans les Pasturages; les autres qui sont un peu plus avancez en âge, menent déja les plus grands Troupeaux: enfin, les plus âgez labourent les terres avec leur pere. Le soin qu'on prend de cultiver la terre, & de nourrir du Bêtail, fait subsister un nombre infini de familles. Il y en a même à la campagne qui par leur grande œconomie, font de bonnes maisons.

L'Ecriture sainte dit d'Osias Roy de Juda, qui regna cinquante-deux ans avec beaucoup de puissance & de gloire, qu'il avoit des vignes & des Vignerons sur les montagnes & dans le Carmel, parce qu'il se plaisoit fort à l'Agriculture. Cette occupation n'étoit pas au-dessous d'un Roy du Peuple de Dieu: sur tout depuis que l'Auteur du Livre de l'Ecclesiastique fait du travail, & particulierement de celuy de l'Agriculture & du Jardinage, un devoir aux Hommes vertueux. Ne fuyez point, dit Jesus fils de Sirach, les ouvrages laborieux, ni le travail de la campagne, qui a été ordonné par le Tres-Haut. *Ecclesiast. cap. 7. v. 16.*

L'étude de la Philosophie & la connoissance des belles Lettres ne sont pas plûtôt entrées chez les Perses & chez les Grecs, que l'Agriculture & le Jardinage les ont suivis comme leurs aimables & innocens amis. L'histoire de Perse m'apprend que les Princes qui y regnoient, n'estimoient pas faire quelque chose au-dessous de leurs Majestez, en prenant soin eux-mêmes de leurs Vergers & de leurs Parterres, en reglant l'ordre de leurs Plants d'Arbres, & en cultivant des Legumes, & même en formant des desseins & compartimens; au contraire ils en faisoient gloire.

Il est constant que les Rois de Perse au milieu de tout le faste, & de tout le superbe luxe de leur Cour, vaquoient d'ordinaire à la Culture de leurs Jardins, quand les devoirs de la Guerre ne les forçoient pas à sortir de leurs Palais. Xenophon en parlant du Roy Cyrus le jeune, assure que ce Prince n'étoit pas moins curieux d'entretenir la beauté de ſes Jardins, que de faire fleurir la paix & l'abondance dans ſes Etats.

Comme les Grecs veulent nous faire croire que la plûpart des Arts viennent, d'eux, ils diſent qu'Augias Roy d'Elide ſi fameux par le fumier de ſes étables remplies de milliers de Bœufs, eſt ſans doute l'Inventeur de la Stercoration, c'eſt-à-dire, de la preparation du fumier pour redonner à un Champ ſa fecondité épuiſée; & qu'Hercule qui enleva preſque tout le fumier de ſes étables, apprit à l'Italie le ſecret de faire amender les terres. La plus ancienne Philoſophie de ces Peuples eſt remplie d'un grand nombre de belles & excellentes maximes de l'Agriculture; & ceux qui en ont écrit, ont enſeigné de quelle maniere il falloit cultiver la terre, en la careſſant comme elle le ſouhaite, afin de la mettre en état de nous faire don de ſes plus precieux biens.

Quand Alexandre eut fait la conqueſte de la Fenicie, il commanda à Efeſtion ſon Favori de mettre la Couronne de cet Etat ſur la tête de celuy de tous les Sidoniens qu'il en jugeroit le plus digne. Efeſtion pour ſatisfaire à cet ordre, preſenta cette Couronne à deux jeunes Hommes freres, qu'on luy dit être les plus apparens & les plus considerables du Païs, en leur disant qu'ils étoient dans une si haute reputation de vertu, qu'Alexandre pouvant disposer de ce present, luy avoit commandé de le leur donner, dans la pensée qu'ils l'aimeroient, & qu'ils luy seroient plus fideles que celuy qui ne l'avoit pas voulu meriter ; c'étoit obliger des Personnes de tres-bonne grace, & il s'en trouveroit à present tres-peu qui n'acceptassent avec plaisir un present de cette nature ; cependant ils ne voulurent pas l'accepter, & dirent avec modestie que leurs Loix leur défendoient de penser seulement à monter au Trône, parce qu'ils n'étoient pas sortis du Sang Royal. Ainsi Efestion fut obligé de s'informer s'il y avoit quelqu'un de ce haut rang. On luy répondit qu'il y en avoit un, nommé Abdolominus, qui outre l'avantage d'une haute naissance, possedoit encore toutes les vertus qui peuvent immortaliser un Homme, mais si pauvre & si mal-traité de la fortune, que tous ses heritages & tous ses tresors ne consistoient qu'en un petit Jardin qu'il cultivoit de sa propre main, pour subvenir à sa nourriture & à son entretien. Ce Favori plus ravi de ce discours qu'il ne l'avoit été du refus qu'on luy avoit fait de ſa Couronne, dit qu'il falloit qu'il regnât, puiſque les Sidonniens le jugeoient digne de leur commander; il ordonna que le Sceptre, la Couronne & les autres ornemens Royaux luy fuſſent portez de la part du grand Alexandre, & même il luy fit dire que c'étoit ſa vertueuſe pauvreté qu'on enrichiſſoit. Ceux qui executerent cet ordre, trouverent cet illuſtre Jardinier dans ſon petit Jardin, occupé à en arracher les méchantes herbes & inutiles; ils luy mirent auſſi-tôt ſur les épaules une robbe de pourpre, & ſur la tête une Couronne enrichie de pierreries. Il crut d'abord que c'étoit une illuſion & une moquerie; mais ayant fait reflexion que c'étoit tout de bon, il vit bien qu'on le reconnoiſſoit pour Roy, & non comme un pauvre Jardinier; il dit alors ces belles paroles: Je ne ſçay, mes Amis, ce qu'Alexandre deſire de moy, mais il ne m'oblige peut-être pas tant qu'il penſe; & à le dire ſincerement, ma pauvreté m'eut été plus agreable & plus douce que l'état penible auquel il me met, d'autant qu'il va remplir mon eſprit de ſoins, au lieu que je trouvois une ſatisfaction ſans inquietude dans le plaiſir que je prenois de cultiver & arroſer mes Plantes: Neanmoins comme la raiſon ne veut pas que je ſois ingrat à l'honneur de ſa bienveillance, je l'iray voir pour apprendre de luy ce qu'il eſpere de ſa generoſité. Alexandre ayant appris ce qui s'étoit paſſé, crut n'avoir pas fait aſſez pour ce Jardinier nouveau Roy, s'il ne le careſſoit luy-même, afin de luy inſpirer un grand cœur, c'eſt pourquoy il l'envoya prier de venir le viſiter. Si-tôt que ce grand Prince eut jetté les yeux ſur Abdolominus, il luy dit : Ton port & tes yeux me parlent avantageuſement de toy pour me perſuader que ta naiſſance eſt telle qu'on me l'a dit : mais je voudrois ſçavoir ſi tu as toûjours été maître de ton eſprit, & de ta pauvreté. Il luy répondit avec reſpect : Je l'ay peut-être plus ſouverainement poſſedé en cet état, que je ne le poſſederay en celuy auquel ta bonté me veut mettre ; mais, Seigneur, je n'en abuſeray pas ſi je puis, & moyennant la grace des Dieux, je me ſouviendray toûjours que je ſuis Abdolominus, à qui rien n'a manqué pendant qu'il a eu des bras pour gagner ſa vie.

Il eſt rapporté dans l'Hiſtoire de la Chine, que Veniu IV. Empereur de la Chine, de la race de Hana, avoit établi une Fête ſolemnelle en tout ſon Empire, laquelle s'eſt depuis perpetuée pour faire reſouvenir ſes Sujets du ſoin qu'ils doivent prendre de l'Agriculture, afin d'éviter l'oiſiveté qui eſt ſi pernicieuſe à l'homme, en ne laiſſant aucune terre qui ne fût défrichée ; & même le jour de cette Fête, qui ſe fait toûjours au commencement du printemps, le Roy laboure luy-même la terre, & y répand enſuite quelques grains, pour donner à ſes Sujets un bon exemple ; auſſi peut-on dire que les Chinois ſont bien plus attentifs à la Culture des terres que les autres Nations du monde. C'eſt ce travail ſi noble, ſi utile & ſi innocent qui leur donne le moyen de nourrir cette multitude innombrable de Peuples qui habitent les Provinces de ce vaſte Empire, dans l'étenduë duquel il n'y a pas un ſeul pouce de terre qui ne produiſe de ſoy-même, ou par les ſoins que l'on prend de la cultiver. Auſſi les Chinois ſoûtiennent-ils que le Labourage des terres eſt la principale richeſſe des Empires, & que tous les Rois & les Gouverneurs des Provinces doivent travailler à la conſervation & au progrez de l'Agriculture, puiſque c'eſt l'art le plus neceſſaire à la vie.

Les Empereurs de Conſtantinople & les Rois Orientaux, cultivoient eux-mêmes leurs Jardins, & ſe ſervoient des mêmes inſtruments dont ſe ſervent aujourd'huy les Jardiniers pour faire produire à la terre toutes ſortes de légumes.

Constantin surnommé Pogonatus, Empereur d'Orient, aprés avoir remporté plusieurs Victoires sur terre & sur mer, & reduit les Sarrasins & Arabes, fit une heureuse Paix, & ensuite rétablit les études de la Philosophie & de la Rethorique, qui étoient presque perduës, & fit revivre les Arts,& particulierement l'Agriculture, duquel il fit un Traité en Grec, dans lequel il cite un grand nombre d'Auteurs qui avoient écrit de cet excellent Art. Ce grand Empereur livroit la guerre aux fourmis, ne croyant pas indigne de luy, de triompher de ces ennemis des plantes, quelque gloire qu'il eut remportée en soumettant tant de Peuples à ses Loix.

Cornarius Medecin Allemand, qui a traduit de Grec en Latin le Traité de ce grand Empereur Constantin IV. dit que l'Agriculture a toûjours été considerée la plus utile & la plus delectable aux hommes pour le soûtien de leur vie, tant à cause des grands biens qu'on en retire, que des plaisirs innocens dont on ne peut exprimer les douceurs; pourquoy elle a été de tout temps cultivée par les Rois, les Princes & les plus grands Hommes: aussi les Philosophes se sont efforcez à l'envi les uns des autres, d'en faire re-

connoître

connoître le merite & l'excellence, soûtenant que la pure felicité d'un homme sur la terre, ne se trouvoit que dans cet agreable exercice.

Dans l'état le plus florissant de la Republique Romaine, la loüange la plus flateuse qu'on pût donner à un Citoyen de Rome, étoit de dire qu'il étoit un bon Laboureur de ses terres : & c'étoit à la charruë qu'on alloit chercher ces Hommes incomparables, qui aprés avoir commandé les Armées, battu les Ennemis, & rétabli la tranquillité dans l'Etat, s'en retournoient du milieu des honneurs, droit à la campagne labourer leurs terres.

Lucius Quintius Cincinnatus, qui défit & dompta les plus anciens & les plus opiniâtres ennemis des Romains nommez les Æques & les Volsques, fut tiré de la charruë pour être fait Dictateur. Ce grand Personnage sauva par son incomparable valeur le Consul Marcus Minutius, que l'armée ennemie avoit investi & mis en état d'être bien-tôt défait dans ses propres tranchées. L'Envoyé de Rome étant par hazard arrivé chez luy au temps de la saison où on ensemence les terres pour le faire venir, trouva ce grand Homme attaché à la charruë & labourant luy-même ses terres ; il ne fit point de difficulté d'obéïr à l'ordre qui luy avoit été donné, & de quitter cet exercice pour s'acheminer à l'Armée, ou comme pour continuer l'ouvrage qu'il faisoit à la campagne, il mit sous le joug les ennemis qu'il vainquit en bataille, & les traita comme il avoit coûtume de traiter ses bêtes. Ce Laboureur victorieux ayant parachevé un si glorieux exploit, ne manqua pas de s'en retourner à ses bœufs pour continuer son exercice ordinaire. Cette guerre fut commencée & finie en quinze jours, sans doute afin qu'il parût que cet Illustre Dictateur se hâtoit pour aller reprendre la besogne qu'il avoit laissée à la campagne.

Quand on appella à Rome Attilius, pour l'honorer du Consulat, il semoit son bled. C'est de ces personnes-là qu'étoit venuë la grandeur de cette Republique, & la majesté du nom Romain ; & ce que beaucoup de gens prennent pour une vie obscure & méprisable, est une profession toute honnête, & qui a ses agrémens

Pline dans son Histoire naturelle Livre 17. Chapitre 9. dit que l'Italie mit Stercutius un de ses anciens Rois au nombre des Dieux, pour avoir inventé le premier l'Art de fertiliser les terres par le fumier : & au livre 18. Chapitre 5. il dit que c'eſt dans l'exercice de cette pénible vie, que ſe forment les grands Hommes pour la guerre ; & que de cette école, il n'en ſort que d'Illuſtres Capitaines, de bons Soldats, gens pleins de droiture, & qui ne ſont point mal penſants.

Aurelius Victor dans ſon Abregé des vies & des mœurs des Empereurs de Rome, rapporte que Diocletien ayant abdiqué l'Empire en la ville de Nicomedie, ſe retira en ſa maiſon de campagne. Peu de temps aprés Herculius & Gallerius le ſolliciterent de reprendre le gouvernement de l'Empire. Plût au Seigneur, leur répondit-il, que vous viſſiez les beaux Legumes que je cultive de ma propre main dans mes jardins de Salone, jamais vous ne me feriez de telles propoſitions ; il proteſta encore pluſieurs fois qu'il n'avoit jamais goûté les vrais plaiſirs de la vie, ni vû luire le Soleil plus doucement, que depuis ſa ſolitude & ſa retraite.

Si on veut ajoûter foy à ce que des Modernes ont écrit, il faut croire que quantité d'Illuſtres Familles de Rome tiroient leur nom des legumes qu'elles cultivoient. S'il n'eſt pas vray que ces Familles ayent été nommées du nom des plantes qu'elles cultivoient par prédilection, du moins il eſt tres-conſtant que des perſonnes d'un haut rang ont donné leur nom à des Plantes, dont ils ont reconnu les premieres, la vertu ſinguliere.

Ciceron ce ſublime & incomparable genie, l'ornement de ſon ſiecle & de l'Empire Romain, dans ſon livre de la Vieilleſſe, dit que les plaiſirs que la nature toute pure & toute ſimple a preparée aux villageois, ſont ceux mêmes qui conviennent le mieux à un Philoſophe & à un veritable Sage. C'eſt dans cet Ouvrage où ce grand Homme a déployé toutes les voiles de ſon érudition & de ſon éloquence pour loüer la vie ruſtique; il ne parle pas tant par étude que par goût & par ſentiment, comme il le déclare en diſant ces paroles: Parlons maintenant de la felicité des Laboureurs, que veritablement je goûterois avec des plaiſirs inexplicables. Le ménage, les jeux, les mets, les délices de la campagne y ſont exactement détalliez. On y voit, dit-il, meurir une grappe de raiſin; on ſe promene dans ſes jardins; on voit greffer des arbres; on fait moiſſonner & ſerrer ſon bled, de peur qu'il ne devienne la proye des oiſeaux; on va admirer les mouches à miel; on goûte ſon vin; on va dans la baſſe cour; on voit les volailles & les beſtiaux; on parle physique, & on raisonne sur la force concentrée d'une petite graine qui se développe dans la terre, & qui produit un si grand arbre. Je ne m'étonne pas, ajoûte Ciceron, si tant de Princes ont abdiqué les grandeurs du Gouvernement pour se dévoüer à l'Agriculture & au Jardinage. Ce grand Homme étoit charmé de ces utiles & innocens Arts, & se plaisoit beaucoup à la Culture de la terre. Il sçavoit tout ce que la Cour & la Ville peuvent offrir de plus specieux aux Hommes ; il compte tous ces objets lumineux & éblouïssans pour rien, en comparaison des innocens plaisirs qui se goûtent dans une retraite honorable à la campagne.

Seneque parlant de Scipion l'Africain, dit que ce grand Homme la terreur de Cartage, n'avoit qu'un petit Champ, qu'il cultivoit luy-même. Aprés qu'il s'étoit exercé au Labourage, il se lavoit pour nettoyer son corps mal propre par la sueur & la poussiere, & il imitoit la vie des premiers Hommes.

Il est constant que Massinis Roy de Numidie, eut une si grande estime pour l'Agriculture & le Jardinage, & eut un si grand soin de ses Vergers, que les ouvrages qu'il fit faire, surpasserent la secheresse de ses terres, & qu'il eut l'adresſe de les obliger de faire pluſieurs belles productions qui ſembloient en demander d'autres contraires en un climat plus favorable & plus temperé, en telle ſorte que l'Art ſurpaſſant la Nature, ſes Sujet étoient ſurpris de voir chez eux tous les plus beaux & tous les plus excellens fruits du monde, dont ils n'avoient point eu de connoiſſance ; ſans doute que ce Prince avoit imité en cela l'exemple de ſon cher Scipion, qui dans l'amour qu'il avoit de ces innocens Arts, ſouhaita y faire conſtruire autant de ſuperbes Jardins, qu'il y avoit auparavant moiſſonné de Lauriers.

Virgile Illuſtre Poëte Latin, qui compoſa des Vers que tout le monde admire, & qui porta la Poëſie au plus haut point où elle arriva jamais, fait bien remarquer dans ſes Georgiques, qu'il poſſedoit la ſcience de l'Agriculture & du Jardinage au ſouverain degré, & qu'il avoit un grand amour pour tout ce qui la regardoit ; car il ſe recrie : O! bienheureux mortels qui faites vôtre ſéjour ſur les Collines, dans les Vallons, & qui loin du bruit des Armes, cultivez vos champs fertiles, il ne manque rien à vôtre felicité, ſi ce n'eſt le ſeul plaiſir de connoître le bonheur de vôtre état.

On voit dans la Relation de l'origine du Royaume d'Ormus, & de la succession des Rois qui y ont regné jusqu'au temps que les Portugais en firent la Conqueste, tirée de l'Histoire de Torumca aussi Roy d'Ormus, qu'Ica qui avoit l'humeur douce, & qui entretint pendant son regne une grande Paix dans ses Etats, fit appliquer ses Sujets à l'Agriculture, & particulierement a planter des Palmiers. Il leur faisoit quelquefois distribuer de l'argent, afin de les encourager au travail; ils l'aimoient beaucoup, & ils exposoient dans toutes les occasions leurs biens & leur vie pour son service.

PALMIER, est un Arbre qui vient en Egypte, & dans les Païs chauds. Il est fort haut, & il a un tronc écaillé qui ne produit des branches qu'à sa cime; elles se tournent en rond, parce que leurs extremitez panchent vers la terre; ses feuilles sont longues, doubles & étroites comme un épée. Il jette quantité de fleurs attachées à une queuë fort mince, qui viennent en grappes, & ressemblent à celles du Safran, si ce n'est qu'elles sont moindres & qu'elles sont blanches. Il porte un fruit qu'on appelle Datte. Pline dit que le Palmier femelle ne porte point de fruit, s'il n'est planté auprés du Palmier mâle. Il y a au Jardin Royal des Simples, à Paris, fauxbourg S. Victor, deux beaux Palmiers; je croy qu'il n'y en a pas d'autres dans le Royaume. Le Palmier & le Cocos distillent des liqueurs qui passent pour du vin. Les vrayes climats où croiſſent ces deux ſortes d'Arbres, ſont l'Afrique & l'Arabie.

COCOS, eſt un Arbre des Indes qui eſt une eſpece de Palmier qui eſt bien plus haut que les autres Arbres, & dont le tronc & les branches ſont beaucoup plus groſſes. Son fruit qui eſt auſſi appellé Cocos ne paroît pas d'abord, car l'Arbre ne jette que deux ou trois envelopes, qui ſe rompent à meſure que le fruit qu'elles renferment, pouſſe & groſſit. De ſon tronc ſort une graine qui quand elle s'ouvre, fait paroître une grappe de quatre-vingt-dix ou cent Noix; mais il n'y en a que quatorze ou quinze qui acquierent la parfaite maturité. Sur ce même arbre on voit quatre ou cinq grappes de different âges; les unes en fleur, groſſes comme des noix ordinaires; & les autres un peu moins. Lorſque la noix eſt encore verte, elle eſt pleine d'une liqueur qui eſt la boiſſon la plus délicieuſe & la plus agréable de ce Païs là, & chaque noix en rend plein un grand verre. Quand elle eſt plus avancée, le dedans a la conſiſtance de la crême, & on la mange avec des cuilliers. Lorſque le fruit eſt arrivé à ſa perfection, il eſt agréable au goût; mais il eſt de difficile digeſtion, & il reſſemble à des cerneaux de noix vertes. L'écorce exterieure de ce fruit eſt noire, & étant filée, elle fournit des cables aſſez gros pour les grands vaiſſeaux, plus forts & moins briſans que ceux du chanvre. La ſeconde écorce qui couvre ce fruit, ſe peut manger comme des Cardons d'Eſpagne: & quand elle eſt encore tendre & verte, le dedans de la noix de Cocos ſert de pain. On tire aſſez d'eau de ces noix, lorſqu'elles ſont vertes, pour fournir un vaiſſeau: elle eſt claire comme eau de roche, & plus fraîche. Lorſque la noix eſt ſeche, on en tire une excellente huile. On tire du vin de cet arbre quand il a il a jetté sa graine ; on la coupe vers le bout, on la lie & on la met dans une cruche qui reçoit la liqueur que jette le Cocos, qu'on recueille deux fois le jour, le matin & le soir. C'est une liqueur douce, qui purge le corps, & qu'on boit ordinairement dans les grands Repas. Lorsqu'elle est distillée, elle monte à la tête, & fait d'étranges effets, quand on en a un peu trop bû. On en fait d'excellent vinaigre, en y jettant dedans du bois allumé. On tire du sucre commun de la seve de cet Arbre, qu'on appelle Mascoüade, qui est un mets tres-délicieux, en la faisant boüillir & coaguler. L'eau des noix de Cocos étant encore vertes, est un grand cosmetique pour les femmes, & leur fait un fort beau teint. Les cordages des vaisseaux des Indes, sont faits du Cairo ou écorce du Cocos ; & les feüilles du Palmier nommez Cayouris, cousuës ensemble, servent de voiles. On fait des planches du tronc de ces Arbres qu'on joint ensemble avec du Funin, qu'on tire de la derniere écorce de la noix, qui sert aussi à radouber, avec de la colle de poisson qui sert de bray ou de goudron. Avec du Cocos & du Palmier, on peut construire un Navire, & l'emplir de toutes ses necessitez & provisions, sans se servir d'autre chose. Enfin, il n'y a point d'Arbres au monde, dont les hommes puissent tirer plus de profit.

Il est rapporté dans l'histoire du Nouveau Testament, que le Sauveur des Hommes a eu tant d'estime pour la vie rustique, qu'aprés sa Resurrection il apparut pour la premiere fois à sainte Marie-Madeleine en habit de Jardinier. J'estime que les Anciens ont eu raison, quand ils ont appellé l'exercice champêtre, une vie de liberté & d'innocence.

Nous lisons dans l'histoire des Turcs, que Mahomet le plus dangereux des faux Prophetes, a fait des Loix que ses Sectateurs ont suivi & suivent tous les jours, dont il y en a une entr'autres qui oblige les Empereurs Othomans à apprendre à gagner leur vie par quelques Ouvrages sortis de leurs mains, parce qu'autrement ils ne seroient pas jugez dignes de porter la Couronne, cette Loy étant fondée sur ce principe, qu'un Homme n'est pas capable de vivre, s'il ne travaille pour se nourrir & s'entretenir. C'est ce qu'ont exactement observé plus de vingt-cinq Empereurs qui ont occupé ce superbe Trône depuis Othoman. Tous se sont soumis à cette Loy. En effet Mahomet premier du nom, neuviéme Empereur des Turcs, delassoit son esprit à cultiver la terre, afin d'accroître ses revenus par l'entretien de ses Jardins. Cette coûtume n'a été introduite que pour rendre ces Princes agissans, & pour leur donner du degoût de l'oisiveté, qui est sans doute la mere de tous les vices. Ce faux Prophete leur impose encore une autre Loy; car outre ce travail manuel, il veut que les nouveaux Empereurs Othomans labourent la terre avant d'aller ſe mettre en poſſeſſion de la Couronne, comme ſi trois ou quatre ſillons de terre labourez par eux, pouvoient contribuer à apporter l'abondance, ou bannir la ſterilité. Pour ſatisfaire à cette Loy Amurat III. ſortant de ſon Gouvernement pour aller monter ſur le Trône, ne manqua pas étant en chemin, de mettre pied à terre pour aller prendre la charruë du premier Laboureur qu'il rencontra, & d'employer deux heures à ce penible exercice; aprés quoy il agit en Prince, en faiſant charitablement à ce Laboureur un preſent digne de luy.

Nous voyons tous les jours des Heros & des Perſonnes de merite & de diſtinction qui font de l'Agriculture & du Jardinage leur principal divertiſſement, ſuivant en cela l'exemple de pluſieurs Dictateurs & Conſuls Romains qui s'y ſont ſouvent occupez; ils faiſoient des Loix & rendoient juſtice au Peuple, aprés avoir quitté leur charruë: leur principe étoit qu'il faut éviter l'oiſiveté, pour fuir le mal que l'on peut faire.

Un Ancien eſtimoit qu'un Prince qui regnoit heureuſement, & qui avoit des Sujets dociles, ſoumis & qui l'aimoient, devoit les ramener à l'Agriculture & au

Jardinage ; honnorer ces Arts ſi utiles & ſi innocens, ſoulager ceux qui s'y appliquoient, & ne point ſouffrir qu'ils vécuſſent ni oiſifs, ni occupez à des Arts qui entretiennent le luxe & la molleſſe. Et un Moderne a dit : Je ne voudrois pas renvoyer les Hommes aux penibles occupations de la vie de la Campagne ; nos mœurs ne ſont plus les mœurs de ces heureux temps ; l'amour du repos, le luxe, la bonne chere, la volupté ont pris le deſſus ; & la culture de la terre n'eſt plus le partage que des Hommes qu'on eſtime malheureux ; mais du moins je ſouhaiterois que l'on prît plus d'interêt à faire valoir ſes terres; en un mot, que l'on s'appliquât avec plus de paſſion qu'on ne fait à l'Agriculture & au Jardinage.

Don Guévara Evêque de Mondonedo, & Hiſtoriographe de Charles-Quint Empereur d'Occident & Roy d'Eſpagne, dont il ſuivoit la Cour, ſe plaignoit ſouvent de ne pouvoir parvenir à ſe confiner dans une retraite tranquille. Autant diſoit-il de bien de la vie champêtre, autant diſoit-il de mal de la vie de la Cour. Il faiſoit tout ce qu'il pouvoit pour détourner de cette Cour un Abbé, qui s'ennuyoit de ſa maiſon Abbatiale, & que trop de repos embarraſſoit. Dans une

Lettre qu'écrivit cet illustre Prelat à Don François Cobos, aprés avoir fait un parallele de la Mer & de la Cour, il finit par luy dire ; ne vous fiez gueres à la Mer, & point du tout à la Cour ; ce sont deux choses belles à voir de loin, & où il vaut mieux être Spectateur qu'Acteur ; ce sont là les propres termes de sa Lettre. Cet Empereur Charles-Quint se dépoüilla de ses Couronnes en faveur de Philippe II. son fils, rebuté ou par quelque revers de fortune, ou par une indisposition jointe à sa vieillesse, ou par la fatigue que les travaux de la Guerre, & les affaires de ses Etats luy avoient causé pour aller achever ses jours dans une solitude, & pour y mediter les grandeurs de Dieu par l'inspection des choses naturelles, & pour se preparer à la mort.

Nous voyons de nos jours que Monseigneur le Pelletier Ministre d'Etat, beau-frere de Monseigneur l'Evêque d'Orleans, en se dépoüillant sans contrainte de tout ce que la grandeur & la fortune peuvent offrir de plus éclatant, a fait voir qu'il y a encore dans le monde des Sages qui sçavent mettre le juste prix à chaque chose. Quand il demanda à Sa Majesté la permission de se retirer, ce grand Prince dit une chose qui montre bien l'estime qu'il faisoit d'une si innocente retraite, & ce que son grand cœur pense sur le chapitre de la Cour; car en suivant des yeux ce Ministre qui se retiroit, il dit : Nous avons ici peu de personnes qui soient capables d'en faire autant. Cet illustre Personnage à fait un Traité intitulé, *Comes rusticus*, qui est un recueil de tout ce qu'il y a de plus beau & de plus sensé sur la vie rustique. Il ne rapporte que les loüanges que les grands Hommes de l'antiquité, tant Orateurs, Philosophes que Poëtes, ont donné à l'Agriculture, afin de faire connoître que l'occupation champêtre est un excellent moyen pour recréer l'esprit de ceux qui ont de grandes affaires, & qu'on y trouve une Philosophie qui enseigne une vraye pieté, l'innocence des mœurs, une droiture de cœur, & une bonté d'esprit.

Quand je parle ici de l'Agriculture & du Jardinage, par rapport à toutes sortes d'Arts, je n'ay pas dessein de remettre les Hommes à la charruë, & de les faire labourer la terre, comme faisoient Attilius & Lucius Cincinnatus parmi les premiers Romains; ou de les engager à répandre du fumier sur un Champ pour le faire engraisser, comme ont fait la plûpart des Rois qu'a chanté Homere.

On ne va plus à present de la charruë au Sceptre, & on ne retourne point du triomphe au Labourage. On prend aujourd'huy les plaisirs de la Campagne, pour delasser l'esprit: & ce qu'il y a de plus penible dans la vie rustique, on le fait executer par ceux que la necessité a reduits au travail. Chacun ne prend là-dessus que ce que son état, son âge, ses forces, & la bienseance permettent de prendre; cependant cette vie rustique ne doit pas être une pesante & molle oisiveté. Elle a ses devoirs, & sur tout parmi les Chrétiens, dont les recreations sont renfermées dans des espaces fort petites. Ainsi tout ce que je dis & diray sur les douceurs de cette vie, ne doit pas être pris à la lettre, comme on le trouve dans les Ecrivains prophanes, qui ont cherché sur la terre une felicité, que la Loy de la mortification Evangelique interdit à l'Homme pecheur.

Un excellent Moraliste a dit que la vie de la Campagne est plus propre au recueillement & à la contemplation, que celle de la Cour & des Villes; qu'on y rencontre incessamment sous les yeux une infinité de belles choses capables d'élever l'esprit à Dieu. Que la Philosophie & l'étude de la Nature nourrissent la pieté &

ſoutiennent la Religion, & que l'on ſe perd ſans reflexion dans le grand bruit du monde. Que l'on y eſt entraîné par les mêmes bagatelles dont ſont occupez ces Hommes tout de chair, qui ne reflechiſſent preſque jamais ſur le neant des choſes preſentes, & ſur ce qu'il y a à eſperer ou à craindre dans la vie future. Que c'eſt pour cette raiſon qu'il eſtime qu'on eſt moins diſſipé hors des Villes & de la Cour; & que le ſejour de la Campagne a beaucoup plus de tranquillité & d'innocence. Que l'on pourra s'imaginer que c'étoit le goût des Anciens, & que les Sçavans de ce ſiecle-ci penſent & parlent d'une autre maniere, & que le bon goût eſt le goût de tous les temps. Qu'ainſi les modernes ne ſe ſont pas moins declarez que les anciens en faveur de la vie champêtre & de la ſolitude. Que la plus belle occupation eſt l'exercice ruſtique, puiſqu'il a été ſeul commandé de Dieu à nos premiers Peres.

Il eſt conſtant que je ne finirois point, ſi je voulois donner ici place à tout ce qui s'eſt dit de beau & de touchant ſur les plaiſirs de la vie retirée & de la Campagne. Preſque toutes les perſonnes aſpirent aujourd'huy à acquerir quelques lumieres dans l'Agriculture & le Jardinage. Ceux dont la profeſſion eſt ou dans les Armes, & dans les belles Lettres, ou dans les Finances, ou dans le Commerce, quand ils y ont fait quelque fortune, achetent des terres, où ils font ſemer toutes ſortes de grains, ou planter les meilleures eſpeces d'arbres fruitiers, dans l'eſperance d'en recueillir des fruits exquis & precieux, pour preſenter à leurs amis, ou pour leur uſage particulier, ou pour en tirer même quelque profit.

Puis donc que l'Agriculture & le Jardinage ſont des emplois ſi nobles, ſi utiles & ſi innocens, ne devroient-ils pas faire l'occupation & l'ambition de la plûpart des perſonnes de merite & de diſtinction ? ou, pour mieux dire, n'eſt-ce pas en ces utiles & agreables exercices que conſiſte le merite ſolide, le bon eſprit & la veritable Nobleſſe ?

L'experience m'a fait connoître que ces excellens Arts ſont ceux qui rendent les Royaumes floriſſans, tant par les avantages que les Rois & leurs Sujets en tirent, que par les biens & les commoditez qu'ils leurs produiſent quand ils font cultiver comme il faut les terres qu'ils poſſedent. Sa Majeſté même, ſi aimée de ſes Sujets, & auſſi juſte que ſage, ne dedaigne pas quelquefois de s'occuper elle-même, ou de voir travailler à la culture des terres, quand elle trouve quelques momens à se delasser des soins de son Empire, aujourd'huy le plus puissant, le plus florissant & le plus poli de l'Europe. On voit à present la France dans une grande abondance, parce que le Prince de qui elle suit les Loix, fait en sorte qu'elle ne manque presque d'aucune chose. Ce Royaume est sans contredit pardessus les autres Etats de l'Europe, ce que cette partie de la terre est au-dessus des autres parties, pour les Sciences & pour les Arts, pour les grands Capitaines & les sages Magistrats. Ses Campagnes sont aussi abondantes en bleds & autres grains, en vins, en fruits, en fleurs, en plantes medecinales & legumineuses, qu'aucun Païs du monde. S'il y a des montagnes seches, brûlées & steriles, cela vient assûrément des richesses immenses qui sont renfermées dans leurs entrailles, puisque ce sont les exhalaisons qui s'élevent des matieres metalliques à la superficie de la terre, qui font mourir les Arbres qu'on y fait planter, & les bleds & les autres grains, & les graines qu'on y fait semer.

Par tous ces exemples, on doit être pleinement convaincu que la science de l'Agriculture & du Jardinage, n'a rien d'indigne des Personnes du premier rang; qu'elle peut sans faire atteinte à leur haute naissance, & sans blesser leur rare merite, leur dérober quelques momens; c'est pourquoy je convie le Lecteur de s'appliquer quelquefois à l'exercice champêtre, pour tâcher d'y acquerir quelques nouvelles connoissances; puisque la Noblesse ne déroge pas quand elle laboure elle-même les terres qui luy appartiennent en propre, ou qu'elle le fait faire par ses Domestiques, & que les personnes d'Eglise peuvent faire cultiver & ensemencer par des Valets, celles qui dépendent de leurs Benefices, n'y ayant que les Nobles, les Beneficiers, les Commensaux de la Maison du Roy, & un petit nombre de Privilegiez qui ont la liberté de cultiver leurs terres, sans que l'on puisse pour ce sujet les imposer au Rolle des Tailles, ni à d'autres Impositions; Sa Majesté ayant toûjours eu la bonté de leur conserver ce beau Privilege.

Les Maîtres qui sont à la Campagne, doivent un peu s'appliquer à la connoissance des secrets de la culture des terres, pour les obliger à produire toutes sortes de grains, de fruits & de légumes; car quand ils en sçavent quelque chose, ils ne s'y attachent que pour leur plaisir, & pour connoître si les gens qu'ils employent s'en acquitent dignement. Il est bien inutile que les Maîtres cherchent de bons Laboureurs, Jardiniers & Vignerons, s'ils ne sont eux-mêmes capables de juger de leur science & de leur merite ; & ils ne devroient pas posseder ces heritages, puisqu'ils ne les sçavent pas goûter ; & il est presque impossible qu'ils soient bien servis, quand ils ne peuvent juger si ceux qui les servent, travaillent bien ou mal, étant tres-difficile de trouver des Ouvriers à la Campagne qui soient assez honnêtes gens pour ne rien faire qu'avec fidelité & regularité. Le Proverbe qui dit que l'œil du Maître vaut fumier, est bien veritable.

Un Ancien reprochoit à son Siécle que quoyque l'Agriculture & le Jardinage fussent les deux plus belles sciences que l'Homme pût acquerir, cependant l'on étoit reduit à ce malheur, qu'il se trouvoit peu de Maîtres pour les enseigner, & peu de Disciples pour les apprendre.

Le principal dessein que je me suis proposé en travaillant à cet Ouvrage, a été de communiquer mes experiences au Public, en les accompagnant en même-temps des principes ſur leſquels elles ſont fondées, & des lumieres qui peuvent donner du jour & de l'ouverture à de nouvelles découvertes. Voici le peu de connoiſſances que j'ay acquiſes depuis plus de vingt-ſept ans dans ces beaux Arts, dont je fais de bon cœur preſent au Public, ſuivant en cela le conſeil du Sage, qui dit qu'il faut toûjours ſe mettre en état d'apprendre quelque choſe, ou de donner des preceptes aux autres. Ainſi, ſi j'ay aſſez de bonheur que mon travail puiſſe luy procurer quelque utilité & quelque plaiſir, l'honneur & la gloire en doivent être referez à Dieu, comme à l'Auteur Souverain de toutes choſes.

La plûpart des Auteurs anciens & modernes qui ont donné d'excellens preceptes ſur la maniere de gouverner un ménage champêtre comme il faut, & de cultiver toutes ſortes de Plantes, nous ont aſſuré que l'Agriculture & le Jardinage pouvoient bien communiquer de la Nobleſſe à ceux qui faiſoient profeſſion de ces excellens Arts; mais que pour les traiter noblement, il falloit faire part à un chacun des nouvelles découvertes que l'on y avoit faites, & des moyens dont on s'étoit ſervi pour y parvenir. Ceux qui les traitent roturierement, font myſtere de tout ce qu'ils ſçavent, & gardent toûjours pour eux ſeuls les lumieres & les belles connoiſſances qu'ils y ont acquiſes. Comme j'ay un grand deſir d'aider aux Amateurs de l'Agriculture & du Jardinage, pour que leurs terres, de quelque nature qu'elles ſoient, puiſſent faire de belles productions; je me ferai auſſi un ſenſible plaiſir de donner aux Laboureurs, Jardiniers & Vignerons d'utiles inſtructions, afin de les mettre en état de remplir tous les devoirs attachez à leur état. Et comme bien ſouvent il paroît peu de capacité & d'experience dans la plûpart de ceux qui travaillent journellement à la terre, & que d'ailleurs les Maîtres qu'ils ont à ſervir, n'ont pas quelquefois aſſez d'intelligence pour les redreſſer & les inſtruire; c'eſt ce qui fait que c'eſt d'ordinaire par la faute des uns & des autres, que les terres qu'ils cultivent & amendent, ne font pas de ſi belles productions qu'elles auroient pû faire s'ils s'étoient mieux appliquez à la culture de la terre.

Je ne feray point la deſcription des outils & inſtrumens dont les gens de la Campagne ſe ſervent d'ordinaire pour cultiver leur terres, parcequ'ils ſont aſſez connus d'un chacun; mais je feray celle d'un grand nombre d'Arbres fruitiers & non fruitiers, d'Arbrisseaux, d'Arbustes, de Fleurs, de la Vigne, & même de toutes sortes de Grains, de Fruits & de Légumes, avec leurs vertus medecinales, immediatement aprés les articles où chacune des plantes aura été comprise.

Dieu ne s'est pas contenté d'avoir donné l'être à l'homme ; mais prévoyant les maladies ausquelles il est à chaque moment exposé par sa fragilité, & qu'il luy seroit quasi impossible de vivre dans le monde & de s'y conserver long-temps, sans qu'il devienne malade, a aussi eu un soin particulier de le pourvoir de salutaires remedes, par la vertu qu'il a donné aux Plantes medecinales, aux Métaux, aux Mineraux & autres choses composées. Sa Majesté toûjours attentive à procurer le bien de ses Sujets, & à leur ménager toutes sortes d'avantages, entretient à Paris en son Jardin des Simples, plusieurs Sçavans en la Botanique, lesquels donnent journellement au Public de beaux preceptes, & des regles excellentes pour connoître ces Plantes medecinales en perfection, ce qui est d'une grande utilité pour le Public.

BOTANIQUE est une des six parties de la Medecine, qui s'applique à connoître la vertu & la figure des Simples, pour les distinguer les unes des autres, & se servir de leurs diffentes qualitez à guerir les maladies. L'Academie Royale des Sciences a fait plusieurs belles experiences & descriptions Botaniques. Dioscoride, Matthiole, Clusius, Dalechamp, Tournefort, Besnier & autres, ont beaucoup écrit de la Botanique. Salomon avoit une connoissance parfaite de tous les Simples & de leurs vertus; rien ne lüy étoit caché. Il fit plusieurs Traitez des Plantes, depuis l'Hysope & le Liere, qui rampent contre terre, & qui s'attachent aux arbres & aux murs, jusqu'au Cedre du Liban, c'est-à-dire, depuis les plus petites Plantes jusqu'aux plus grandes. Ce sage Prince a aussi composé d'autres excellens Ouvrages, concernant les choses naturelles, ce qui montroit sa profonde connoissance. Le 30. Avril 1710. M. De la Hire le jeune lût à l'Academie Royale des Sciences un beau Discours touchant la ressemblance qu'il y a entre les Plantes & les Animaux, & l'utilité que l'on en peut tirer. Il commença par faire voir les raisons pour lesquelles l'étude de la Botanique & de la Physique des Plantes avoit paru jusqu'ici la plus sterile qu'il y ait dans la Nature. Il fit voir aprés, que quoyque la Botanique parût fournir si peu, elle étoit neanmoins remplie de faits curieux. Il dit qu'il n'étoit pas aisé de rendre raison de tous les faits qu'on y pouvoit observer, sur tout si l'on demandoit que les preuves que l'on en rapporteroit fussent tirées immediatement des Plantes; que si l'on ne trouvoit pas dans une Plante l'effet que l'on y recherchoit, on le trouvoit dans une autre. Il en rapporta les raisons, & il fit voir que

l'on

l'on pouvoit se servir de la connoissance que l'on avoit des Animaux, pour en faire une application aux Plantes. Il fit voir aussi que comme chaque Païs a ses Animaux qui luy sont propres, & qui ne peuvent vivre ailleurs, il n'y avoit point aussi de lieu sur la terre qui n'eût ses Plantes particuliers, qui ne peuvent vivre en aucun autre endroit, que dans celuy qui leur est naturel. Cet Illustre Personnage donna des exemples pour faire connoître que les Plantes transplantées en d'autres Païs souffroient, & en quoy elles souffroient.

SIMPLE, est un mot qui signifie Herbe ou Plante medecinale; il dénote aussi un nom general, que l'on donne à toutes les Herbes, à cause qu'elles ont chacune leur vertu particuliere, pour servir d'un remede simple. Le R. P. Plumier de l'Ordre des Minimes, avoit le Titre de Botaniste, nommé par Sa Majesté pour l'Amerique: sa pieté & la candeur de ses mœurs ne l'avoient pas moins rendu recommandable, que sa doctrine profonde dans les Mathematiques, dans la Philosophie & dans la connoissance generale des Simples, & on peut dire qu'il n'y a point de dangers, point de sueurs qu'il n'ait essuyées pour s'y rendre habile & parfait. Il avoit beaucoup enrichi la Botanique d'un grand nombre de nouvelles Plantes, qui avoient été inconnuës à toute l'Antiquité. Feu M. Tournefort Professeur de Botanique au Jardin Royal des Simples, avoit, par reconnoissance pour les grands services que ce pieux Religieux avoit rendus à la Botanique, nommé dans un Ouvrage qu'il a composé, qui a pour Titre, *Institutiones rei Herbariæ*, une des plus belles Plantes de son nom, en l'appellant *Plumaria*. Nous avons une grande obligation à cet Auteur, d'avoir le premier mis presque toutes les Plantes medecinales dans un ordre parfait, en sorte que l'on est presentement en état d'apprendre la Botanique, sans le secours d'aucun maître, par le moyen de cet Ouvrage. M. De Cambrai Maître des Eaux & Forests d'Orleans, si connu en cette Province, par sa pieté, par son érudition & par la connoissance qu'il a d'un grand nombre de Plantes medecinales, & de leurs vertus & proprietez, en cultive quantité de ses propres mains, dans deux Jardins, dont l'un est dans l'enclos de cette Ville d'Orleans, & l'autre est à la Campagne; ce qui est tres-utile au Public.

CHAPITRE II.

DES EXPOSITIONS.

Des aspects differens du Soleil, qui conviennent le mieux à toutes sortes d'Arbres Fruitiers & non Fruitiers, & des moyens sûrs pour guerir & pour prevenir les maladies qui pourroient leur survenir.

UNe chose tres-essentielle à observer en fait de Jardinage, est l'exposition à laquelle on doit planter les Arbres fruitiers nains, destinez à être reduits en espalier: car les fruits en provenant, seront bien moins sujets à tomber lors des grands vents, & acquereront plus aisément, en cette figure d'espalier, la parfaite maturité, que ceux qui proviennent des fruitiers à haute & à demi tige.

Exposition, est un terme de Jardinage, qui signifie l'endroit où le Soleil frappe, ou le lieu où le vent souffle. Par exemple, l'exposition du Midi, est l'endroit où il darde ses rayons, quand il est en ce degré. Celle du Levant est la place où cet Astre frappe, quand il commence à paroître le matin. Celle du Couchant est le lieu qu'il regarde le soir quand il se couche. Et enfin, celle du Septentrion est l'endroit qu'il ne frappe presque pas de tout le jour. C'est aussi le terme dont on se sert pour marquer les lieux où les rayons du Pere des Plantes donnent, & les endroits où ils ne donnent que tres peu, ou presque jamais. Il faut, selon moy, qu'un Jardin soit dans une exposition favorable; c'est-à-dire, qu'il ait le Soleil le matin, à midi & au soir. Cet Astre, par sa chaleur vivifiante, fait monter la séve dans les Plantes, & sollicite les grains, les legumes & les Arbres, à faire ce devoir qui réjouït & orne toute la Nature, & d'où nous tirons nos plus délicieuses richesses.

Il y a quatre sortes d'expositions, sçavoir le Levant, le Midi, le Couchant & le Septentrion. On doit toûjours faire la distinction des differens terroirs, pour y planter à des expositions favorables, les fruitiers que l'on voudra réduire en la figure d'espalier. Par exemple, dans un terroir sec & de foible substance, on doit faire cas du Levant, & bien souvent du Couchant : & dans un gras & humide, il faut preferer le Midi, comme étant la meilleure, & celle qui avance plus puissamment les Plantes, & qui donne du goût aux legumes & aux fruits. Pour ce qui est du Septentrion, d'où souffle des vents si funestes à ces Plantes, on ne devra planter que des Pruniers ou des Poiriers de Rateau-gris, de Verte-de-pereux, de Bon-amet & quelques autres fruitiers d'Hyver. Le fruit qui en provient, se sent toûjours du lieu d'où il sort. Pour avoir des fruits d'un fin relief, on doit planter les Arbres qui les produisent, aux expositions qui conviendront le mieux à la nature du terroir & aux especes de fruits. Il faut aussi observer la distance que l'on donnera aux Arbres quand on les plantera. Par exemple, je suis d'avis que l'on donne plus de distance à ceux que l'on plantera dans une terre grasse & humide, que dans une séche & sabloneuse, parce que celle ci a moins de sel & de substance que celle-là.

Pour avoir d'excellentes Poires, il faut, supposé que l'on ait une parfaite connoissance de la nature du terroir où on veut planter les Arbres qui les produisent, les tirer d'une Pepiniere exposée au Levant, parce que cette exposition n'est pas comme les autres, si sujette à tant d'accidens, en ce qu'étant favorisée des rosées du matin, & des premiers rayons du Soleil, qui n'ont que de benignes influences, elle donne à ces jeunes Arbres, une belle croissance & une écorce luisante, & leur fait faire de belles productions.

PEPINIERE, terme de Jardinage, est un Plant de petits Sauvageons qui proviennent soit de pepins de Pommes, de Poires & de Coignasses, soit de noyaux de Prunes, d'Amandes, d'Abricots, de Pêches & de Cerises, & autres destinez à être greffez, & ensuite levez de terre au besoin. Ces petits Arbres doivent être plantez sur une ou plusieurs lignes. Une Pepiniere est une chose necessaire & indispensable dans les Jardins d'une vaste étenduë; c'est pour cela que la plûpart des grandes Maisons en sont d'ordinaire bien pourvûës. Le plus grand secours qu'on tire d'une Pepiniere, c'est que quand quelque Arbre meurt dans un Jardin, on le peut choisir chez soy & le trouver dans la Pepiniere, sans être obligé de sortir pour l'aller chercher ailleurs, quelquefois bien-loin, & avec tout cela l'acheter cher : outre que les Arbres en reprenent mieux, & font toûjours de plus belles productions, ayant été élevez dans le même terrain, les racines n'ayant pas le temps de s'éventer & desécher dans l'intervalle de temps qu'on est à arracher un Arbre pour le replanter aussi-tôt.

Quoyque l'exposition du Midi doive être preferée aux autres en l'Isle de France, à cause qu'elle est mieux frappée des rayons du Soleil ; j'estime qu'elle n'est pas favorable aux Pepinieres : la raison est que la chaleur y étant trop grande, les jeunes Arbres qui y sont, souffrent beaucoup & ne peuvent faire de belles productions. Il ne leur faut qu'une chaleur médiocre, elle se trouve au Levant.

Si faute de prévoyance on avoit sémé des pepins & des noyaux à l'exposition du Midi, il faudroit arroser le soir lors des excessives chaleurs, les jeunes Plants, aprés avoir mis au pied des herbes ou de longues litieres, pour empêcher que la terre ne fende ; car si cela arrivoit, leurs racines tendres & delicates casseroient & brûleroient, & par consequent les feroit perir, & particulierement les jeunes Coignassiers, dont les racines ne vont qu'entre deux terres.

Les expositions du Couchant & du Septentrion, sont encore plus contraires à ces jeunes Plants, que celle du Midi, parce que les vents de Nord & Nord-oüest y soufflant, les alterent beaucoup. Les Jardiniers qui en élevent à ces expositions, ne s'embarrassent pas de ce qui en arrivera dans la suite, pourvû qu'ils y poussent avec vigueur & qu'ils les puissent vendre.

Je conseille aux Jardiniers qui construiront une Pepiniere, de ne preparer la terre destinée à élever de jeunes Coignassiers & Sauvageons proprés à être greffez, qu'à l'exposition du Levant, parce qu'ils auront des Arbres d'une plus belle venuë qu'à aucune autre; & qu'ils ne tromperont personne. Je donne avis à ceux qui voudront en acheter, de ne choisir que ceux qui sont plantez à cette exposition, parce qu'ils sont d'une nature à produire plûtôt du fruit, qu'à celles du Couchant & du Septentrion; au lieu que ceux qui auront été élevez dans une terre située à ces deux dernieres expositions, tiendront sans doute de leur origine, & ne fructifieront que long-temps aprés qu'ils auront été arrachez & transplantez dans une terre fertile.

Il n'en est pas de même de la Vigne, car il est constant que la plus favorable exposition est celle du Midi. Une terre qui luy sera propre, produira du vin exquis & délicieux; l'excellence & le relief de cette precieuse liqueur ne s'y trouvant pas quand cette Vigne est plantée en un côteau situé au Levant. Il ne faut jamais planter aucune Vigne sur des côteaux situez aux expositions du Levant & du Septentrion, parce que le fruit en provènant ne pourroit faire que de mauvais vin. Dans les terres du Païs François, Brie & Gâtinois, qui sont des climats assez froids, il n'y a que l'exposition du Midi où la Vigne puisse produire du raisin excellent; & quelquefois à celle du Levant, quand l'année est séche, chaude & hâtive. Dans les Provinces de Languedoc, Provence, Guienne & Dauphiné, l'exposition du Levant doit être preferée à celle du Midi pour faire produire à cette Plante du fruit délicieux & exquis. L'exposition du Septentrion n'est favorable que dans les climats où la chaleur est excessive, comme en Afrique & autres pareils.

Pour ne faire les choses qu'avec regularité, & bien profiter du temps qui est si cher, il faut planter les Arbres fruitiers aux expositions qui leur conviendront le mieux, & avoir particulierement égard à la qualité du Terroir. Les Poiriers qui portent des fruits secs, cassans & odorans, veulent être plantez à l'exposition du Midi, dans un terroir gras & un peu humide; & ceux qui en produisent de fondans, demandent qu'on les plante aussi à cette même

même exposition dans un terroir sec & sablonneux. Pour avoir de ces derniers fruits qui puissent se conserver plus long-temps pendant l'Hiver, il faut planter les Arbres qui les produisent, à celle du Levant.

Les Pêches tardives, les violettes, toutes sortes de Pavis veulent dans un terroir gras & humide, pour parfaitement meurir, l'exposition du Midi, n'y ayant que celle-là qui leur puisse procurer cet avantage ; & dans un sec & sablonneux, celle du Levant & non d'autres.

TERROIR, terme d'Agriculture, n'est autre chose qu'une terre considerée selon ses qualitez & proprietez. Les Arbres, Vignes, Legumes, Fleurs, Bled & autres grains, ne viennent que selon que le Terroir leur est propre. Les Saules & les Aulnes en demandent un qui soit humide & marécageux. Les Sapins se plaisent dans les lieux montueux. La Vigne veut un Terroir sec, pierreux & de roche. Le Bled, les Legumes & les Ormes en demandent un qui soit gras & un peu humide. Les Châtaigniers un qui soit sablonneux. Celuy des Landes ne se doit point cultiver, parce qu'il n'a point de substance. On dit que le Vin a le goût de Terroir quand il a quelque qualité desagréable, qui luy vient par la nature du Terroir où la Plante qui le produit est plantée.

Les autres Pêches & toutes sortes

d'Abricots chargent beaucoup au Levant. Toutes les Bergamotes, dans quelque Terroir que ce ſoit, ne ſe plaiſent qu'à cettte expoſition; la raiſon eſt que le Chancre vient ordinairement aux Arbres qui les produit, quand on les plante à celle du Midi ou du Couchant.

CHANCRE, n'eſt autre choſe en terme de Jardinage, qu'une maladie qui ſurvient à quelques Poiriers, & ſur tout aux Bergamotes, Petit-muſcat & quelques autres, ſoit à leur tige ou aux branches. Cette maladie eſt une eſpece de pourriture qui paroît ſéche, & qui ſe forme dans leur peau & dans leur bois, qui les penetre tous juſqu'au vif, ainſi que le Chancre ronge les chairs des animaux: c'eſt auſſi une gerçure, qui tres-ſouvent eſt causée par la chaleur du Soleil, ou par le vice de l'Arbre qui eſt dans une mauvaiſe terre. Ce qui cauſe ce Chancre & cette pourriture, c'eſt quand la peau & le bois de ces Arbres ont eſté ou écorchez, ou carriez, ou pourris, par quelque accident à nous inconnu; pour lors ces Arbres ſe corrompent en peu de temps, parce que la playe n'a pas été aſſez tôt recouverte par la nouvelle écorce. Le Chancre eſt auſſi un vice attaché à la ſubſtance du bois, comme la carie des os des animaux eſt attachée à leur ſubſtance, ce qui empêche que les chairs ne les recouvrent, juſqu'à ce que les os ſoient exfoliez; auſſi jamais l'écorce d'un Arbre ne recouvre la partie d'un Chancre, qu'il ne ſoit ôté juſqu'au vif. Cette maladie vient encore aux Arbres d'une cauſe externe, faute de précaution de la part des Jardiniers lorſqu'ils coupent les branches qui naiſſent le long de la tige & des groſſes branches des Arbres à pepin, où il se fait de trop fortes playes, sur qui le Soleil dardant avec force, les desséche & les brûle, & sur tout si elles ont été peu auparavant humectées ou de pluyes ou de broüillards gras ou visqueux, comme ceux qui brûlent ou roüillent le froment.

J'ay fait observer que pendant les excessives chaleurs de l'Eté, l'exposition du Levant étoit preferable à toute autre, parce que quand le vent d'Est souffle, il répand agreablement une douce vapeur, pleine de sels propres à la vegetation, lesquels penetrent les branches des Pêchers, dont les pores sont alors fort ouverts; en sorte que leurs fruits s'en nourrissent: & l'on peut remarquer qu'en cinq ou six jours au plus, ils grossissent sensiblement: ainsi l'on se trouve dédommagé par là des autres accidens qui peuvent arriver à cette exposition du Levant, quoyque sujette au vent de Nord-Est, qui est un roux vent & à une bise séche, qui broüissent les feüilles des Pêchers, les recoquillent, & font tomber une grande quantité de Pêches dans le temps qu'elles commencent à se noüer. C'est la raison pourquoy les fruits de quelque espece qu'ils soient, exposez au Levant, sont plus hâtifs que ceux qui le sont au Couchant.

Le Poirier de Bon-Chrétien d'Hiver a des animaux, pour puiſſans ennemis declarez, que les Jardiniers appellent Tigres ; & ce n'eſt que l'expoſition du Midi qui les attire : c'eſt ce qui fait que l'on doit ſe donner de garde d'y planter de tels Arbres, mais plûtôt de le faire à celle du Levant.

Les Ceriſes Precoces & la plûpart des Poires fondantes d'Eté, ſeront miſes à l'expoſition du Midi. La Pêche Violette qui eſt un fruit fort tardif, demande qu'on luy donne cette expoſition. Si celle de Pau étoit à toute autre, elle deviendroit verte & inſipide.

Les Poiriers de Gros-Muſcat, de Bergamote-Bugi & de Bon-Chrétien d'Hiver, veulent, ſi le terroir eſt ſec & ſablonneux, être plantez à l'expoſition du Levant, parce que leur fruit y eſt moins ſujet à fondre, que s'ils l'étoient à celle du Midi. En quelque terroir que ce ſoit, il ne faut planter ces ſortes de Poiriers que pour les réduire en Eſpalier, car ni le buiſſon ni la haute tige ne leur conviennent point, à moins qu'ils ne ſoient plantez dans une terre enfermée de maiſons ou de murs fort élevez.

ESPALIER, eſt un Arbre qu'on ne laiſſe pas croître en plein vent, ni qu'on ne réduit pas en buisson, mais dont on attache avec art & symeterie les branches à un mur, auprés duquel on l'aura planté, à mesure qu'elles croissent, de telle maniere que cet Arbre réduit en Espalier, paroît avoir la forme d'un éventail ouvert; c'est ainsi qu'on oblige un Arbre à faire cette figure platte & étenduë, qui ne luy est point du tout naturelle, mais de laquelle cependant il s'accommode assez bien, quand un habile Jardinier en fait l'operation. Espalier, est quasi comme si on disoit des Arbres liez par espaces; ce qui fait que ce mot d'Espalier se dit en Latin, *Arbor parietibus applicita*; car en effet, leurs branches sont toutes attachées à un mur de distance en distance. Il est constant que la plus grande beauté des Jardins, est dans les Espaliers. Un Arbre sous cette forme, renferme en soy trois grands avantatages. Le premier, est la beauté ou la figure de cet Arbre, lequel en cet état, sert d'un grand ornement aux Jardins, & sur tout quand il est palissadé dans les regles. Le deuxiéme consiste dans le choix que l'on doit faire des meilleures especes d'Arbres fruitiers, parce qu'étant mis en cette figure, celà donne à leurs fruits un relief qu'on ne peut si bien trouver à ceux des Arbres réduits en buisson. Et le troisiéme regarde la couleur agreable qu'ils y acquierent sous cette figure, & particulierement lorsque les Poiriers greffez sur franc, sont plantez dans un terroir sablonneux & sec, aux expositions qui leur conviennent. L'on a depuis peu d'années, inventé une maniere de faire des Espaliers, sans y employer aucuns échalas, laquelle est plus agreable à la vûë, & même plus utile que les Espaliers ordinaires. On les construit ainsi. On fait faire des crampons de fer de la grosseur d'un poûce, & de la longueur de huit, lesquels on fait entrer & sceller dans le mur à la profondeur de trois & demi. Ces crampons sont espacez les uns des autres de huit à neuf au plus, à l'extremité desquels on attache de gros fil-d'archal. J'estime que cela est beaucoup plus profitable que les Espaliers faits avec des échalas, parce que le fruit n'est pas sujet à se meurtrir, comme il arrive souvent, quand il vient à toucher à ces échalas. Ce fruit y acquiert même plus aisément la grosseur, le coloris & la parfaite maturité, parce que le Soleil le frappe mieux, & qu'il a aussi plus d'air. Cela fait que l'on a moins de peine à nettoyer les ordures qui sont derriere le treillis, & à retirer quelques jets des Arbres qui ont pû s'y glisser. Je conseille à ceux qui sont curieux d'avoir de beaux Espaliers, d'en faire faire de cette maniere.

L'exposition du Couchant est presque toûjours mauvaise, cependant on ne peut se dispenser d'y planter quelques fruitiers, puisqu'un Jardin clos de murs seroit trop difforme, si l'on n'y en mettoit aucuns. Comme les Poires d'Hiver ne demandent pas tant la belle couleur que celles d'Eté & d'Automne, j'estime qu'il faut en planter à cette exposition, à la reserve des Poiriers de Bon-Chrétien d'Hiver & de Virgouleuse.

Il ne faut jamais faire aucune estime de l'exposition du Septentrion; c'est-à-dire, que l'on n'y doit faire planter aucuns Arbres fruitiers, à l'exception de quelques Pruniers, comme d'Imperatrice & de Maugeron, & même d'Islevert, & des Cerisiers hâtifs à haute tige, qu'il ne faudra point du tout tailler. Le fruit de ces Pruniers & de ces Cerisiers y réüssira assez bien, quand l'année sera séche & hâtive. Ou bien on plantera à cette exposition, des Arbres ou Arbrisseaux toûjours verds, comme Houx, Boüis, Piceas, Ifs & autres pareils, lesquels on fera espalier & tondre proprement deux fois par an ; ce qui fera un grand ornement aux Jardins clos de murs.

BOUIS, est un Arbre qui a le bois dur, sec & fort lourd, qui n'est presque jamais pourri ni vermoulu ; sa feüille ressemble à celle du Mirthe, mais plus grasse, plus ronde, & d'un plus beau verd ; sa fleur même est verte, & son fruit roux. Cet Arbre conserve son verd pendant toute l'année, parce qu'il est toûjours en séve. Il vient tres bien dans les lieux couverts & à l'abri du Soleil ; sa séve est plus abondante au Printemps, qu'en d'autres saisons. Matthiole dit qu'il a gueri par sa décoction, les mêmes maladies qu'on guerit avec le Gayac. Les feüilles de Boüis sont ameres & sentent mauvais. On tire, dit Besnier, du bois de cet Arbre, un esprit acide & une huile fetide. Querrectan estime fort cette huile pour l'Epilepsie, pour les Vapeurs & pour le mal de Dents, rectifiée avec un tiers d'esprit-de-vin : il dit qu'elle est fort adoucissante, & fort aperitive ; qu'on en fait un liniment avec l'huile de Mille-perpetuis pour le Rhumatisme & pour la Goutte ; qu'on mêle cette huile non rectifiée avec du beurre fondu, pour en graisser le Cancer. On fait avec le Boüis nain, autrement dit Boüis d'Artois, dont les feüilles sont semblables à celles du Mirthe, mais plus vertes & plus dures ; des bordures & plusieurs figures diverses & disposées avec symetrie, servant à orner un Parterre, lequel Boüis nain il faut tondre tous les ans au mois de Juin, & même à la fin de Septembre, si on veut qu'il fasse un bel effet. On se sert du Boüis ordinaire pour faire des allées, des labyrinthes & des palissades. Si cet Arbre ne produit point de fruit, on sçait de quelle utilité est son bois, & combien on en tire de beaux ouvrages. Les deux especes de Boüis donnent de la graine ; mais on les éleve d'ordinaire de boutures.

GAYAC est un bois qui vient des Indes ; qui a une dureté & une pesanteur extraordinaire, dont on se sert pour attirer, rarefier & échauffer & même provoquer les Sueurs & les Urines. On en fait des distillations & décoctions pour divers remedes, & entr'autres pour les maladies Veneriennes, ce qui l'a fait appeller par les Espagnols *Ligno-Sancto*, tant par rapport à cette vertu, qu'à cause de toutes ses merveilleuses qualitez. Le meilleur Gayac est celuy qui a le tronc gros, de couleur tannée qui est recent, gommeux, pesant & de bonne odeur, avec une saveur acre & un peu mordicante, & une écorce fort adherente au bois. Il y a trois sortes de Gayac : le premier est un bois massif & fort dur, qui étant scié, se montre noir au dedans, & au dehors blanchâtre, avec plusieurs veines tirant sur le tanné obscur. Le second est moins massif ; son bois est plus petit & son blanc plus grand. Le troisiéme est celuy qu'on appelle proprement *Lignum-Sanctum*, qui est plus menu que les autres & tire sur le blanc, tant en dedans qu'en dehors. Ce dernier est le plus odorant & le plus penetrant ; & plus il est vieux & plus il devient noir.

Il est haut comme un Fresne & de la grosseur d'un homme. Sa feüille ressemble à celle du Plantin, courte & dure. Ses fleurs sont jaunes, & son fruit est gros comme une noix, & est laxatif. Quand il est jeune son écorce est jaunâtre, & lorsqu'il est vieux elle est noire.

On peut élever des Poiriers nains de Bon-Chrétien d'Hiver & de Virgouleuse pour reduire en buisson dans un Jardin d'une mediocre grandeur, si les murs qui en font la clôture sont de la hauteur de douze à treize pieds, ou bien que ces fruitiers soient entourez de quelques bâtimens, c'est-à-dire à l'abri des grands vents, ou du moins à ceux de Nord-Est & de Nord-Oüest, & que la terre soit passablement bonne, soit par l'ordre de la Nature ou par le secours de l'Art. Quoyque ces Poiriers nains reduits en buisson ne se puissent espalier, ils demandent cependant une exposition favorable pour que leurs fruits deviennent gros, exquis & colorez. Celle qui leur convient le mieux est, comme j'ay déja dit, l'exposition du Midi, si le terroir est humide & gras, & celle du Levant, s'il est sec & sablonneux. On verra alors que les Poires de Bon-Chrétien d'Hiver sur tout y viendront d'une belle grosseur, avec une peau fort fine & un peu colorée à l'endroit du Soleil, & au surplus d'un verd propre à jaunir avant la maturité ; & pour le dire en un mot, ce seront des Poires excellentes.

Il est constant que les Figuiers réüssissent toûjours aux expositions du Midi & du Levant. Celles du Couchant & du Septentrion ne sont point en état de faire meurir les secondes Figues, & sur tout dans l'Isle de France & autres Provinces circonvoisines, n'y ayant qu'aux deux premieres expositions où elles puissent acquerir cette maturité, encore faut-il que l'année soit favorable. Dans les Provinces de Guienne, Provence & Languedoc, les secondes Figues y meurissent parfaitement & sont excellentes, parce que la chaleur y est bien plus forte qu'au Païs François.

Les Pruniers réüssissent assez-bien en toutes sortes d'expositions & de figures. J'en excepteray quelques-uns, lesquels demandent la figure d'espalier, afin que leur fruit parvienne à une heureuse fin, comme les Pruniers d'Islevert, d'Abricot, de Rochecorbon, de Sainte-Catherine & de Perdrigon violet ; encore faut-il que ces especes de fruitiers soient plantez à l'exposition du Midi ou à celle du Levant.

Ceux qui voudront avoir des Cerises qui puissent se conserver à l'Arbre plus de deux mois & demi plus tard que les autres, le feront planter à l'exposition du Septentrion, & à l'abri d'un mur fort élevé. On pourra y recueillir d'excellent fruit & fort gros au 15. ou au 20. Septembre, pourvû que cet Arbre porte des Cerises naturellement tardives, & qu'il ait esté greffé au bas de la tige, si cet arbre est à haute tige.

Je conseille aux Curieux du Jardinage qui ont des Jardins fort spacieux clos de murs, c'est-à-dire qui soient d'environ huit arpens, de faire planter auprés de ces murs situez à differentes expositions, les mêmes especes d'Arbres fruitiers pour les y faire espalier ; à l'exception de celle du Septentrion, à laquelle ils n'y feront mettre que des Pruniers de Sainte-Catherine, d'Islevert, d'Abricot & de Rochecorbon ; ou bien des Boüis, Ifs, ou autres Arbres toujours verds. Ce sera un moyen sûr pour avoir du fruit d'une même espece plus long-temps qu'à l'ordinaire, & qui sera d'un goût different de l'autre ; car les années plus ou moins hâtives ou tardives, plus ou moins seches & humides, feront connoître l'excellence & le relief de l'un, & la mauvaise qualité & l'insipidité de l'autre. On sera certain d'avoir tous les ans du fruit en qualité & quantité. Si l'un vient à couler lors de la fleur, l'autre ne manquera pas de retenir à l'arbre. Une exposition qui sera contraire à une espece de fruit, sera favorable à une autre. Si c'est un fruit cassant & odorant, qui soit à l'exposition du Midi, & que l'année soit humide & tardive, il est certain qu'il sera d'une grosseur & d'une bonté admirable. Si au contraire elle est séche & hâtive, ce fruit cassant ne réussira qu'au Levant ou au Couchant. Si le fondant est à ces deux dernieres expositions, & que l'année soit chaude & hâtive, il deviendra d'une belle grosseur & d'un fin relief. Si elle est tardive & tendre, ce fruit fondant ne pourra réussir qu'à celle du Midi.

IF, est un grand Arbre toûjours verd, qui est un peu moins grand que le Sapin, & a des feüilles disposées de même. Il porte de petits fruits rouges comme le Houx, qui sont doux & vineux. Son bois est rougeâtre & plein de veines ; il est peu sujet à la pourriture. Cet Arbre donne de la graine qui est long-temps à lever ; il vient aussi de marcote. Il est fort propre aux Palissades ; il sert aussi à garnir les plattes bandes des Parterres. Comme il est sujet à la tonture, on luy fait prendre toutes sortes de formes. Il y en a qui pretendent que c'est un poison, & que son ombre même est dangereuse, ce qui est tres-faux. On mange son fruit sans s'en trouver incommodé.

SAPIN, est un grand Arbre resineux, qui

croît fort droit & fort haut, & sur tout dans les hautes montagnes. Son bois est fort sec & leger; il jette des feüilles qui sont longues, dures & épaisses, son écorce est blanchâtre, & se rompt quand on la plie, & a une espece d'apostume entre le bois & l'écorce, dans laquelle il y a une excellente liqueur, qu'on appelle larme de Sapin. Son fruit est long d'une paume, fort serré par des écailles entrelassées, où la semence est contenuë, qui est blanche. La Poix se fait avec la Resine de cet Arbre. Les Resines les plus odorantes, sont celles de Sapin & du Terebinthe; mais celle du Sapin est plus chaude que l'autre. La décoction de ses feuilles guerit les maladies des Reins; elle est bonne pour la Gravelle & pour la Pierre; elle appaise aussi la Goutte. Le bois de Sapin est fort propre à faire des Bâtimens, pourvû qu'il ne soit point enfermé & couvert de plâtre, comme on fait celuy du Chêne.

HOUX, est un Arbrisseau qui est toûjours verd. Ses feüilles qui sont fort piquantes, blessent par leur pointes aiguës, & sont assez semblables à celles du Laurier, excepté qu'elles sont épineuses tout autour, charnuës, & un peu plus grandes que celles du Lotus. Son bois est fort dur, & l'on en fait des baguettes & houssines. Ses feüilles & sa racine sont astringentes, aident à faire digestion, & sont bonnes au flux de ventre. Son fruit ressemble à celuy du Cedre; il est rond & rouge, & a un noyau d'assez bon goût lorsqu'on le mâche: la vertu de ce fruit est fort incisive. On met le Houx au nombre des Plantes arborées, à cause qu'il croît à la hauteur de sept à huit pieds.

LOTUS, est une Plante medecinale, qui croît en Egypte au bord du Nil. Son fruit ressemble quasi à la féve, & il pousse quantité de feüilles entassées, de la blancheur du Lis. Il plonge sa tête dans l'eau quand le Soleil eſt à ſon Couchant, & il ſe redreſſe quand il eſt ſur l'Horiſon. Cette Plante porte une tête & une graine comme le Pavot, ſemblable au Millet, dont les Egyptiens font du Pain. Le Lotus a une racine faite comme une Pomme de Coin, qui eſt fort bonne à manger cruë & cuite. Quand elle eſt cuite, elle a les mêmes qualitez, à ce qu'on dit, que le moyeu d'un œuf.

CEDRE, le plus grand de tous les Arbres, porte des grains ronds & gros comme ceux du Mirthe. Son bois, dont on fait des parfums, eſt preſque immortel & incorruptible, à cauſe qu'il eſt fort amer; auſſi les vers ne s'y attachent point : la raiſon eſt qu'ils n'aiment que la douceur. Son écorce eſt polie, liſſée & ſans mouſſe, à l'exception de la partie qui eſt depuis la terre juſqu'à la cime en guiſe de rouë. Ses feüilles reſſemblent à celles du Pin. Ceux qui ont des ſemences de Cedre, les doivent mettre dans une terre bien cultivée & amendée, & à l'expoſition du Midi; ils les releveront pour les tranſplanter, quatre ans aprés que ces ſemences ſeront levées.

CHAPITRE III.

DE LA PEPINIERE.

Et d'un moyen sûr pour connoître quelle qualité doit avoir une terre pour être estimée propre pour y semer des pepins & des noyaux ; comment il la faut preparer avant d'y mettre de jeunes Plants, sur lesquels on appliquera dans la suite des Greffes ; & à quelles expositions ils réussiront le mieux.

LA semence est le principe & l'origine de toutes les Plantes, & une partie dans laquelle est renfermée une multiplication des especes à l'infini. La prévoyante Nature, ou pour mieux dire son adorable Auteur, a donné à chaque Estre sa semence, & même au-delà de ses besoins. Les Naturalistes prétendent que toutes les Plantes viennent de leur propre semence, & que les Métaux & les Mineraux ont chacun leur semence dans leur propre Mine. Le mot de Semence se dit, en terme d'Agriculture, du plus beau grain qu'on choisit pour mettre en terre, afin qu'il en produise d'autre. Quand les Laboureurs disent qu'ils manquent de semence, cela veut dire qu'ils n'ont pas assez de grains pour ensemencer leurs terres.

Il faut se servir pour élever des Arbres à Pepin, de Semences prises ou dans des Poires, ou dans des Pommes, ou dans des Coignasses qui soient parfaitement meures, & non dans des Coins, à cause que la séve du Coignier est trop revêche, & par consequent peu propre à recevoir la Greffe du Poirier. On choisira les Semences pour en avoir du Plant, dans l'esperance de le greffer & d'en recueillir un jour d'excellent fruit, car les semences & les fruits sont par succession de temps des êtres inseparables les uns d'avec les autres, les semences produisant en elles une vertu infinie de produire des Arbres, qui la donnent pareillement à des fruits, lesquels fruits contiennent au dedans d'eux ces semences, qui prennent toutes les dispositions necessaires à la vegetation.

Il est aisé de trouver des Pepins, car on les prend indifferemment ou de Poires ou de Pommes qui se mangent ou qui se pourrissent en Automne ou en Hiver,

Hiver, ou aprés que le Cidre eſt fait, & au ſortir de deſſous le Preſſoir. Dans les Païs où l'on tire le ſuc de ces ſortes de fruits, comme en Angleterre & en Normandie, on amaſſe ces Pepins qu'on paſſe dans un crible ſur une nappe, autant qu'on en a beſoin pour ſemer; aprés quoy on les emporte pour les mettre dans la terre au mois de Novembre, ou à celuy de Fevrier.

Quand le Pepin eſt jetté dans le ſein de la terre, il contient déja le germe de la Plante qui en doit naître ; mais l'eſprit ſoûterrain & celuy de l'air la penetrant, développent ce germe dont les parties ſont comme affaiſſées ou pliées. Le grain de la ſemence n'eſt pas plûtôt dans la terre qu'il commence à s'enfler de la ſéve qu'il boit. Quand il eſt raſſaſié de ce ſuc ſoûterrain, il pouſſe d'abord une partie par laquelle il tient à la terre & en prend ſa nourriture ; & en un mot la radicule qu'il contient déja ſe convertit en une racine, qu'il jette comme une trompe pour aller chercher ſon aliment, ou bien comme une petite pomme qui doit élever la ſéve des entrailles de la terre dans la Plante. L'eſprit de la terre ou celuy qu'elle a pris de l'air, entrant dans le corps de la ſemence qu'on y jette, & gliſſant dans les canaux de la Plante abregée, l'étend inſenſiblement en développant ſes parties affaiſſées les unes ſur les autres.

Avant de ſemer les Pepins & les autres graines difficiles à germer, il les faut laiſſer tremper pendant dix à douze heures dans l'eau où on a mis un peu de nitre, & quelquefois un peu plus, ſelon leur dureté, & enſuite les arroſer avec la même eau, afin que le nitre mêlé avec les exhalaiſons chaudes de la terre, excite les germes à s'ouvrir & à ſe développer pour faire une prompte & heureuſe germination. Comme la graine eſt l'origine de la vegetation, auſſi en eſt-elle la fin.

GERMINATION, terme de Phyſique, eſt l'action par laquelle les Plantes germent dans la terre & commencent à en ſortir. Les Philoſophes ſont à preſent fort attentifs à obſerver la germination & la radication des Plantes, auſſi bien que la formation d'un Poulet dans l'œuf. Dans les Memoires de Mathematique & de Phyſique tirez des Regiſtres de l'Academie Royale des Sciences, il y a de belles experiences ſur la Germination des Plantes; elles ont eſté propoſées à cette Academie par M. Homberg.

PHYSIQUE eſt la Science des cauſes naturelles, laquelle rend raiſon de tous les Phenomenes du Ciel & de la Terre. Il n'y a point de partie dans la Phyſique qui nous doive tant intereffer que la vegetation des Plantes, non feulement parce que la culture de la terre eft le plus noble & le plus utile de tous les Arts, mais encore par les grands avantages qu'on en tire, & par le plaifir qu'on prend d'élever & de cultiver toutes fortes de Plantes. La Phyfique, dit Ariftote, eft la methode pour acquerir la Science des chofes naturelles ; elle fe fert d'abord des premieres connoiffances que la Nature nous a données, foit par les fens, foit autrement ; & commençant par les ouvrages compofez ou parfaits, elle s'approche des plus fimples, & s'éleve ainfi vers les principes de la Nature : ainfi les chofes palpables font non feulement fon premier objet, mais encore l'unique auquel elle s'arrête, & que feul elle nomme corps. La Phyfique, dit Defcartes, eft la fcience des chofes naturelles ; elle rend raifon de tout ce qu'il y a dans la Nature par les principes de la Nature même, & rejettant les erreurs des fens, elle commence par l'Auteur de la Nature, & par les chofes les plus fimples, & elle acheve par les Eftres fenfibles, & par les corps parfaits les plus compofez : ainfi elle a pour objet non feulement les Eftres fenfibles & tout ce qu'il y a de materiel, mais de plus les fubftances immaterielles. Les Obfervations faites par Meffieurs de l'Academie Royale des Sciences, ont porté la Phyfique à un haut point de perfection.

La terre deftinée pour femer les Pepins, doit être fraîche, meuble & remplie de fels : & au cas que la Nature ne nous la fourniffe pas telle, on aura recours aux fumiers pourris, aux terres neuves,

& à d'autres amendemens qui conviendront à la nature de cette terre, comme à un art veritable qui la doit perfectionner. Elle devra être exposée au Levant, ou du moins au Couchant.

Les Pepins de Poires & de Pommes peuvent être semez en deux temps differens; le premier en Novembre, & le second en Fevrier. Quand on choisit le premier, il faut être soigneux de couvrir les planches où on les a semé avec de grand fumier de cheval tout neuf, pour les preserver des fortes gelées, lesquelles leur porteroient un préjudice notable, si on ne sçavoit par là prévenir cet accident. Quand ces Pepins peuvent ainsi passer l'Hiver sans être gelez, ils levent bien plus promtement que ceux qui ne sont semez qu'au second temps, parce que ces Pepins mis dans la terre en Novembre, & garantis de gelée, s'étant attendris par le moyen de l'humidité de la terre, ne commencent pas plûtôt à s'échauffer, que la séve venant à s'émouvoir & à se gonfler, s'éleve à mesure que la chaleur de la saison printanniere augmente, & s'enfle de telle sorte, que ne pouvant plus être contenuë dans son espace ordinaire, est obligée de crever les pepins, pour se faire un passage libre, afin de sortir des lieux qu'elle ne peut plus occuper, & de commencer par ce moyen de faire paroître la premiere pointe de la racine.

Il faut se servir, pour aider à remplir la Pepiniere, de six sortes de noyaux; sçavoir ceux d'Amandes, de Prunes de Saint-Julien & Damas noir, de Pêches, d'Abricots & de Cerises. Il faut que ces noyaux soient pris en des fruits cueillis en la parfaite maturité, & même quelque peu pourris, pourvû que la pourriture ne provienne pas d'avoir été endommagez. Ces noyaux sont des parties dures & solides de ces fruits qui enferment leur semence, laquelle est une Amande.

La vie des Plantes dépend de la maniere de les sçavoir faire germer & planter, & même de cultiver & amender la terre où elles ont été déposées. La Nature qui a ses secrets particuliers pour cela, aprés nous les avoir découverts, veut que de point en point nous les pratiquions comme il faut, autrement elle nous refuse ce qu'on souhaite d'elle en cette occasion. Un moyen sûr pour faire germer les noyaux, c'est de les mettre avant l'Hiver dans des mannequins, où il y ait au fond du sable fin ou de la terre sablonneuse. On arrangera ces noyaux par lits ; on mettra au-dessus de ce sable à la hauteur de deux poûces seulement. On continuera de suite, jusqu'à ce que ces mannequins soient pleins. Ensuite on les portera dans la Serre, pour les preserver des fortes gelées. Le germe de chaque noyau n'attend qu'un peu de chaleur pour se mettre en mouvement, avec cette humeur qui est dans la terre qui luy est essentielle pour agir, & qui luy fait dans ce lieu un peu chaud, pousser de petites fibres, qui deviennent dans la suite racines. J'estime qu'il faut semer plus de noyaux d'Amandes que d'autres, à cause qu'ils servent d'ample matiere pour faire des Greffes à œil-dormant.

Pour faciliter la germination & la vegetation des Amandes & des Noyaux, il faut que la pointe de la radicule soit mise en bas dans la terre & la plume en haut ; car en faisant autrement, la racine seroit forcée de se détourner & de faire un demi cercle pour descendre ; la tige tout de même seroit obligée de faire un grand détour, & de décrire aussi un demi cercle, pour monter perpendiculairement vers la surface de la terre : ainsi il faut que l'Art aide à la Nature.

PLUME, est en terme de Botanique, une partie fort petite de la graine, cachée dans les cavitez qui se trouvent dans ses lobes; elle est presque de même couleur que la radicule, sur la base de laquelle elle est appuyée, & c'est elle qui forme dans la vegetation, la tige ou le corps de la Plante. La Plume est la premiere partie qui paroît hors de terre. La radicule, selon moy, croît la premiere, & la plume ensuite. Le Jardinier Solitaire pretend au contraire que la racine ne pousse qu'aprés la tige, & voici sa raison; ce qu'il y a de plus subtil dans la séve monte en haut pour former la tige, & le plus materiel pousse en bas pour former la racine.

VEGETATION, terme d'Agriculture, est l'action par laquelle les Plantes se nourrissent & croissent; ou bien c'est l'action du suc nourricier au dedans des Plantes. Les Modernes ont découvert qu'il se faisoit dans la Vegetation une circulation de la séve des Plantes, comme une circulation du sang dans les Animaux.

Lorsque l'Hiver sera entierement passé, on ôtera des mannequins les Amandes & les Noyaux, en renversant la terre sens dessus dessous. Si l'on faisoit autrement, on pourroit bien casser les racines qu'ils ont commencé à pousser pendant cette froide saison. Aprés quoy on les mettra en terre dans des rigoles larges & profondes de six à sept poûces, & à l'espace les uns des autres de seize à dix-sept.

Si on veut faire une Pepiniere de Marronniers d'Inde & de Châtaigniers, on peut ſans ouvrir des rigoles, en ſuivant le cordeau, faire un trou avec le plantoir de pied en pied, & y jetter dedans un Marron ou une Châtaigne, & enſuite on rebouchera le trou, en y coulant la terre avec le plantoir C'eſt ce que les Jardiniers appellent piquer des fruits en terre. Cette maniere de planter eſt fort bonne & fort utile, elle gagne bien dû temps.

Les Plants que les Marrons ou Châtaines ont produit, étant ſemez dans des rigoles, doivent être relevez la ſeconde année, pour être replantez à un pied l'un de l'autre, dans d'autres rigoles, aprés qu'on leur aura ôté le pivot; ſans cela ils deviendroient trop drus, ſe nuiroient les uns aux autres, & on ne les pourroit commodement lever quand on en auroit beſoin.

Pour élever des Pepinieres en peu de temps, au lieu de les ſemer, il faut les planter tout d'un coup de Plant enraciné, & s'il eſt poſſible un peu fort, Le millier des jeunes Plants n'étant pas d'un grand coût, la dépenſe n'en feroit pas groſſe. Il eſt cartain qu'on gagneroit les deux années que les graines ſont à lever & à former de pareil Plant; & on ne ſeroit pas obligé de le relever

deux

deux ans aprés, pour le replanter ailleurs, ou bien d'avoir la peine de l'éclaircir.

Un moyen aisé pour gouverner dans la Pepiniere de jeunes plans, provenans ou de pepin, ou de noyau, ou de bouture, ou de marcote, destinez à faire des fruitiers à haute tige; aprés avoir été greffez en écusson à œil dormant dés le bas de leur tige, c'est que si-tôt que la greffe commence à pousser, de faire en sorte qu'il n'y reste à chacun qu'un seul bourgeon en haut, sur lequel la séve puisse prendre son chemin, pour faire une belle tige & mieux élever l'Arbre. Il ne faut point retrancher les branches foibles qui poussent autour de cette nouvelle tige, parce que par les endroits coupez le suc nourricier pourroit aisément s'évaporer, ce qui altereroit beaucoup la greffe.

Il y a des Jardiniers peu experimentez qui ôtent les nouveaux sions qui croissent autour de la tige provenant de la greffe, afin, disent-ils, que cette tige devienne plus haute & plus droite. Il me sera aisé de faire connoître que ces Jardiniers se trompent, puisque ce jet étant sans aucunes petites branches, il devient si long & si menu, qu'il ne peut se soutenir de luy-même, c'eſt pourquoy l'on eſt tres-ſouvent obligé de l'attacher à un pieu qu'on plante auprés en terre pour le tenir bien droit. Quand ce jet touche à ce pieu, il en eſt preſque toujours bleſſé, ce qui fait qu'il luy ſurvient d'ordinaire des chancres, qui ſont difficiles à guérir, ſi c'eſt un Arbre à pepin. Il ne faut point ébourgeonner ni éplucher les branches foibles qui croiſſent autour de ce jet, que quand il a trois ans. C'eſt un moyen ſûr pour avoir une tige qui ſe ſoutienne d'elle-même ſans art.

Pour réuſſir à émonder dans les Pepinieres du Plant d'Arbre deſtiné à être élevé à haute tige, il faut aprés les trois ans expirez, prendre garde aux branches qui peuvent empêcher que la tige ne devienne haute & droite, & ne pas manquer au 15. ou 20. de Mars, qui eſt le temps auquel la ſéve eſt en abondance aux Arbres, de les décharger de leurs branches nuiſible. Cela doit ſe faire avec la ſerpette, en commençant à quatre ou cinq poûces prés de terre, juſqu'à deux pieds au plus de hauteur. La ſéve ne s'épanchant plus dans ces branches, pourra mieux nourrir & faire groſſir cette tige haute.

L'année ſuivante, l'on aura ſoin à la fin de Fevrier de couper le plus prés qu'il ſe pourra de la tige, le reſte des petites branches, afin que les playes ſoient plus promtement recouvertes & qu'aucuns nœuds ne puiſſent à l'avenir s'y former.

Je conſeille aux Jardiniers qui voudront élever des Pommiers & Poiriers ſauvages de l'âge de trois à quatre ans, pour les planter dans la Pepiniere & pour en faire des Arbres nains, à deſſein de les greffer, de les aller chercher dans les bois : auparavant que de les y planter, ils ſupprimeront leur pivot. Ces Arbres n'ayant plus de pivot, n'auront plus que des racines qui feront la patte d'oye, que les Connoiſſeurs ne feront point de difficulté d'acheter.

Ces petits Sauvageons ſont appellez par les Jardiniers, Petreaux : J'eſtime qu'ils ont eu raiſon de les avoir ainſi appellé ; car en effet ils ont des racines en pouſſant autour des pieds des Poiriers & des Pommiers, qui ſont propres à mettre dans les Pepinieres, & ſur qui on applique les greffes que l'on veut.

Il ne ſuffit pas qu'un Arbre fruitier ait une belle tige, il faut auſſi qu'il ait une belle tête. Pour la luy faire acquerir, on doit couper & arrêter cette tige à la hauteur de six pieds & demi au plus. Cela se doit faire en Fevrier, c'est-à-dire, peu de jours auparavant que la séve soit montée à l'Arbre. Il poussera au haut de sa tige de beaux jets, lesquels formeront une tête telle qu'on souhaitera, par le moyen de la taille qu'on fera l'année suivante au même mois. La séve ayant bien de la peine à percer à travers l'écorce, sera obligée de se répandre en partie sur ses racines, & particulierement sur toute sa tige, ce qui la fera beaucoup grossir.

SEVE, terme d'Agriculture, est une liqueur enfermée dans les Plantes, ausquelles elle sert d'aliment, & monte de leurs racines jusqu'au haut de leurs branches. Il y a des Auteurs qui disent que cette liqueur est formée de plusieurs parties de la terre ramassées ensemble, qui montent dans les Plantes par la pesanteur de l'air. Il y en a d'autres qui soutiennent que ces parties sont élevées par la chaleur du Soleil, & qu'elles forment cette substance qui leur est si necessaire, & qui par le moyen de cette chaleur s'introduit, & la fait monter jusqu'à l'extremité de leurs branches par des canaux que la Nature leur a expressément formé entre leur bois & leur écorce; & que cette substance se convertit partie en bois & écorce, & partie en boutons, en feuilles & en fruits, ausquels elle fait prendre cette augmentation que nous admirons tous les jours, jusqu'à ce que ces fruits soient parfairement meurs. Il ne suffit pas, dit un Moderne, qu'il y ait suffisamment de Séve pour nourrir les Plantes, mais elles ont besoin d'être éclairées immediatement par le Soleil qui est leur Pere. Aprés que ce suc végétal est monté dans la tige de l'Arbre par les bouches des racines, qui sont comme les orifices de ces vaisseaux sublimatoires, il se fermente dans l'écorce par le moyen d'un levain ou d'un sel qu'il y rencontre, ou par le sejour qu'il y fait, comme le Vin, la Biere, le Cidre & les autres sucs se fermentent par leurs propres levains dans les vaisseaux où on les fait reposer. Cette fermentation ayant rendu ce suc plus subtil, il se filtre plus aisément à travers la peau interne de la premiere & de la seconde écorce, pour entrer dans les tuyaux qui composent la partie lignée, & qui menent ce suc dans les bubes de la moëlle, comme dans autant de petites bouteilles où il se fermente encore, se purifie & se subtilise, jusqu'à ce que celuy qui arrive de nouveau, l'en chasse & l'oblige à entrer dans les plus deliez canaux de la partie lignée, pour être ramenée à l'écorce des Arbres. C'est le mouvement de la Séve, dit un autre Moderne, qui fait végéter & croître la Plante; c'est cette précieuse humeur qui fait que la graine germe, que les feüilles se déployent, que la racine & la tige s'allongent, que les boutons paroissent, que les branches s'étendent, que les fleurs s'épanouissent, & qu'enfin le fruit & la graine se forment diversement dans les differentes Plantes, & selon la figure & la disposition des pores par où passe ce suc nourricier: soit que ces pores figurent le suc en passant, ou soit que ces mêmes pores ne donnent entrée qu'aux parties des sucs qui conviennent pour la formation de chaque espece de Plante. La premiere fois, ajoûte-t-il, que la *Séve* penetre la Semence des Plantes, elle y trouve l'esprit végétal qui la faisant fermenter, la dispose à se spiritualiser & à se sublimer dans le jet que le germe pousse, & cette Séve animée par cet esprit végétal, peut encore servir de levain à d'autres. M. Minot dit qu'il se fait une circulation de la *Séve* dans les Plantes, & qu'elle est portée à toutes les parties de ces Plantes pour leur nourriture, par des tuyaux qui sont analogues aux veines & aux arteres, de la même maniere que le sang est porté à toutes les parties de l'animal; & qu'il est aisé de remarquer que ces Plantes profitent & se portent bien, quand il tombe une pluye douce & chaude, & qu'elles sont exposées au Soleil; de même que les Animaux joüissent d'une santé parfaite, lorsqu'ils usent de bonne nourriture & qu'ils respirent un bon air: mais que si on prenoit un Rosier, par exemple, ou une autre Plante, lorsqu'au Printemps ce Rosier commence à pousser des feüilles & des boutons & que la Séve est en grand mouvement, qu'on le mît à l'ombre, qu'on empêchât la pluye de tomber dessus, & qu'on eut grand soin de l'arroser avec de belle eau fraîche, qu'il y a bien de l'apparence que cet Arbre flétriroit que ses feuilles perdroient leur verdure & deviendroient jaunes, & qu'il passeroit son Printemps sans verdure.

Pour faire en sorte que les jeunes Plants d'Arbres fruitiers & non fruitiers acquierent dans la Pepiniere une belle croissance, il faut être soigneux de leur donner tous les ans trois labours, afin de les faire pousser avec vigueur. Cette culture étant la mere des Plantes ainsi que le Soleil en est le pere, dédommage sans doute ceux qui la pratiquent dans un temps qui convient à la terre où elles sont plantées, ; au lieu que la negligeant on n'a que des ronces & des épines.

Voici une figure d'Arbre fruitier pour laquelle on a presentement bien de la consideration. Un Jardin, quelque beau qu'il soit, ne passe plus pour tel, s'il n'y en a de la maniere que je vais dire. Il faut laisser acquerir aux sujets qui sont dans la Pepiniere, trois pieds & demi de tige au plus, afin de les greffer en écusson à œil-dormant à cette hauteur. On ne donnera cette figure qu'aux Poiriers greffez sur Coignassiers, & aux Pêchers greffez sur Pruniers de Saint-Julien ou de Damas noir, lesquels on ne plantera que dans un terroir gras & un peu humide. Si ces Pêchers sont greffez sur Amandiers, il ne les faut planter que dans un sec & sablonneux. L'experience m'a jusqu'à present fait connoître que ces fruitiers à demi-tige espaliez à des murs un peu élevez, réussissent mieux de cette façon que quand ils sont greffez au bas de leur tige, & particulierement les Pêchers, lesquels sont sujets à se dégarnir quand on les a taillé trop longs. Les Poiriers à demi-tige greffez sur Coignassier, fructifient plûtôt que ceux qui sont nains, parce que la séve étant occupée à faire croître & grossir cette demi-tige, est en moindre quantité quand elle est parvenuë à toutes les branches, & forme promtement des boutons à fleur. On peut aussi faire élever des Poiriers à haute tige greffez sur franc; mais il faut que les murs ausquels on les espaliera, soient de la hauteur de douze à treize pieds, & les planter dans un terroir sec & sablonneux, parce qu'ils poussent des jets beaucoup plus longs que les Poiriers greffez sur Coignassier. Si on plante un Poirier nain entre ceux à haute & à demi-tige, l'espalier sera bien regulier & agreable à la vûë.

La distance de ces deux sortes d'Arbres doit se regler suivant l'espece du fruit, & suivant le terroir où on les plantera. Les Poiriers nains greffez sur franc, doivent être espacez les uns des autres de huit à neuf pieds dans un terroir sec & sablonneux; & ceux sur Coignassier le doivent être de sept à huit au plus dans un gras & humide, à cause qu'ils poussent avec moins de vigueur.

Ceux qui voudront construire des Pepinieres de bons Pruniers à greffer, pourront prendre des jets qui poussent auprés des souches des Pruniers de Saint-Julien & de Damas noir, parce que leur séve est fort douce. Ils sont meilleurs que ceux des autres Pruniers qui l'ont trop aigre, la greffe qu'on applique à ceux-ci n'y prenant que tres-rarement. Cette greffe réussit bien en écusson à œil-dormant, quand le sujet sur lequel on l'applique est bien jeune, & en fente quand il est vieux. Il y a peu de Jardiniers qui observent cela.

Il ne faut jamais placer les Pepinieres dans des lieux où il y a beaucoup d'ombrage, car les jeunes Plants n'y peuvent faire que de foibles productions, à cause qu'ils sont privez des rayons du Soleil qui est le pere de la Nature, qui vivifie toutes choses, & qui est le seul Astre qui donne aux Plantes leur accroissement parfait. De plus, c'est que les gros Arbres qui sont auprés de ce jeune Plant, tirent la plus grande partie des sels & de la substance de la terre; & les petits qui sont auprés ne peuvent prendre que tres-peu de nourriture & de croïssance.

Les Poiriers, Pruniers, & Cerisiers qui sont un peu âgez, jettent fort prés de leur tronc des Sauvageons de souche, c'est-à-dire, des productions qui y naissent, & qui ont de la racine. J'estime qu'il faut les lever de terre, parce que cela fera un grand bien à ces Arbres, dont ils dérobent le suc le plus subtil de la terre. Comme ces jeunes Sauvageons sont fort propres à être greffez, on devra les planter dans la Pepiniere, à un pied de distance les uns des autres, & deux ans aprés, on y appliquera les Greffes à œil-dormant.

Quand on a fait choix des Arbres fruitiers & non fruitiers, qu'on veut prendre dans la Pepiniere, & les avoir marqué avec de l'osier ou de la paille, il faut les déchausser tout autour, en laissant un cerné ou motte de terre au pied de l'Arbre, si on souhaite le lever avec succés en motte. On prendra garde sut tout d'endommager les racines, & de donner de trop fortes secousses à la motte, de peur de l'ébouler : c'est pour cela qu'il ne faut se servir que de Jardiniers adroits, de crainte qu'en voulant enlever un Arbre, ils n'en perdent deux ou trois autour ; ce qui pourroit ruiner la Pepiniere. Quand les jeunes Arbres viennent de plant, & non de pepin ou de noyau, ils ne sont pas difficiles à lever, parce que leurs racines sont presque à fleur de terre.

CHAPITRE IV.

Traité de toutes sortes de Greffes, où il sera succintement expliqué la maniere de les faire avec regularité.

ON voit tous les jours que la Nature est bigearre en ses operations ; & si on la connoît pour telle, ce n'est que par l'industrie de ceux, qui pour l'éprouver, ont bien voulu appliquer leurs mains, pour luy faire faire des productions extraordinaires & merveilleuses. On le voit particulierement dans l'Azerolier, qui est un composé de deux differens Arbres ; sçavoir du Coignassier, sur lequel on a enté de l'Epine blanche, dont les deux natures incorporées, donnent un fruit appellé Azerole, qui est fort aigre, de la couleur & grosseur d'une cerise. L'Arbre qui produit ce fruit est fort épineux.

Un Moderne dit que la Greffe est le triomphe de l'Art sur la Nature : qu'un

Arbre par ce moyen change d'eſpece, de ſexe, de tête au gré d'un Jardinier experimenté. Que d'un Amandier on en fait un Pêcher & un Abricotier. Que l'on oblige un Oranger ou un Citronier de porter de groſſes fleurs de Jaſmin d'Eſpagne ; qu'on détermine une Epine blanche de produire des Azeroles ; qu'on métamorphoſe un Coignaſſier en Poirier, & qu'on oblige un Pommier à porter des Poires. Un autre aſſure que l'on a confondu & mêlé les eſpeces d'Arbres pour leur faire produire des monſtres de fruits. Que l'on a greffé des Vignes ſur des Noyers & des Oliviers, pour avoir des grappes d'huile. Qu'on a greffé des Pommiers ſur des Planes & ſur des Frênes, & des Chênes ſur des Ormes, & enfin des Noyers ſur des Arboiſiers. Que les Philoſophes, ajoûte-il, ſi attentifs à admirer les jeux de la Nature, ont été étonnez de voir dans la famille des Végétaux, des Phénomenes nouveaux à expliquer. Et que tels ſont ces jeux de l'Art qui ſe jouënt de la Nature même, & qui la forcent à nous donner de nouvelles eſpeces de fruits.

FRESNE, eſt un Arbre de haute futaye, qui croît fort droit. Il y en a de deux eſpeces ; l'un eſt fort haut, qui a le bois blanc, dans lequel il y a de grosses veines sans nœud, mol, tendre & madré quand il est jeune, & loupeux & noüailleux quand il est vieux & que son bois est sain; il est très-recherché des Armuriers pour monter des Armes, & par les Ebenistes pour faire de beaux Ouvrages. L'autre est plus petit & raboteux, plus dur & plus roux; les feüilles de l'un & de l'autre sont pointuës & dentelées autour, & un peu larges; ils portent du fruit en gousse, qui est petit & amer. L'écorce du Frêne est astringente. Cet Arbre est fort sujet aux Mouches Cantarides; il produit de la graine. Il vient fort bien dans une terre grasse & humide, & jamais dans une séche & sablonneuse; il se multiplie de Bouture. On recueille sur le Frêne la Manne purgative. Le suc de cet Arbre est fort recommandable contre le Poison, & contre la morsure des Serpens. Pline parle du Frêne, comme d'un merveilleux Vulneraire; & il assure que dans toute la Nature, il n'y a point de specifique pour la guerison des playes, & contre les venins, qui soit à comparer au suc de Frêne. Voici la description qui en a été faite d'aprés ses propres experiences. Le suc de Frêne, dit-il, est un puissant remede contre les blessures des Serpens: il suffit d'en boire pour être gueri. Il ne faut pour guerir une playe, que mettre dessus des feüilles de cet Arbre. Il ne sçait rien d'un si promt & assuré secours, & il ne croit pas qu'il y ait rien d'aussi salutaire dans le monde. Il est constant que le Frêne est d'une si puissante vertu, que ce soit le matin ou le soir, lorsque l'ombre de cet Arbre s'étend fort loin, il n'y a point de Serpens qui ose y passer, au contraire il s'enfuira de toutes ses forces. Il y a dans un Livre composé par le R. P. Schott Jesuite, intitulé *Joco Seria Natur.*

& Art. Cent. III. Proposit. c. ss. page 299. trente-sept articles, qui contiennent les vertus du suc de Frêne, & que les Allemans attribuent à toutes les Parties de cet Arbre. Un Moderne dit que le bois de Frêne, porté sur soy, guerit le Cours de Ventre, la Colique & les Histeriques, pourvû qu'on fasse toucher ce bois à la peau. Qu'il arrête les Hemorragies & toutes sortes de pertes de Sang, en le tenant dans la main jusqu'à ce qu'il soit échauffé. Qu'il empêche que la Gangrene ne se mette dans une playe, & la guerit bien promtement, si on râpe de ce bois dans de l'eau froide, & qu'on en lave le mal plusieurs fois par jour. Qu'en temps de maladie contagieuse, une cueillerée de suc de Frêne bûë à jeun, met en état de ne craindre ni les Fiévres pourprées, ni même la Peste. Que ceux qui craignent d'être empoisonnez, n'ont qu'à boire avec une tasse de bois de Frêne, parce que le poison y devient sans malignité & sans force. Qu'en cas de poison, il n'y a qu'à boire du suc de Frêne, parce que c'est un puissant antidote contre toutes sortes de venins. Que le suc de Frêne éclaircit la vûë & la fortifie, pourvû qu'on s'en lave les yeux soir & matin. Que ce même suc bû le matin, guerit la douleur des reins, fortifie le cœur, & abbat les vapeurs. Qu'étant mis chaud dans les oreilles, la surdité, la dureté d'oreille, & les maux interieurs de l'oreille en sont gueris. Que ce suc bû le matin, guerit les maux de rate, les Poulmoniques, les Hydropiques, & ceux qui sont attaquez de Fiévres malignes, de la Petite Verole & de la Peste. Que dans les grandes douleurs de Tête, il faut se mettre sur le front un linge trempé dans ce suc, aprés qu'on l'a fait bouillir avec un peu de Vin. Que pour les Chancres naissans, il y faut seulement appliquer un linge qui ait

trempé dans le suc tiede de Frêne, & qu'il arrête le progrés du mal, & fond les duretez.

On ne peut donner trop de loüanges à ceux qui, les premiers, ont trouvé le secret de faire toutes sortes de Greffes : l'obligation que nous leur en avons, est infinie ; car sans cette invention nous serions au défaut de quantité de fruits, qui sont aujourd'huy nos plus cheres delices ; contens que nous serions de posseder ceux que le hazard & les lieux nous auroient offerts bons ou mauvais. M. Boile dit qu'en matiere de fruits héterogenes, il est difficile de les faire venir sur une même tige : en sorte qu'on peut fort-bien ranger parmi les évenemens rares & douteux, ces charmantes experiences, où quelques Curieux ont vû des fruits de different genre, se nourrir heureusement du suc d'un même Arbre. M. Duncan dit que pour être convaincu que la séve est differente d'elle-même à former un certain fruit, & qu'elle peut perdre la détermination qu'elle a prise dans un moule en entrant dans un autre qui soit different, on n'a qu'à faire reflexion sur les Greffes, où la séve qui étoit déja modifiée dans le sujet, pour faire un certain fruit, en forme un tout different, en se moulant derechef dans la Greffe, qui luy ôtant la premiere destination, luy en donne une nouvelle.

Il est constant que la séve monte entre le bois & l'écorce des Arbres; & les preuves convaincantes que nous en avons, sont fondées sur un grand nombre d'experiences. Les Greffes ne peuvent jamais réussir, à moins qu'étant posées dans leur sujet, leur écorce ne se rapporte à celle de ce sujet, de telle maniere que le suc végétal qui monte du pied de ces Arbres, puisse justement rencontrer dans son chemin, le dedans de l'écorce de ces Greffes.

Il n'y a rien de plus aisé & de plus ordinaire que de faire toutes sortes de Greffes; cependant dans la production des Plantes, il n'y a aussi rien que l'on doive plus admirer, ni qui soit plus impenetrable à l'esprit humain. Je croy que la Nature, ou pour mieux dire son adorable Auteur, a voulu ici borner nos curiositez & confondre la vanité de nos foibles connoissances, en se contentant de nous avoir inspiré la maniere d'appliquer la Greffe sur un sujet, sans nous vouloir découvrir les ressorts qu'elle remuë dans une telle application, pour en faire sortir cette grande quantité d'effets qui surprennent. La raison pourquoy Dieu, dit Moïse, a défendu par la Loy

Ancienne

Ancienne de greffer ou enter l'Arbre, aussi-bien que de jetter dans un même Champ des semences mêlées, c'est parce que cela fait une corruption & dégeneration, qui symbolisent avec le peché originel & la corruption de la chair ; c'est la gâter, & changer l'idée du Createur.

GREFFER, terme de Jardinage, n'est autre chose qu'inserer de petites branches taillées, suivant que l'exige le travail, dans une fente faite exprés, sur un gros ou un petit sujet, de telle maniere que les deux écorces s'affleurent l'une à l'autre. Et greffer generalement parlant, est obliger un Arbre de changer d'espece, par le moyen d'une operation qu'on y fait. Ce mot de Greffer, vient du Latin, *Inserere*, à cause que dans un sujet qu'on scie, on insere de petites branches d'Arbres. Je croy que dans le Jardinage, & peut-être dans la Nature, il n'y a rien de comparable à l'art de greffer. Un Poirier sur lequel on a appliqué la Greffe d'un Pommier, ne portera plus que des pommes ; mais ces pommes seront monstrueuses & mixtes, & participeront des deux Arbres. Si on applique la Greffe d'un Poirier de Bon-Chrétien, sur un Sauvageon, la même séve, qui dans ce dernier eût produit du fruit petit, acre & méprisable, y en produira de fort gros & d'un goût excellent, & dont les autres qualitez seront fort differentes de celles de l'autre fruit. Mais si un autre fois, on greffe sur une des branches produites par cette Greffe de Bon-Chrétien, une Greffe de Poirier sauvage, elle produira du fruit fort petit & d'un mauvais goût ; ce qui fait manifestement connoître que c'est toûjours la même séve qui étoit dans le tronc de l'Arbre, qui est déterminé diversement, soit par quelque vertu occulte, que quelques-uns appellent specifiques, soit pour la structure particuliere de leurs fibres & de leurs pores, qui fait prendre à cette séve des figures & des dispositions semblables à celles qu'elles ont. Tout le secret de l'Art de greffer, dit M. De Vallemont, consiste à planter une partie de quelque Arbre que l'on estime, sur quelque endroit d'une autre Arbre dont l'espece déplaît. C'est changer la tête d'un Arbre; c'est le metamorphoser en une autre espece; c'est luy faire adopter une filiation de fruits, qui ne sont point de sa famille, & qu'il est forcé de faire subsister à ses dépens, & de nourrir de sa propre substance. Si cette operation se fait sur des branches, c'est unir à un corps des bras étrangers & postiches, par le secours desquels l'Art nous presente une richesse de délicieux fruits, dont nous ne sommes pas precisément redevables à l'institution de la Nature.

Il se fait plusieurs sortes de Greffes; sçavoir celle en fente, en écusson à œil-poussant, en écusson à œil-dormant, en flute, en approche, en couronne, & à emporte-piece.

Celle en fente est pour toutes sortes de bons Fruitiers, pourvû que les sujets sur lesquels on fera appliquer la Greffe, ayent quatre ou cinq poûces au moins de circonference, à l'endroit où on aura dessein de la faire. Des Arbres de cette grosseur reüssissent mieux de cette maniere, que s'ils n'en avoient qu'un & demi.

La Greffe en écusson à œil poussant, & celle à œil dormant, sont pour toutes sortes de Fruitiers à pepin & à noyau. On peut même s'en servir en d'autres Arbres, qui ne sont point Fruitiers, comme l'Orme femelle ou l'Ypreau, que les Jardiniers greffent sur le mâle, & le Chêne sur l'Orme.

Celle en flute n'est du tout propre que pour les Figuiers, Marronniers & Châtaigniers.

Celle en approche, est commode pour les Orangers & Citroniers. Cette Greffe en approche se dit en Latin, *Ramus appropinquatus insitus* ; & on dit, *Rami appropinquati incisio*, pour signifier l'action de greffer en approche.

Celle en couronne, c'est-à-dire que l'on fait entre le bois & l'écorce ; & celle à emporte-piece, ne sont que pour les grosses tiges ou pour les grosses branches d'Arbres, qui produisent du fruit à pepin. Elles ne sont d'aucune utilité pour les grosses tiges & les grosses branches de Fruitiers à noyau, non plus que pour les tiges & les branches des Arbres qui sont d'une mediocre grosseur, & qui sont trop foibles pour y serrer les Greffes qu'on y appliqueroit.

GREFFE en couronne, se dit en Latin,

Truncus coronatus, & *Coronatio* l'action de greffer en couronne : & Greffe à emporte-piece, *Insitum*, comme celle en fente, parce que c'est toûjours une fente dans laquelle on applique les Greffes.

Lorsque l'on voudra appliquer des Greffes à œil-dormant sur de jeunes Sauvageons, pour en faire des Arbres nains, on choisira celles qui sont sur de bons Poiriers bien boutonnez, & en leur temps de rapport ; & la raison de ce choix est incontestable, en ce qu'il n'est rien de plus certain, que la Greffe tient en tout de la nature de l'Arbre sur lequel elle est cueillie. Si bien que quand l'Arbre n'a que du bois, il ne faut pas s'attendre de cueillir de long-temps du fruit des Greffes prises de dessus ; au lieu que s'il est disposé à bien faire, nous joüissons en peu de temps du plaisir de voir de bonnes Greffes nous apporter du profit.

La grande experience que le Jardinier Solitaire a de l'Art de greffer, luy a fait découvrir une regle de la Nature, qui est admirable & d'une grande importance, pour que les Arbres greffez prennent une belle tête. Il dit que la Greffe posée sur le Sauvageon, reprend, quoyqu'on fasse, la situation qu'elle avoit sur l'Arbre duquel elle a été prise. Que si le jet ou rameau étoit droit & perpendiculaire, il poussera droit & perpendiculairement à l'Horison sur le Sauvageon où il a été mis. Que si au contraire ce jet étoit situé horisontalement sur son Arbre, il se remettra de la même maniere sur le Sauvageon, & poussera tout de côté, sans presque s'élever en-haut. Cela est aussi d'une grande importance à sçavoir, pour les personnes qui voudront appliquer des Greffes sur des Sauvageons, pour en faire des Arbres à haute tige, ou bien pour en faire des Arbres nains, qui donneront du fruit en peu d'années.

Pour tailler comme il faut la Greffe qu'on veut appliquer dans la fente d'un Sauvageon, on doit prendre d'une main une serpette qui coupe bien, & d'une autre cette Greffe, & l'inciser des deux côtez en forme de coin. Il faut que les deux côtez qui bordent cette espece de coin, ayent tant soit peu d'écorce, & que le côté qui doit paroître au-dehors, soit un peu plus large que celuy qui doit être au-dedans, en telle sorte que la Greffe ait la forme d'une alumelle de coûteau.

Quand on veut appliquer des Greffes prises sur de bons Pruniers, il faut qu'elles le soient sur ceux de Saint-Julien ou de Damas noir, & non sur d'autres. Si on veut que ces Greffes ſoient miſes dans la fente des mêmes ſujets, on doit prendre garde qu'au deſſous de l'endroit auquel on deſire faire appliquer le dos de la Greffe, il y ait un bel œil. L'on obſervera de ne laiſſer que trois à quatre yeux au plus à ces Greffes, & de les tailler ſi bien, que la moëlle ne ſoit point découverte. Si elle l'étoit en taillant, on devra en faire une autre. Si ces Greffes étoient tortuës, il faudroit les tourner de telle maniere, que ce qui ſeroit courbé ſe trouvât en dedans du ſujet greffé, & non en dehors.

MOELLE, eſt en terme d'Agriculture, une ſubſtance molle, qui vient au milieu de quelques Arbres. La Nature a formé cette ſubſtance dans ces Plantes, pour affiner & purifier le ſuc qui les nourrit. M. Grew a obſervé, aprés M. HOOCK, que la moëlle n'eſt autre choſe dans les Plantes, qu'un amas de pluſieurs petits boüillons, qui ont un mouvement lateral & un autre perpendiculaire, qui élevent le ſuc, & font croître la plante en hauteur & groſſeur. Je puis ici faire obſerver que la plus grande partie des Arbres fruitiers, qui ont reſiſté au froid exceſſif des mois de Janvier & de Fevrier 1709. ont eu pendant cette année la moëlle toute noire; ce qui en fit perir l'année ſuivante un tres-grand nombre. Cet exceſſif froid a cauſé la mort à une infinité de perſonnes de tout ſexe & de tout âge, & la perte preſque entiere des biens de la Terre, dont tres peu ont échappé, ou à la forte gelée qu'il fit à diverſes repriſes, ou à des inondations furieuſes, arrivées en pluſieurs endroits, qui en ſouffriront long-temps.

Si on ſouhaite que la Greffe que l'on appliquera dans la fente d'un Poirier, donne du fruit en peu d'années, il faut faire en ſorte que directement au haut de l'écorce du dehors, il y ait un œil à niveau de la tige étronçonnée du ſujet greffé, & quand la Greffe eſt appliquée en dedans, & que ce même œil ſoit vis-à-vis le haut de la fente. Cela eſt d'une abſoluë neceſſité pour la faire réüſſir.

Oeil, n'eſt autre choſe, en terme de Jardinage, qu'une eſpece de petit nœud, ſe terminant en pointe; & c'eſt de là d'où naiſſent les feüilles des Arbres & les jets qui en proviennent. On dit auſſi Oeil de Melon, & cet œil eſt le lieu d'où ſortent les branches. Les fruits ont auſſi un œil qui eſt placé en-bas, & qui eſt l'endroit ſur lequel on les poſe, quand on veut les mettre proprement dans une Serre pour les conſerver. Oeil par rapport à ces petites marques qui regnent le long des branches d'un Arbre, ſe dit *Oculus*; au lieu que cet œil, lorſqu'on entend de cet endroit d'où ſortent d'abord les Melons, s'appelle *Umbilicus*; & que celuy qui eſt au bas des fruits, ſe nomme *Stella*, à cauſe qu'en cette partie il y paroît en effet comme une eſpece d'étoile. La Greffe à œil-dormant qui ſe doit faire en Août ſur des fruitiers à pepin, & ſur ceux à noyau en Septembre, eſt ce qu'on appelle Ecusson, & se dit *Inoculatus ramus silens*, à cause qu'en n'agissant point, en effet elle ne dit mot. Et la Greffe à œil-poussant, qui se doit faire au 20. ou 25. Juin, est appellée par les Latins, *Inoculatus ramus germinans*, à cause qu'elle pousse un jet dix ou douze jours aprés qu'elle a été appliquée. Cette derniere Greffe ne differe en rien de cette premiere, sinon qu'à celle-là il faut d'abord couper la tige du sujet greffé au-dessus de l'endroit où elle a été faite ; & à celle-ci, on ne doit faire l'operation qu'aprés l'Hiver, quand on s'apperçoit qu'elle est bien verte, & qu'elle est bien engluée au sujet greffé.

Avant de faire la Greffe en fente, il faut couper avec une scie, un peu en penchant, le sujet sur lequel on la veut appliquer, afin que la pluye qui viendra à tomber, n'entre pas dans la fente, comme elle pourroit aisément faire, si ce sujet étoit scié en son plat. Aprés qu'il est scié, il faut aussi-tôt le ragréer avec la serpette. Cela se doit pratiquer quand on a scié de niveau un sujet pour être greffé, soit en fente ou en couronne. On observera sur-tout de prendre bien garde en posant la serpe en croix sur l'entaille, de ne la pas mettre sur la moëlle, mais bien à côté. On doit faire en sorte que cette Greffe soit bien jointe, & de telle maniere qu'il n'y ait point de jour.

RAGRE'ER,

RAGRÉER, terme de Jardinage, est un verbe qui signifie couper avec la serpette, la superficie d'une chose sciée. Cela se pratique lorsqu'on a scié horisontalement un sujet pour être greffé en fente ou en couronne ; & elle ne peut réüssir autrement. Ce mot de Ragréer est comme qui diroit donner un agrément ; en Latin *Limare*.

Il ne faut point appliquer la Greffe en fente quand les vents de Sud & Sud-Oüest soufflent, parce que ce temps est l'ordinaire contraire à la réüssite de cette Greffe, aussi-bien qu'à celles en écusson à œil-dormant & à œil-poussant. Les pluyes qui d'ordinaire tombent dans le temps que les vents soufflent, humectent trop la séve qui est tant dans la Greffe, que dans le sujet sur lequel on l'applique.

Quand cette Greffe aura été mise comme il faut dans la fente, & qu'elle sera bien jointe au sujet greffé, on couvrira l'incision qui aura été faite avec de la terre à Potier, ou du fumier pur de Vache, afin que les eaux ne puissent penetrer dans la fente de ce sujet. Aprés quoy on fera des poupées qu'on liera bien proprement avec de l'osier, pour empêcher que ni la séve de la Greffe, ni celle du sujet greffé, ne séchent.

Ceux qui desireront faire des Greffes

en fente, en couperont avant l'Hyver ; les enterreront aussi-tôt par l'extremité d'en-bas, comme on le fait quand on a coupé du plant de Vigne, & les déterreront à la fin de Fevrier pour les appliquer sur des sujet propres. Ces Greffes réussiront bien mieux que si on les coupoit au commencement de Mars, comme quelques Jardiniers font. Si on avoit manqué de couper des Greffes avant l'Hyver, on le fera au 8. ou 10. de ce mois de Fevrier, & on les enterrera en même-temps ; car il ne faut point faire d'incision aux Arbres, quand ils sont en séve. Avant que l'on insere la Greffe dans le sujet destiné à être greffé en fente, il faut rafraîchir les deux extremitez du bas & du haut de cette Greffe.

Il y a bien souvent des Greffes en fente qui ne réüssissent pas ; le défaut ne vient pas toûjours de ce qu'elles n'ont pas été bien faites, mais c'est quelquefois que la séve en montant du Sauvageon, sur lequel elles ont été appliquées, n'a pas trouvé des dispositions propres pour s'y faire un passage, soit par le peu de convenance qu'il y a entre luy & elles, soit par d'autres causes dont l'Homme n'a aucune connoissance. Alors ce Sauvageon fait le bourlet. Cette excrescence ne porte presque point de préjudice à l'Arbre, puisqu'il n'y a qu'à le regreffer de nouveau en écusson à œil-dormant, au mois d'Aoust suivant, sur quelques jets que ce sauvageon aura poussé.

BOURLET, est en terme de Jardinage, une espece de gros nœud qui vient d'ordinaire au-dessous des Greffes. On dit aussi Bourlet, lorsque la Greffe se joint mal au sujet greffé, & qu'elle devient plus grosse que ce sujet. Le Bourlet se connoît par un cercle avancé, parce que la Greffe se joint difficilement à l'Arbre greffé, qui demeure plus petit. Les Arbres qui font le Bourlet dans la Pepiniere, doivent être rejettez. Cet inconvenient arrive assez souvent au Coignassier, & vient de ce que ce sujet greffé n'avoit pas tant de séve que la Greffe qui y a esté appliquée ou bien que celle-ci en avoit moins que ce sujet, ou que celuy-ci avoit de grandes infirmitez. Tous les Arbres ne sont pas sujets à faire le Bourlet. Ce mot de Bourlet qui vient du Latin *Circulus*, a été, selon moy, fort bien adapté à un Arbre, qui lorsqu'il fait le Bourlet, ressemble en effet à un Touret plein de bourre, Feu M. Tournefort en expliquant les bosses qui naissent autour des Greffes, dit qu'elles viennent de ce que les vaisseaux de la Greffe ne répondant pas bout à bout aux vaisseaux du sujet sur lequel on l'applique, il n'est pas possible que le suc nourricier les enfile en droite ligne : Que les lévres de l'écorce des Arbres que l'on taille, d'abord se tumefient par le suc nourricier, qui ne peut passer outre, à cause que l'extremité des vaisseaux coupez, est pincée & comme cauterisée par le ressort de l'air ; ce qui forme un Bourlet qui s'étend insensiblement de la circonference vers le centre, par l'allongement des fibres.

Il ne faut jamais greffer en fente des Coignassiers, s'ils n'ont par l'extremité d'en-haut de leur tronc, trois poûces de circonference au moins. Je conseille à ceux qui en ont de pareille grosseur, de ne les point du tout faire greffer, mais au contraire de les bien conserver pour en faire des meres, pourvû que ces Coignassier soient plantez dans une terre écartée du Jardin Fruitier & Potager.

Le temps le plus favorable pour faire des Greffes en écusson à œil-poussant & à œil-dormant, est celuy qui est frais, sec & couvert. Si on les faisoit par un temps fort humide, il est certain que l'eau humecteroit aisément le reste de la séve qui est tant à la Greffe qu'au sujet sur lequel on l'appliqueroit. Si au contraire l'on y travailloit par un soleil ardent, la séve de cette Greffe & de ce sujet seroit en même-temps dessechée. J'ay remarqué que les Jardiniers experimentez en usoient ainsi.

Si on ne pouvoit trouver un temps si favorable, il faudroit pour lors chercher un moyen pour travailler à faire ces Greffes dans quelque temps que ce fût, & où on pût parfaitement réüssir. J'en ay trouvé un, lequel eſt de cacher les Greffes nouvellement appliquées, avec des feüilles d'Arbres ou avec du papier, afin de les garantir des pluyes & des ardeurs du ſoleil. J'ay quantité de fois experimenté avec un ſuccés heureux ce que je viens de dire.

Si on veut que l'une & l'autre de ces deux Greffes réüſſiſſent, & particulierement aux Arbres en plein vent, il faut les appliquer à l'oppoſite des vents d'Eſt de Nord-Eſt, c'eſt-à-dire, vis-à-vis & du côté de ceux d'Oüeſt & de Sud-Oüeſt, qui ſont les vents qui ſoufflent avec le plus de force. Quand ils ſurviennent, & que la Greffe a été appliquée du côté de ces vents d'Eſt & de Nord-Eſt, elle ne manque pas de rompre ou de ſe décoler, parce que d'ordinaire elle pouſſe dés le mois de Mars un jet fort vigoureux.

Voici une autre découverte, laquelle n'eſt pas moins utile que celle dont je viens de parler, puiſque c'eſt pour faire produire aux Poiriers du fruit plus gros & plus excellent qu'à l'ordinaire. On appliquera ſur de jeunes Coignaſſiers des Greffes, dont le fruit qui en doit provenir ſoit gros, comme ſont les Poires de Bonchrétien d'Eté, Virgouleuſe, Rateau-gris & Bezy de Chaumontel, leſquels proviennent des Arbres qui ont une grandes abondance de séve. Sur le bois que ces Greffes auront poussé, on y en appliquera d'autres prises sur des Poiriers, qui donnent la naissance à des fruits precieux & rares, comme Bonchrétien d'Hyver, Saint-Germain, Ambrette, Royale d'Hyver, Bezy de Chassery, Epine d'Hyver, Marquise, Angelique de Bourdeaux, & quelques autres, desquelles Greffes il est quelquefois difficile d'avoir en Eté, ayant l'écorce trop delicate pour être transportées.

Lorsqu'on coupe une Greffe sur un Arbre à pepin ou à noyau, pour l'appliquer en écusson à œil-dormant sur un Sauvageon, il faut que ce soit sur une petite branche bien aoûtée, & sur laquelle on remarque des yeux bien nourris & non ridez. Cette petite branche doit être de l'année.

Il y a trois differens temps pour faire la Greffe à œil-dormant. Le premier est depuis le 4. jusqu'au 12. Aoust, si l'année est séche & hâtive; le second depuis le 16. du même mois jusqu'au 24. si elle est humide & tardive. Ces deux temps ne sont que pour les Greffes qui doivent produire des fruits à pepin. A l'égard de celles qui doivent donner la naissance à ceux à noyau, le temps qui leur convient le mieux, eſt depuis le 6. Septembre juſqu'au 12. au plus tard; c'eſt-à-dire, qu'il faut tant à ces ſortes de Greffes qu'aux ſujets ſur leſquels on les appliquera, que ce ſoit au declin de leur ſéve. On obſervera de faire les Greffes ſix ou ſept jours plûtôt dans les terres ſéches & ſablonneuſes, que dans les humides & graſſes; la raiſon eſt que la ſéve reſte plus de temps aux Arbres plantez en ces dernieres terres, qu'à ceux qui le ſont dans ces premieres.

Quand cette Greffe à œil-dormant aura été appliquée, il ne faudra point couper le bois du ſujet qui eſt au-deſſus de la Greffe, qu'à la fin de Fevrier de l'année ſuivante. Lorſqu'en ce temps on verra que l'œil ſera bien verd, il faudra aprés avoir ôté la ligature, couper le bois de ce ſujet à deux poûces au-deſſus de la Greffe. L'operation s'en devra faire de biais & du côté opposé à cette Greffe. Si le jet qu'elle viendroit à pouſſer avec beaucoup de vigueur, ne fourchoit pas, il faudroit l'arrêter & couper avec l'ongle, quand il auroit la longueur de ſix à ſept poûces. C'eſt ainſi que l'on doit en agir pour élever des Arbres nains propres à être reduits en eſpalier ou en buiſſon.

Aux Arbres qu'on desirera élever en plein air, il faudra au contraire conserver le jet en son entier, afin d'obliger cette premiere production à faire une tige bien droite & bien lissée.

Il se rencontre quelquefois que la Greffe à œil dormant pousse un jet foible avant l'Hyver, ce qui luy est fort préjudiciable. Les gelées qui viennent dans la suite le penetrent aisément, & le font d'ordinaire perir, parce qu'il n'a pas eu le temps de meurir. Pour prevenir cet inconvenient, il faut sept ou huit jours aprés qu'elle est faite, desserrer tant soit peu la ligature, & prendre garde de ne point du tout endommager l'œil de cette Greffe. Cela fera que le peu de séve qui restera au sujet greffé, ne sera point obligée de s'arrêter à cet œil, quand elle montera. Ce desordre n'arrive gueres, quand on ne fait cette Greffe qu'au declin de ce suc, qui est tant à la Greffe qu'au sujet greffé.

Aprés qu'une Greffe en écusson à œil poussant a été appliquée sur un Sauvageon, il faut aussi-tôt couper le bois de ce sujet à un bon poûce au-dessus de l'endroit où elle a été faite, afin que la séve qui pour lors ne trouvera aucun autre chemin que celuy de l'œil de cette Greffe, soit obligée de le nourrir ſeul, & de luy faire pouſſer un jet qui puiſſe meurir, & par conſequent reſiſter aux gelées d'Hiver.

Pour travailler comme il faut à l'une & à l'autre de ces deux differentes Greffes, on doit avant de choiſir une Greffe ſur un Arbre, examiner ſi le Sauvageon ſur lequel on la veut appliquer, ne manque pas de ſéve. Cela ſe connoît aiſément dés qu'on applique le Greffoir pour faire l'inciſion neceſſaire, par un petit bruit qui ſe fait entendre. Pour faire ces Greffes comme il faut, on donnera trois coups de ce Greffoir, lequel eſt un petit coûteau pointu, qui a au bout de ſon manche une eſpece de ſpatule, dont on ſe ſert pour faire la Greffe en écuſſon.

Le premier coup ſera donné de travers, de la branche juſqu'au bois ſeulement; la raiſon eſt qu'il ne faut jamais penetrer plus avant que l'écorce; il faut que ce ſoit à l'épaiſſeur d'un demi doigt au-deſſus de l'œil. Le ſecond ſe doit prendre depuis l'une des extremitez de l'incilion faite de travers en deſcendant & en biaiſant à demi poûce au-deſſous de l'œil à bois, c'eſt-à-dire, qu'il faut qu'il y ait un peu plus de diſtance à celuy-ci qu'à l'autre. Et le troiſiéme & dernier, doit commencer depuis l'autre extremité de l'incision faite de travers, & doit aussi croiser en biaisant sur l'extremité d'en-bas du coup donné la seconde fois.

ECORCE, terme de Jardinage, est la partie de l'Arbre qui paroît au-dehors, & qui sert à son bois comme de robe pour le garantir des inconveniens ausquels nous voyons qu'il est exposé sans cela. Lorsque l'écorce d'un Arbre est lissée, unie & argentine, c'est une marque certaine de sa grande vigueur. C'est entre le bois & l'écorce que passe la séve, pour nourrir & grossir sa tige, ses branches & son fruit. Ce mot d'écorce se dit en Latin, *Cortex*, qui vient du Grec φλοιὸς dérivé de φλάω, qui veut dire *fragilis*, l'écorce étant tres-fragile. L'écorce sert de filtre, à travers duquel circule le suc de la terre; & par le moyen de cette circulation, il devient plus propre à nourrir l'Arbre, parce que ce suc se purifie comme le sang dans le corps de l'animal. Les blessures des Arbres dans leurs parties ligneuses, sont peu considerables, & bien moins dangereuses que celles de l'écorce, laquelle contient & enveloppe en soy les vaisseaux qui servent à porter le suc nourricier dans toutes les parties de l'Arbre; & l'on voit assez le peu de danger qu'il y a de blesser la partie ligneuse d'un Arbre, par exemple des Arbres creux, dans lesquels elle est presque toute cariée, comme dans les vieux Chênes & dans les Saules, qui se trouvent bien souvent presque tous cariez, ne restant de fibres ligneuses, qu'autant qu'il en faut pour soûtenir l'écorce; le reste, par la carie, se change en une matiere terrestre & noirâtre, tres-excellente & d'un grand usage pour éle-

fer des Orangers & d'autres Arbres, Arbriſſeaux
& Arbuſtes.

Lorſque l'inciſion a eſté faite, on ne doit plus penſer qu'à bien lever cet écuſſon. Pour y réüſſir, on appuyera un peu fortement le poûce ſous les côtez vers la partie voiſine de l'œil, que cette même inciſion renferme en ſon enceinte ; on pourra croire alors que l'on aura un bon écuſſon. On le reconnoîtra pour tel, quand étant détaché de ſon rameau, le germe interieur paroîtra, lequel eſt le ſeul endroit où la ſéve ſe communique à l'œil qui en a beſoin, afin qu'il prenne aiſément à l'Arbre. Sur tout il faut obſerver de n'y laiſſer aucun bois, parce que la ſéve qui doit donner de la nourriture à la Greffe, ſeroit hors d'état de s'attacher à ce germe interieur, ce qui empêcheroit qu'elle ne pût prendre au ſujet ſur lequel elle auroit été appliquée.

Comme il faut abſolument que ce germe interieur par où l'œil doit recevoir ſon aliment, reſte pour faire réüſſir cette Greffe ; auſſi faut-il s'attacher à le bien conſerver. Pour agir dans les regles, on doit commencer par le haut à détacher le bois qui eſt adherent à la Greffe, & finir par le bas. Il faut ſur tout faire en ſorte que cette Greffe ait la figure d'un grand V, quand elle ser détachée de son sujet avec son germe.

Lorsqu'elle aura été heureusement le vée, on l'appliquera sans perdre de temp sur le sujet destiné, parce que la séve d cette Greffe se sécheroit bien vîte. Elle sera appliquée sur une jeune branche bien vive & bien unie, sur laquelle on formera en faisant l'incision, la figure d'un grand T.

Il faut lever la Greffe avant que de faire l'incision au sujet qu'on veut greffer, car on s'exposeroit à faire éventer la séve de ce sujet, étant le suc qui doit servir à coler l'œil de cette Greffe, parce qu'outre le temps qu'il faut pour lever cet œil, on ne réüssit pas toûjours à l'avoir comme il doit être pour bien prendre à ce sujet. Il faut donc que l'incision à celuy-ci, soit faite la derniere, de crainte que quelque soin que l'on prît de bien détacher sa peau, la séve ne trouvât assez de jour pour se dessecher.

Quand l'ouverture sera faite, on prendra le manche du Greffoir, avec lequel on ouvrira par le haut, les deux côtez de l'écorce. On observera sur tout de ne point offenser le bois du sujet que l'on greffe, si on veut que l'œil y prenne aisément.

Ensuite on portera cette Greffe à la bouche, quand on reconnoîtra que le dedans du sujet destiné à l'y appliquer, sera luisant & net, pour l'approcher de l'incision par la partie pointuë, & en aprés l'inserer & la faire descendre adroitement par l'extremité d'en-haut dans cette incision en glissant, jusqu'à ce qu'il soit entré jusqu'au bas de la queuë, que l'on aura eu soin de conserver. Cet innocent travail est, selon moy, aisé à pratiquer, puisqu'il n'y a qu'à appuyer le dos du Greffoir sur l'œil.

On connoît que cette Greffe a été posée comme il faut, quand les côtez de l'écorce du sujet greffé, que l'on a détaché, couvrent bien la Greffe, à la reserve de l'œil, lequel doit absolument paroître & avoir son entiere liberté, afin qu'il puisse respirer l'air ; car les Plantes ainsi que les Animaux, meurent aussitôt que les conduits de la respiration sont bouchez. Ainsi, si on souhaite que cet œil subsiste, il faut qu'il soit à découvert.

Cela bien executé, on liera bien proprement cette Greffe avec de l'écorce d'Osier ou d'Orme, afin qu'elle soit tellement unie au sujet greffé, que ce ne soit plus qu'une même chose.

Huit ou dix jours aprés que la Greffe en écusson à œil-poussant aura été appliquée, il faudra desserrer la ligature, afin que la séve trouvant assez de jour pour y monter, ne se jette point par la fente de l'incision, parce qu'elle se convertiroit aisément en gomme, & pourroit bien la faire perir.

On doit faire la même operation à la Greffe en écusson à œil-dormant, à la fin de Fevrier, c'est-à-dire, qu'il faut desserrer cette ligature, & l'ôter tout-à-fait, quand on est certain qu'elle a eu une heureuse reprise, & ensuite couper le bois du sujet greffé, à un poûce au-dessus où elle a été appliquée. Sur tout on prendra garde en ôtant la ligature, de ne point rompre, ni même ébranler l'œil de la Greffe, car elle ne pourroit plus être d'aucune utilité.

Pourquoy un Arbre greffé change la nature de son fruit en celle de la Greffe, cela arrive, dit Hyppocrate, parce que la Greffe a en soy le principe de fecondité & de vie d'où il a été coupé ; il l'entretient du suc qu'il tire de l'Arbre sur lequel il est appliqué ; & lorsqu'il commence à pulluler, il se forme autour de la Greffe de petites racines fibreuses, qui s'insinuent dans l'Arbre, par le moyen desquelles il se nourrit de son propre suc ; & à mesure qu'elles se fortifient, elles s'étendent jusqu'en terre, à la faveur de l'Arbre qui porte la Greffe, & tire de cette terre son aliment. Ce qui fait, ajoûte-il, que l'on ne doit pas s'étonner si l'Arbre greffé change la nature de son fruit en celle de l'Arbre d'où la Greffe a été tirée, parce qu'il se nourrit du suc de la terre par luy-même. *Hyppocrate, Livre de la Nature de l'Enfant, page 25.*

La Greffe en flute est differente de celles dont j'ay ci-devant fait mention. Elle tire son origine de l'instrument auquel elle a de la ressemblance. Pour la faire reussir, il faut que la Greffe que l'on coupera sur un Arbre qui produit d'excellent fruit, ne soit ni plus grosse ni plus menuë que la branche du sujet que l'on desire greffer. Pour n'être point trompé en cela, il n'y a qu'à les mesurer ensemble.

Avant que d'agir, il faudra avoir en main une Greffe d'un Arbre, qui a dû être prise en un endroit où il est le plus fecond, c'est-à-dire, fort prés du bois de deux années, & au même endroit que les Greffes que l'on prend sur de bons fruitiers, que l'on applique en écusson à œil-dormant pour faire des Arbres nains, comme Poiriers, Pommiers, Pêchers, Abricotiers, &c.

Il faut donc chercher un bel endroit sur une petite branche, afin d'enlever la piece de l'écorce, de laquelle on se servira pour Greffe. Cette operation se fait avec le tranchant d'une serpette, en coupant par le haut & le bas cette écorce autour jusqu'au bois, à la longeur de deux à trois travers de doigts. On y laissera tous les yeux à bois qui y seront, sans en éborgner aucuns, à cause qu'il y en a qui manquent quelquefois à pousser.

Comme cette Greffe en flute se doit faire dans le temps que les feüilles sont nées, il faut bien prendre garde de ne les point arracher des yeux de l'écorce qu'on veut enlever; car alors il seroit trop à craindre que la séve ne vînt trop à se dissiper par ces petites ouvertures, ce qui luy porteroit un grand préjudice.

Il ne reste plus maintenant qu'à trouver le moyen de faire sortir de son lieu l'écorce. On en vient aisément à bout, en l'ôtant du rameau qui est au dessus de celle qu'il faut preparer pour y être appliquée; le bon sens nous apprend qu'il faut que ce soit du côté où est le plus menu de ce rameau, qui est du bas en haut.

L'écorce du ſujet qu'on veut greffer étant enlevée, on inſerera ſur ce ſujet l'écorce de la Greffe, & on la pouſſera doucement avec les deux doigts, juſqu'à ce qu'elle ſoit adherente à l'écorce du ſujet greffé. On ne doit faire cette Greffe en flute qu'au mois de May, qui eſt le temps où la ſéve eſt en ſa plus grande abondance. Elle ne doit ſe faire que ſur des Châtaigniers, Marronniers & Figuiers.

CHATAIGNIER, eſt un Arbre qui produit les Châtaignes. Il eſt fort commun en France, & pluſieurs bois en ſont plantez. La plus belle Charpente eſt faite de ſon bois. Il en pouſſe une grande quantité en peu de temps, & ſur-tout quand il eſt en taillis. Les araignées ni la vermine ne s'attachent point à ſon bois, quoyqu'il ſoit ſec. Il n'eſt pas propre à brûler. Il eſt fort propre à faire des Cuves & des Futailles. On en fait auſſi des échalas & des perches pour les Treilles & les Eſpaliers. Il y a deux eſpeces de Châtaigniers, la grande & la petite. La grande eſt le Marronnier, que nous avons de deux ſortes; ſçavoir le Marronnier d'Inde & le commun: & la petite eſt celle qu'on appelle ſimplement Châtaignier. Le fruit du Châtaignier a une bourre fort piquante, qui couvre une écorce brune, ſans laquelle eſt une petite membrane, & enfin une pulpe fort blanche, & bonne à manger cruë & cuite, & à faire de la Boüillie. Les Montagnards vivent tout l'Hyver de Châtaignes, qu'ils font ſécher ſur des clayes, puis ils les font moudre aprés les avoir pelées, pour en faire du Pain. En

Limosin on engraisse les Pourceaux avec des Châtaignes. Dioscoride appelle la Châtaigne, *Gland de Jupiter* ; il dit qu'elle est fort astringente, & sur-tout sa pelure du milieu. Il est constant que les Châtaignes engraissent, & sont d'une assez bonne nourriture ; mais elle resserrent & produisent des vents. La décoction de Châtaigne soulage ceux qui ont le cours de ventre. Pour conserver les Châtaignes long-temps fraîches, aprés qu'elles ont été cueillies bien meures, il faut les porter au Grenier en un monceau, puis les bien couvrir avec des Noix. Ces Châtaignes se gardent ainsi long-temps, à cause que c'est le propre des Noix d'attirer à elles toute l'humidité, & d'amasser tout ce qu'il y a de plus grossier & de plus crasse dans les choses où elles sont jointes. Il y en a qui, pour conserver long-temps leurs Châtaignes, ne les cueillent que quand elles ne sont pas tout-à-fait meures ; puis les mettent dans un lieu frais, où ils les couvrent de sable, de telle sorte qu'il n'y puisse entrer d'air ; autrement elles seroient sujettes à se corrompre en peu de temps.

La Greffe en couronne & celle en fente se font quasi de la même maniere ; à la difference qu'en la derniere, la Greffe doit être appliquée dans le bois prés l'écorce ; & en la premiere, il faut la placer entre le bois & l'écorce. Cette Greffe en couronne n'est convenable qu'aux gros Arbres étronçonnez, parce que les petits n'ont pas l'écorce assez forte pour resister à l'effort qu'il faut faire quand on la separe avec le coin. On fera cette Greffe depuis le commencement d'Avril juſqu'au vingt au plûtard, qui eſt le temps où la ſéve de ces gros Arbres eſt aſſez montée, pour faire que l'écorce qui environne les ſouches étronçonnées, ſe détache d'avec le bois, lorſqu'elle eſt obligée de le faire pour ouvrir un paſſage aux Greffes qu'on deſire y faire inſerer, & que l'on a taillées tout exprés.

Cette Greffe en couronne eſt, ſelon moy, plus aiſée & plus immanquable que celle en fente. Ce qu'il y a de certain, c'eſt que cette premiere Greffe ne fatigue point les vieux troncs, ni les groſſes branches des Arbres ; cette derniere au contraire, où il faut faire une inciſion violente, donne une terrible ſecouſſe au ſujet ſur lequel on l'applique.

Pour preparer comme il faut la tête de ces groſſes tiges, on devra les couper avec un ciſeau de Menuiſier qu'on prendra d'une main, & de l'autre un maillet de bois. On prendra garde ſur tout de ne point faire éclater leur ecorce. Cet outil eſt plus propre pour faire ce travail, que la ſcie, laquelle par le mouvement qu'on fait, brûle & l'écorce & le bois.

Avant de ſeparer l'écorce de ces gros Arbres étronçonnez, on doit avoir ſes Greffes toutes prêtes & toutes taillées, afin qu'il n'y ait plus qu'à les poser au lieu de leur destination. Ces Greffes ont dû se prendre sur des Arbres, aux endroits où ils ont moins de vigueur, afin que les sujets sur lesquels on les appliquera, puissent produire du fruit en peu d'années. Il est bon qu'elles ayent douze à treize poûces de longueur, & qu'il y ait quatre bons yeux à bois au moins. Les entailles de ces Greffes doivent être faites de biais, & avoir un bon poûce & demi de longueur. La coupe du bois doit être faite des deux côtez directement auprés de la moëlle, afin que l'extremité se termine à tres-peu de chose, & que ces Greffes puissent aisément entrer dans l'ouverture qui aura été faite avec le coin.

Ces Greffes ainsi taillées, on les mettra sans perdre de temps au lieu destiné ; & comme l'endroit ordinaire par lequel la séve prend son chemin pour monter, est entre le bois & l'écorce ; c'est aussi par ce lieu qu'il faut placer les côtez entaillez des Greffes, de celuy de la tige étronçonnée, & l'écorce de ces Greffes de celuy du bois.

Une tige propre à greffer en couronne, peut aisément porter jusqu'à sept à huit Greffes, si elle est un peu grosse. Et afin d'en separer aisément l'écorce d'avec le bois, on se servira d'un coin de fer plat & large d'un poûce, qu'on posera entre le bois & l'écorce. On cognera doucement ce coin de fer avec un maillet, pour le faire entrer à la profondeur d'un poûce, jusqu'à ce qu'on voye que l'ouverture soit assez large pour recevoir ces Greffes. On fera en sorte de ne point éclater l'écorce, parce que la séve s'évaporeroit en montant par l'ouverture.

Cela étant fait à la premiere Greffe, on continuëra de même à faire les autres, jusqu'à ce que la couronne soit entierement garnie. Pour les preserver des injures de l'air, on doit faire des poupées de la même maniere qu'on fait à la Greffe en fente.

On peut aussi greffer en écusson à œil-dormant les grosses tiges d'Arbres. Il n'y a qu'à couper leur grosse écorce, à la longueur de quatre à cinq doigts, & à la largeur de trois au plus, à l'endroit où on voudra que la Greffe soit appliquée, jusqu'à l'épaisseur d'une piece de quinze sols prés le bois, & ne point du tout y toucher. L'entaille sera faite de même qu'aux petites branches ; & ainsi du reste. Il est constant que cette Greffe prendra aussi aisément sur ces grosses tiges, que si elle étoit appliquée sur les jeunes Arbres. J'ay vû des Orangers de l'âge de plus de quatre-vingt ans, sur lesquels on avoit appliqué des Greffes en écusson à œil-dormant, qui ont tres-bien reussi.

Il y a encore une autre espece de Greffe, qu'on applique sur de gros Arbres, qu'on appelle communément Greffe à emporte-piece. Pour la bien faire, on se servira d'un ciseau de Menuisier, avec lequel on fera autour de la tige de ces Arbres, de petites entailles, & de la même maniere qu'on le pratique à la Greffe en fente, quand on a ouvert l'Arbre avec le coin.

Il faudra prendre la mesure de ces entailles, & tailler les Greffes de la même longueur & largeur, afin de les y inserer si justement, qu'il n'y ait aucun jour entre l'écorce, le bois & la Greffe qu'on y appliquera. Il sera bon de la tailler de telle sorte, qu'elle n'entre qu'un peu à force dans l'entaille qui a été faite.

Si la Greffe a été justement & proprement inserée dans l'entaille, on liera le plus ferme qu'il se pourra avec de l'Osier, le tour de l'Arbre greffé, en telle sorte qu'elle ne puisse être ébranlée par les vents. Si sur la tige on y fait pluſieurs entailles & on y applique pluſieurs Greffes, on fera à chacune une poupée.

Il y a encore une autre eſpece de Greffe, qu'on appelle Greffe en approche. On en uſe quelquefois pour faire changer à quelques eſpeces d'Arbres leur fruit; mais on la met plus frequemment en pratique, quand on veut faire changer aux Orangers & Citronniers leur eſpece. Je ne diray point ici de quelle maniere on doit faire cette Greffe, je reſerveray à l'expliquer au dernier Chapitre de la ſeconde Partie.

La Greffe en fente de la Vigne eſt encore d'une grande utilité. Il ne faut travailler à cette Greffe que par un beau temps au mois d'Avril, qui eſt le temps où la ſéve de cette excellente Plante commence à s'émouvoir. Pour faire réüſſir cette Greffe, il faut chercher un ſujet ſur lequel on voudra l'appliquer, qui ait bien de la vigueur, & dont le fruit coule à la moindre pluye froide qui tombe; ou que ce fruit ait beaucoup de peine à meurir, à cauſe que la terre où le ſep eſt planté, eſt fort froide & humide, ou bien que ce fruit ne ſoit pas excellent. Cette eſpece de Greffe ne doit ſe faire que ſur d'anciens ſeps.

Pour bien faire cette Greffe, on en

cherchera une ſur un ſep de Vigne, qui produiſe de beau & excellent fruit, & qui puiſſe aiſément meurir dans la terre où cette Greffe ſera appliquée. Elle devra être de la longueur de huit à neuf poûces, & avoir la figure d'un coin à fendre du bois. Pour faire réüſſir cette Greffe, il faut qu'il y ait un peu d'écorce des deux côtez. On fera une coupe perpendiculaire ſur le tronc du ſujet deſtiné à être greffé. Cette coupe devra ſe faire dans la terre à la profondeur de cinq à ſix poûces, ſur ce tronc & dans le milieu, n'y ayant qu'à cette Plante ſeule ſur laquelle cette operation ſe fait de cette maniere. On mettra dans la fente un petit coin de bois, afin d'avoir plus de facilité de faire entrer la Greffe, laquelle ſera miſe à la profondeur de deux doigts. Il ne ſera pas neceſſaire de faire rencontrer l'écorce de la Greffe avec celle du ſujet ſur lequel elle ſera poſée, ainſi qu'on doit le pratiquer quand on fait des Greffes en fente ſur des Poiriers & Pommiers ſauvages, parce que la ſéve de la Vigne eſt plus abondante, qu'elle n'eſt à ces eſpeces d'Arbres, que ſon bois eſt plus poreux, & que la ſéve y entre à travers, & ſe jette en ſi grande quantité dans toutes les parties de ſon tronc & de ſes branhes, qu'elle fait de merveilleuſes & ſur-renantes productions.

Enſuite on prendra de l'oſier, avec le-quel on liera le rronc du ſep, puis crain-e que la Greffe ne s'évente, on couvri-a avec de la terre argilleuſe, la tête de e ſep, ſur laquelle on ſera comme une ſpece de poupée; & enſuite rechauſſant ien le ſep, on obſervera que cette Gref-e ne doit ſortir hors de terre que de deux u trois boutons au plus, dont le bois levra ſurpaſſer d'un bon doigt le dernier outon, Voila ce que beaucoup de Vi-nerons ne pratiquent pas.

Ceux qui deſireront avoir des Raiſins ort precoces, obſerveront ceci. Com-ne la ſéve de la Vigne ſympathiſe bien a-ec celle du Ceriſier, ils feront un trou n montant avec un tarrier dans le tronc l'un Ceriſier, qui ſe trouvera planté lans quelque endroit d'une Vigne. Ils eront entrer dans ce trou une branche le Vigne, laquelle ils lieront à ce Ceri-ier, & la laiſſeront croîrre juſqu'à ce que le trou ſoit bien bouché, & qu'elle oit intimement unie au ſujet greffé. On levra au mois de Mars retrancher la bran-che qui tient encore au ſep. Dans la ſuite lle ne tirera plus de nourriture que du Ceriſier, dont la ſéve diligentera la formation & la maturité du Raiſin, lequel on pourra manger dés la fin de Juillet, ſi l'année eſt ſéche & hâtive; ou neuf à dix jours plus tard, ſi elle eſt humide & tardive. Il y a des Vignerons qui ont tous les ans des Raiſins bien meurs dés le huit ou dix Aouſt. Leur ſecret qui eſt, ſelon moy, plus onereux que profitable, eſt de mettre au pied d'un ſep, de la chaux vive, laquelle fait en peu de jours meurir le fruit ; mais auſſi ils ne doivent plus compter ſur ce ſep, parce que cette chaux le fait perir.

Comme je me ſuis propoſé en compoſant cet Ouvrage de détruire certains faux principes que pluſieurs Jardiniers peu experimentez ont voulu juſqu'à preſent établir, de faire embraſſer la bonner d'octrine, & d'exterminer la mauvaiſe, en faiſant ſuivre ce qui eſt bon, & en condamnant ce qui ne l'eſt pas, j'ay cru être obligé en traitant cette matiere, de dire qu'il ne falloit point s'attacher à quels jours on étoit de la Lune, quand l'on appliquoit des Greffes ſur des Arbres ſauvages à pepin & à noyau, & que l'on plantoit, tailloit & cultivoit des des Arbres greffez, mon ſentiment étant que l'on y réüſſira toûjours, ſi ces Greffes ſont appliquées comme il faut ſur des ſujets qui leur conviennent, ſi le tronc ou les branches de ces ſujets ſont bien diſpoſez à les recevoir, & ſi on y travaille dans un temps favorable ; en telle ſorte que les Greffes & les ſujets ſur qui on voudra les appliquer, n'ayent point trop ni trop peu de ſéve. Ainſi je croy qu'il n'y a rien de ſi opposé à la raiſon & à l'experience, que de s'attacher à ces faux principes, ſur leſquels pluſieurs Jardiniers fondent ſouvent leur raiſonnement.

Je ne ſuis point d'avis que l'on plante des noyaux de Pêches de quelque eſpece que ce ſoit, en intention de greffer les Arbres qu'ils produiroient, parce que les Greffes que l'on y appliqueroit, dureroient ſi peu de temps, que le ſoin qu'on ſe ſeroit donné pour élever de tels Arbres, paſſeroit le profit qu'on en pourroit eſperer. J'eſtime qu'il ne faut appliquer des Greffes à noyau, que ſur des Amandiers ou ſur Pruniers de Saint-Julien & de Damas noir, ſi on veut en avoir de la ſatisfaction.

Il y a quelques Poiriers, comme ſont ceux de Virgouleuſe & de Lanſac, qui quoyque greffez ſur Coignaſſier, lequel eſt un ſujet d'une nature aſſez foible, pouſſent des jets fort vigoureux, parce que ces Fruitiers ont une grande abondance de séve. Il y a aussi une espece de Pêcher, qui quoyque greffé sur Amandiers, ou sur Pruniers de Saint-Julien & de Damas noir, lesquels sont des sujets qui abondent en séve, & qui consequemment produisent beaucoup de bois, est cependant d'une nature bien differente de celle de ces Poiriers greffez sur Coignassiers, car il empêche que cet Amandier ou ces Pruniers de Saint-Julien & de Damas noir, ne produisent de forts jets.

Au contraire, ce Pêcher devient si foible & si nain étant greffé sur ces sujets, qu'il ne peut, quoyqu'il ait l'âge de six à sept ans, former sa têre de huit à neuf poûces au plus de diametre, quand on l'a reduit en buisson, & d'une hauteur & largeur proportionée, quand il l'a été en espalier. Quoyque cette espece de Pêcher soit tres-foible de sa nature, il donne souvent quinze à seize belles Pêches; ce qui est tres-curieux. Si on veut que ces Pêchers nains retiennent aisément leur fruit, on les plantera dans de petites Caisses, lesquelles on transportera dans la Serre lorsdes gelées blanches &des pluyes froides, ou bien à l'ombre lors des chaleurs excessives. On voit quantité de ces Pêchers en Gascogne. J'en ay vû à

Orleans qui étoient greffez sur Amandiers & sur Pruniers de Saint-Julien & de Damas noir, & d'autres qui ne l'étoient point. La Greffe prise sur ces especes de Pêchers, est bien plus difficile à appliquer, que d'autres Greffes. Il ne la faut appliquer qu'au commencement de Septembre.

CAISSE, est un Vaisseau quarré fait de mediocres planches de bois de Chêne, dont on se sert pour y planter des Orangers, Citronniers & autres. On transporte d'ordinaire dans la Serre à la fin d'Octobre, les Caisses où on a planté ces Arbres, pour les garentir des gelées d'Hiver, & on ne les en fait sortir que quand les gelées blanches du Printemps sont passées. Autrefois on se servoit pour construire les Caisses, de bois qui plioit & qui obéissoit, comme Osier &c. Ce mot de Caisse vient du Grec χάσις, qui derive de χάζω, qui veut dire contenir, renfermer, ainsi que les Caisses renferment des fleurs ou des Arbrisseaux. Les Orangers & Figuiers plantez dans de petites Caisses, produisent plus de fruit que ceux plantez dans de grandes, parce que leur séve ne s'étend pas trop dans leurs racines.

Ceux qui font élever des Abricotiers de noyau, ne doivent pas esperer d'en avoir beaucoup de fruits. On n'en peut avoir en quantité, que quand on applique leur Greffes sur Amandiers, ou sur Pruniers de Saint-Julien & de Damas noir, ou sur ceux qui produisent les plus belles Prunes blanches.

Si on veut qu'une Greffe appliquée dans une fente faite à un Sauvageon, porte du fruit en peu d'années, il faut que precisément au haut de l'écorce du dehors, il y ait un œil à niveau de la tige étronçonnée, quand elle est posée dedans, & que cet œil soit vis-à-vis le haut de la fente. Quant à la maniere de la placer, il faut que le dehors des écorces tant du sujet que de la Greffe, s'affleure de telle sorte, que la séve venant à monter du pied, fasse également profiter & la Greffe & le Sauvageon, en montant en même temps dans l'entre-deux de leurs écorces.

Greffe en fente se dit en Latin *Insitum*, & pour marquer l'action de greffer en fente, on dit *Incisio ;* & si jusques à present on a fait ces deux termes-là synonymes, on s'est trompé. Virgile dans le deuxiéme Livre de ses Georgiques, a celebré merveilleusement les Greffes en fente & en écusson. Voici comme il les décrit. La façon, dit-il, d'enter en Greffe, & celle d'enter en écusson, sont bien differentes : car au même endroit de l'Arbre, d'où les bourgeons sortent du tronc, & par où ils rompent l'écorce deliée, on fait une petite fente dans le bourgeon, où l'on enferme un bourgeon étranger qu'on a coupé d'un autre Arbre, & on le met en état de l'incorporer avec l'écorce humectée de séve. On coupe les troncs qui n'ont point de nœuds, on les fend avec des coins bien profondement par le milieu ; ensuite les Greffes qu'on y fait introduire, poussent à merveille, & les Arbres ne tardent pas à jetter de grandes branches, qui montent jusqu'au Ciel. Ainsi on est enchanté de leur voir porter des sortes de fruits qui ne sont point de leur espece. Une Greffe, dit un Moderne, qui est confermentée avec le tronc sur lequel elle est jointe, il en vient des fruits mixtes qui participent des deux especes. Par exemple, la Bergamote d'Italie est de ce nombre ; elle a la figure, la couleur & l'odeur de la Poire ; & quand on la coupe, c'est le dedans d'une Orange, parce que la Poire & l'Orange étant confermentées ensemble par l'entement, leur fermentation qui est une fermentation réelle, est mixte, & participe par consequent des qualitez, des vertus & des proprietez des deux especes.

Pour élever un Poirier qui puisse se former avec avantage, & en faire une belle tige, on prendra une Greffe à l'endroit où la séve est abondante ;

elle se trouve au milieu de l'Arbre, & rarement sur les côtez. Et pour obliger un Sauvageon, qu'on veut greffer, à porter du fruit en peu de temps, il faut couper une Greffe sur un sujet qui ait quantité de boutons à fruit.

Un moyen sûr pour faire prendre une Greffe de Noyer sur une branche d'Arboisier, c'est de l'appliquer en écusson à œil-dormant, par un temps couvert & sec, & au declin de la séve, c'est-à-dire, au 8. ou au 10. d'Aoust, si l'année est séche & hâtive, & douze à treize jours plus tard, si elle est humide & tardive. On peut également faire prendre une Greffe d'Arboisier sur une branche de Noyer. Le fruit qui proviendra de ces deux especes de Greffes, sera mixte, & participera par consequent des proprietez & des vertus des deux especes d'Arbres.

ARBOISIER, est un Arbre qui pousse de grandes & fortes branches, qui fait un grand ombrage, & qui ressemble assez au Coignassier par sa grandeur. Il est toûjours verd ; sa feüille est un peu plus petite que celle du Laurier ; elle sert à preparer les cuirs. Cet Arbre fleurit en Juillet ; ses fleurs se tiennent ensemble, de la même maniere que les grains de raisins, & n'ont qu'une seule queuë ; son fruit appellé Arboise, n'a point de noyau, & est une année entiere à meurir ; il demeure sur l'Arbre jusqu'à ce que la fleur nou-

qu'elle soit venuë & sortie ; & quand il est meur, il est jaune & rouge, & pique la langue. Ce fruit est astringent, nuit à l'estomac, & fait douleur de côté quand on l'a mangé

Pour faire réussir la Greffe d'Amandier qui produit des Amandes douces & tendres, qu'on appliquera sur un qui en porte d'ameres, il faut que ce soit en écusson à œil-poussant, depuis le 18. jusqu'au 25. Juin, afin que l'œil de cette Greffe pointe & pousse un jet douze ou quinze jours aprés, & qu'il ne soit pas noyé par la gomme, qui est une des principales maladies qui surviennent aux Amandiers & aux autres Fruitiers à noyau. Cette gomme s'engendre d'ordinaire en May & Juillet, parce que la séve est en ces Arbres en plus grande abondance ces mois, qu'au solstice d'Eté. Aprés que cette Greffe est faite, on doit tout aussi-tôt couper tout le bois du sujet greffé, directement à un poûce au-dessus où elle a été appliquée, afin que le jet qui sortira de son œil, puisse meurir avant l'Hiver.

GOMME n'est autre chose, en terme de Jardinage, qu'un suc grossier, gluant & mal conditionné, qui procede de la corruption de la séve d'un Arbre, où elle est devenuë comme solide ; lequel suc ne pouvant s'ouvrir un passage au navers des fibres du corps de cet Arbre pour luy servir de nourriture, eſt obligé, étant pouſſé par d'autre matiere qui luy ſuccede, & qui eſt auſſi dans le mouvement, de ſe jetter hors de l'Arbre par l'écorce, où il trouve des pores bien plus ouverts, que ne le ſont pas ceux du corps de cet Arbre, où ce ſuc forme comme une eſpece de glu. Lorſqu'on voit une branche de Fruitier à noyau atteinte de gomme, il la faut couper à deux ou trois doigts au-deſſus de l'endroit où elle paroît. On peut aiſément être gueri de la demangeaiſon des mains & des bras, par le moyen de la gomme de Prunier, que l'on a fait diſſoudre dans du vinaigre. Quelques jours avant l'uſage de cette gomme, il faut de temps à autre appliquer ſur les mains & ſur les bras, des feüilles de vigne & des grains de raiſin écraſez, leſquels font heureuſement couler de ces ulceres, l'humeur qui les devore.

Une groſſe branche d'un Arbre qu'on greffe en fente, peut porter deux à trois Greffes. Quand on entera un ſujet où on n'y pourra appliquer qu'une ſeule Greffe, on obſervera d'en tourner le dos du côté du Midi, à cauſe qu'en cet état elle en reſiſte mieux aux vents, & que miſe d'un autre côté, elle eſt ſujette à ſe décoler & à ſe rompre dans la ſuite.

Les Meuriers naiſſent tous francs, mais quelquefois auſſi d'une eſpece beaucoup moins bonne l'une que l'autre ; & c'eſt pour lors ſeulement qu'on peut les faire greffer, en y faiſant mettre deſſus des greffes de Meures les meilleures & les plus grosses qu'on puisse trouver ; ce travail n'étant pas moins avantageux à ces Arbres qu'aux autres Fruitiers, dont il augmente beaucoup le merite des fruits. La Greffe qui convient le plus au Meurier, est celle qu'on fait en écusson ; & le temps pour cela est le mois de May, dans lequel la séve étant montée dans cet Arbre, sans que ses yeux ayent encore paru, l'écorce se détache aussi aisément qu'il faut pour faire engluer cette Greffe, au sujet qu'on greffe.

MEURIER, est un grand Arbre qui produit les Meures. Il y a deux sortes de Meuriers ; sçavoir le Meurier noir & le Meurier blanc. Le fruit du premier est excellent à manger ; pour ce qui est du second, on ne le mange point, & il n'y a que les feüilles de ces Arbres qui servent à nourrir les Vers à soye. Le Meurier noir jette de grosses branches qui s'étendent plus en largeur qu'en hauteur ; son bois est jaune jusqu'au cœur ; il est massif, & neanmoins souple, parce qu'il a beaucoup de fibres ; sa racine est peu profonde, & s'étend au rez de terre, quoyque fort grosse, & sur-tout celle des Meuriers blancs ; ses feüilles sont fort dentelées, & vont en aiguisant, & il y en a qui ont la forme de feüilles de vigne ; son fruit ressemble à celuy de la Ronce, mais plus grand & longuet ; il est d'abord verd, puis rouge, & ensuite noir quand il est meur, & il jette un jus couleur de sang ; son bois est propre à bâtir des navires, & à faire des cercles,

L'écorce & la racine du Meurier est detersive & aperitive : on se sert des Meures pour adoucir les âcretez de la Poitrine ; elles donnent de l'appetit, & excitent le cracher ; on les employe dans les gargarismes pour les maux de gorge. Ceux qui sont sujets à la colique ne doivent point s'en servir, parce qu'elles sont venteuses. Le Meurier se peut élever de deux differentes manieres ; sçavoir de graine, de bouture & de marcote ; & quand cet Arbre a deux ans, on le plante dans la Pepiniere, jusqu'à ce qu'il soit assez grand pour l'arracher & planter dans un lieu propre, pour y rester jusqu'à sa mort. Le Meurier, entre tous les Fruitiers, s'est acquis le nom de sage, à cause qu'il ne pousse point que tous les froids ne soient passez ; & il se plaît mieux dans les cours des maisons, que dans les Jardins ; aimant l'abri, qui empêche que son fruit ne coule.

Pour faire réussir les Greffes des Pêchers & Abricotiers, il faut les appliquer sur des Arbres qui portent des Amandes tendres. On recueille plus communement ces fruits du côté de Gennes, qu'en d'autres Païs. On les semera en pleine terre, à la fin de Mars au plus tard. Sur les jets qu'ils auront poussé, on pourra au 8. ou au 10. Septembre suivant, appliquer des Greffes prises sur des Pêchers ou Abricotiers. Comme l'experience m'a fait connoître que l'Amandier a bien de la peine à reprendre en terre, quand il est transplanté, j'estime qu'il faut metle les Amandes à la place où elles doivent toûjours rester.

Si l'on est absolument obligé de faire racher & transplanter les jeunes Amandiers nouvellement greffez, j'estime qu'il faut les enlever avec leur motte de terre par un temps humide, s'il est possible, sinon on les arrosera aussi-tôt qu'ils seront transplantez, afin que les racines qui en sortiront, se joignent aisément à la terre.

Il ne faut jamais élever des Amandiers qui produisent des fruits doux & tendres, qu'en des terroirs secs & sablonneux, parce que les Pêchers & Abricotiers greffez sur ces sujets, ne réussissent presque jamais dans ceux qui sont humides & gras.

ABRICOTIER, est un Arbre qui produit l'Abricot, qui est un fruit qui participe de la Pêche & de la Prune. Les feüilles de l'Abricotier ressemblent à celles du Tremble, un peu pointuës par le bout, dentelées en leur circonference, & sortent quatre à quatre, ou cinq à cinq; il jette des fleurs blanches comme le Cerisier, d'où sort le fruit en forme de Pêche, ayant un os au-dedans, dans lequel il y a un noyau, tantôt doux, tantôt amer. Pour avoir des Abricots fort hâtifs, il faut appliquer des Greffes d'Abricotier sur un Amandier, dont le fruit en provenant soit doux, lequel Amandier est plus hâtif que le Prunier. Comme les Abricotiers greffez sur ces Amandiers, sont fort susceptibles de gelée, j'estime qu'il n'en faut gueres planter. L'Abricot est un fruit propre à faire des Confitures séches & liquides, qui sont délicieuses. On en fait du Sirop, qui étant battu avec de l'eau claire, fait une boisson rafraichissante. Ce fruit est ami du cœur, & fortifie la poitrine; il fait beaucoup cracher, & l'huile qu'on tire de son noyau, est propre à guerir les tintemens d'oreille.

Si on souhaite avoir de grosses & excellentes cerises, il faut appliquer des Greffes de Cerisier sur des Merisiers, & non sur d'autres Cerisiers, parce ces Arbres-ci sont sujets à pousser quantité de jets enracinez autour de leur tronc, & même à trois à quatre pieds, qui s'attirant la plus grande partie du suc de la terre, empêchent que le fruit ne grossisse comme il devroit.

On peut aisément élever des Coignassiers de bouture; mais je suis d'avis qu'on ne le fasse que dans un terroir gras & humide, qui soit auparavant bien cultivé & amendé. Avant de mettre en terre les petites branches du Coignassier, il faut les couper à la longueur d'un pied & demi en pied de Biche, tant par le haut que par le bas. Cela donne à l'eau qui vient à tomber dessus cette extremité d'en-haut la facilité de s'écouler, & l'empêche d'entrer entre le bois & l'écorce de ces bou-

...ures. Si cet eau y entroit, elle pourroit ...ien les faire perir. Sur les tiges desquel...es boutures, & non sur les branches ...u'elles auront produites, on appliquera ...es Greffes en écusson à œil dormant, ...rises sur de bons Fruitiers à pepin, & ...onformes au terroir où elles sont plan...ées. On sera soigneux de donner regu...erement tous les ans trois foibles labours ...vec la serfoüette, par un temps un peu ...haud & sec, afin de faire perir les her...es qui croissent autour, ce qui donnera ...n air de propreté, & fera pousser aux ...eunes Coignassiers, de beaux jets.

BOUTURE, est un terme en usage parmi les ...ardiniers; son étymologie s'entend de certaines ...ranches coupées de dessus quelques Arbres ou ...utres Plantes, lesquelles sont propres à y réus...ir, & qui étant sans racines, en produisent quand ...n les a plantées, & qui poussent en terre des ...acines, & hors de terre des branches & des feuil...es. C'est ce qui arrive communément aux peti...es branches des Coignassiers, Ifs, Orangers, Ci...tronniers, Grenadiers, Figuiers, Meuriers, Peu...pliers, Osiers, Groseliers, Sureaux, Jasmins d'Es...pagne, Saules, Giroflées, & même à celles de la Vigne. M. Lignon le jeune, de qui nous tenons ...e secret de déterminer en peu de temps les pe...tites branches des Arbres, à faire des racines, & ...à devenir en moins de deux ans des Arbres à ...fleur & à fruit, écrivit de Paris le premier Jan...vier 1705. une Lettre à M. Auger Gouverneur pour le Roy, de l'Isle de la Guadeloupe, sur une nouvelle maniere de provigner toutes sortes d'Arbres étrangers, dans laquelle il luy rend compte du procedé qu'il a tenu pour mettre en regle cette nouvelle methode de provigner ces Plantes. Voyez M. De Vallemont, page 406. Le commencement de végétation, dit M. Mariotte, dans les Arbres & Arbrisseaux qui viennent de bouture, comme la Vigne, le Sureau, le Coignassier le Groselier, le Figuier, l'Oranger & quelqu'autres, se fait ainsi. La branche qu'on coupe en forme de coin aux deux bouts, étant mise la moitié en terre; la moëlle qui est fort grosse à proportion des autres Arbres & Arbrisseaux, s'imbibe comme une éponge, de l'eau de la pluye, ou de celle qui est dans la terre, & la transmet dans les petites fibres qui sont entre l'écorce & le bois; d'où elle est poussée en partie vers le bout d'en bas pour produire des racines à l'extremité de la petite pointe & autour des nœuds qui sont cachez en terre, & en partie vers les nœuds qui sont à l'air, pour faire enfler les boutons qui y sont, & les faire étendre en branches & en feüilles : les canaux ou pores qui sont dans cette moëlle, ne s'étendent pas en longueur, selon la tige de l'Arbre; mais ils sont distinguez en plusieurs petites cellules ovales, qui ont une grande ressemblance à l'ouvrage des Mouches à miel; ce qui paroît lorsque la tige est fenduë en longueur, & que l'on en regarde la moitié avec le Microscope.

J'ay ci-devant fait observer que si on desiroit élever & cultiver des Coignassiers de bouture, il ne falloit le faire

que

ne dans un terroir gras & humide, & jamais dans un sablonneux & sec. Je croy avoir eu raison de le dire, puisque ces Arbres ne poussant point de pivots, & leurs racines ne s'étendant qu'à fleur de terre, ils ne peuvent resister aux excessives chaleurs. Si on avoit la curiosité d'élever & cultiver des Coignassiers dans un terroir sec & sablonneux, il faudroit faire appliquer des Greffes de Coignassiers sur des Poiriers sauvages, lesquels, comme j'ay déja dit, font de forts pivots, ce qui met ces Arbres en état de resister à ces grandes chaleurs, & de faire de belles productions. Si on veut que les Coignassiers greffez sur ces Poiriers sauvages, portent de belles & excellentes Coignasses, il faut les planter auprés d'un mur exposé au Levant & non au Midi, pour les y espalier, parce que ces fruits sont cassans, secs & odorans.

Pour faire aisément prendre racine à ces branches de Figuier, il faut faire une rigole de dix à onze poûces de profondeur, & de neuf à dix de largeur. On remplira cette rigole d'une terre neuve & d'un terreau mélez ensemble. Ces branches y seront ensuite plantées un peu en couchant, aprés qu'elles auront été taillées en pied de Biche des deux côtez;

& on les arrosera quand il sera necef-
saire. Il faudra couvrir ces jeunes Plan
avant l'Hiver avec de la paille séché
pour les empêcher de geler.

Je feray observer qu'une branche c
Poirier qu'on fait greffer en fente ou e
écusson à œil-poussant ou à œil-dorman
est trois ans à l'Arbre avant que de dou
ner du fruit, d'où il s'ensuit que les por
& les fibres de l'Arbre se disposent peu
peu pour filtrer & joindre ensemble l
principes du fruit & de la fleur, & qu
les premiers nœuds n'ont point encor
ces principes, puisqu'ils ne poussent qu
des branches & des feuilles. Il est don
vray-semblable que les principales par
ties de la germination des Plantes, so
contenuës dans leurs semences, & qu'e
les sont disposées à former des fibres
des pores propres à la filtration & à l'u
nion de certains principes qui y passen
comme par des filieres ou des moule
d'où se forment ensuite les autres partie
sçavoir les fruits, les semences & les com
mencemens de la seconde germination.

FIBRES, à l'égard des Plantes, sont de p
tits filamens, qui ne tombent pas aisément so
l'action des sens, & qui étant entrelassez les u
dans les autres, ainsi que naturellement ils de
vent l'être, forment le corps dont ils sont part

Quand les fibres d'une Plante sont alterées, il faut remedier promtement. Ces Fibres qui composent les Plantes, empêchent qu'elles ne soient cassantes, comme les Pierres, les Métaux & même le corps entier de la Terre. Toutes sortes de fruits ont leurs Fibres, qui sont les modifications de leur corps ligneux, qui composent leur chair. L'usage ordinaire, est que quand on parle des Fibres, on ne le dit que des plus petites racines des Arbres & des autres Plantes. Les Fibres sont assez apparentes & sensibles. Les Physiciens nous assignent que les Plantes ont des Fibres ligneuses qui s'étendent en long, comme autant de tuyaux depuis la racine jusqu'à l'extremité de leurs branches; & que c'est par ces tuyaux, qui trempent par le bout d'en-bas dans les sucs de la terre, que la nourriture se communique à toutes les Plantes. Les Fibres & les feüilles des Arbres se servent mutuellement les unes aux autres: les Fibres fournissent aux feüilles le suc qui les nourrit, & les feüilles couvrent & défendent les Fibres du trop grand chaud & du trop grand froid, qui pourroit les incommoder. La plûpart des fruits sont ronds, & leur rondeur vient, dit M. Grew, de la fleur, ou plûtôt de l'entrelassement qui se fait de toutes les Fibres vers la base de leur fleur; car la fleur étant tombée, la force du Soleil & des vents, émousse les pointes de ces Fibres & les fait courber; & ainsi le suc qui entre dans le fruit, n'ayant pas assez de force pour les séparer les uns des autres, & pour les pousser & faire croître en long, il est de necessité qu'elles demeurent ainsi courbées, & que se nourrissant dans la suite, elles s'étendent seulement en rond avec le parenchyme, qui est la chair. Si ces Fibres, ajoûte-t-il, n'étoient pas ainsi obligées de se courber, il ne se formeroit point de fruit, mais seulement une petite branche ou quelque feüillage.

J'ay ci-devant dit qu'il ne falloit poin[t] greffer en fente des Coignassiers, s'il[s] n'avoient par l'extremité d'en-haut de leu[r] tronc, trois poûces au moins de circon[-]ference: mais je n'ay pas dit de quelle ma[-]niere il falloit faire des Coignassiers-me[-]res, dont les jets qu'ils produiroient e[n] grand nombre, pourront être propres [à] être greffez.

Pour bien faire un Coignassier-mere, i[l] faut faire choix d'un beau & vigoureu[x] Coignassier, qui soit planté dans une ter[-]re écartée du Jardin fruitier & potager. On coupera son tronc à six à sept poûce[s] prés de terre, sans qu'il soit besoin, com[-]me plusieurs Jardiniers veulent, d'obser[-]ver l'état de la Lune; car j'estime, qu'e[n] matiere de Jardinage, il ne faut jamais s'arrêter à cette espece de superstition; mais on doit seulement s'attacher à e[n] faire l'operation depuis le 15. Fevrier jus[-]qu'au 6. ou 7. de Mars, afin d'obliger ce Coignassier ainsi étêté, de pousse[r] quantité de jets. La séve de cet Arbre vient peu de temps aprés à s'émouvoir, & continuë sa force jusqu'au 20. ou 25. de Juin, qu'elle cesse. Pour lors, on prendra ce temps pour couper les nou-veaux jets ou sions qu'il aura poussé à cinq ou six poûces prés de son tronc, lesquels jets étant ainsi coupez, en produiront d'autres nouveaux & en bien plus grand nombre, puisque chacun en pourra pousser trois ou quatre autres; ce qui sera d'une tres-grande utilité.

COIGNASSIER, est un Arbre qui produit les Coins. Il ne devient gueres grand, à cause de la pesanteur de son fruit, qui fait pancher ses branches vers terre. Il est presque semblable au Pommier; mais ses feüilles sont plus étroites, lissées, charneuses, plus dures & plus blanches à l'envers. Il jette une fleur blanche comme la Rose sauvage, & à cinq feüilles. Le fruit du Coignassier cuit en Confiture, est astringent. Les Jardiniers font deux sortes d'entes, l'une sur franc, l'autre sur Coignassier. Et Coignassier-mere, n'est autre chose qu'un gros pied de Coignassier coupé prés de terre, & sur lequel gros pied, viennent un grand nombre de petites branches, dont on se sert par le moyen du travail qu'on y fait, pour avoir des Plants enracinez de cet Arbre.

Quand ces jets ainsi coupez en auront produit d'autres à la nouvelle séve de Juillet, on ne les taillera qu'au 20. ou 25. d'Octobre. Ensuite on écartera tous les jeunes jets à une distance égale les uns des autres, sans les détacher de leur mere; & on les buttera avec de bonne terre, afin qu'ils y poussent de belles racines. On les laissera de cette maniere pasſer toute l'année ſuivante juſqu'au 15. de Novembre au plus tard, auquel temps on ôtera doucement cette terre buttée sans nullement endommager les racines que les petits jets auront produit. On coupera en aprés ces petits jets, aſſez prés du tronc de leur mere. Quand ils seront détachez, on les tranſplantera auſſitôt dans une terre graſſe & un peu humide, comme étant celle qui convient le mieux au Coignaſſier. On aura en même temps ſoin de recouvrir ce Coignaſſier-mere avec d'autre bonne terre. De cette maniere cet Arbre étant bien cultivé & ménagé, fournira de jeunes jets pendant pluſieurs années, qui produiront un grand nombre de Coignaſſiers ; ainſi on ne ſera pas obligé d'en acheter.

RACINES ſont, en terme d'Agriculture, des parties de quelque Plante que ce ſoit, qui naiſſent à l'extremité d'en-bas de leur tronc, dont les unes ſont groſſes comme des filamens, d'autres moins, & d'autres un peu plus. C'eſt par ces parties que ces Plantes reçoivent le ſuc dont elles ont besoin pour leur nourriture. Ce mot de Racine vient du Latin, *Radix*, derivé du Grec ῥίζα. Les Racines font produire aux Arbres & aux autres Plantes, des jets forts ou foibles, ſuivant la qualité de la terre où ils ſont, par le moyen de la culture & des amendemens qui conviennent à cette terre, & des arroſemens qu'on donne à propos à ces Plantes. Ces Racines ſont des parties ssimilaires communes, qui reçoivent la nourriture dont leur corps a besoin, & la substance que la terre leur fournit ; & cette substance qui y est contenuë, s'y cuit & prend des dispositions necessaires pour nourrir avec succés la tige & les branches des plantes. Les Racines dans leur naissance, sont toutes blanches & tres-deliées ; quelque temps aprés elles deviennent de couleur de caillou ; & enfin trouvant une terre convenable, elles s'allongent, en attirant & en recevant sans cesse de nouveaux sels & de nouvelles humiditez qu'elles envoyent à la tige ; ce qui augmente l'Arbre jusqu'à son entiere perfection. Les Racines des Arbres n'ont pas des yeux comme les branches, d'où les nouvelles sortent ; aussi la Nature leur a donné un passage qui est bien different que celuy des branches, pour faire sortir les nouvelles racines, qui est beaucoup plus étroit que celuy des branches. Il y a deux sortes de Racines qui sortent des tiges. Les premieres sont celles qui descendent vers la terre : dans quelques Plantes, le lieu d'où elles sortent n'est point determiné, & toute la longueur de la tige en peut pousser, comme dans la Menthe ; mais il y en a d'autres où elles ne sortent jamais que de l'extremité de la tige, comme dans les Ronces. Les secondes Racines ne montent ni ne descendent, mais elles sortent perpendiculairement de la tige, & forment avec elle des angles droits ; & c'est pourquoy, bien qu'on les puisse appeller des vrayes Racines, si on considere leur usage, neanmoins si on s'arête à leur nature, & à la maniere dont elles se forment, on peut dire qu'elles contiennent le milieu entre la tige, dont la nature est de monter ; & la racine, dont la nature est de descendre.

MENTHE, est une herbe odoriferante. Il y

a une espece de Menthe qui n'a aucune odeur, qui est sauvage, qu'on appelle Calament. Il y en a qui ont les feüilles fort petites & crêpuës; d'autres ont les branches & les fleurs rouges; & d'autres blanches. On tire une huile de la Menthe qui est excellente pour toutes sortes de blessures. On dit que le Baume ne manque pas de se convertir en Menthe, s'il n'est diligemment cultivé.

RONCE, est un Arbre épineux, qui vient dans les lieux qui ne sont point cultivez. Il est propre à faire des hayes & à boucher des passages. La Ronce est astringente, detersive & absorbante; la décoction de ses feüilles arrête le cours de ventre & les fleurs blanches; pilées & mâchées, guérissent les ulceres des gencives; appliquées sur les dartres, elles les mortifient, & guérissent les hemorroïdes.

CHAPITRE V.

Du fond & de la proprieté de chaque Terroir, & des moyens surs pour mettre le mauvais en état de produire avec vigeur toutes sortes de Plantes.

LE mot de fond, pour parler naturellement, est le lieu où est située telle ou telle terre; mais en terme d'Agriculture & de Jardinage, ce mot s'entend pour la nature de la terre. Les magnifiques

gnifiques Jardins fruitiers & potagers
du Roy à Verſailles, ont été conſtruits
par feu M. de la Quintinye, le plus
experimenté Jardinier qui ait jamais été,
dans un endroit qu'on n'auroit jamais
choiſi, ſi on avoit pû en trouver un
autre ; car c'eſt, ſelon moy, un des plus
mauvais fonds qu'il y ait à plus de trente lieuës aux environs ; & il a eu à com-
battre & à vaincre par des travaux in-
finis & par des dépenſes immenſes, qui
paſſent l'imagination, tout ce que la Nature pouvoit oppoſer de plus dur, de
plus ingrat & de plus impraticable.

Les Pêchers & Abricotiers greffez ſur
amandier, réuſſiſſent bien dans un fond
ſec & ſablonneux, & preſque toûjours
mal dans un gras & humide, parce qu'ils
ſont ſuſceptibles de gomme, laquelle
les fait fort ſouvent perir. Le contraire eſt des Poiriers greffez ſur Coignaſſier, leſquelles ne font de belles productions que dans un fond humide & gras,
& toûjours mal dans un ſec & ſablonneux, à cauſe qu'ils y jauniſſent, la trop
grande ardeur du Soleil penetrant au
travers de cette terre de peu de ſubſtance,
altere les racines du Coignaſſier, qui
ſont toûjours à fleur de terre. Les Arbres
qui ſe plaiſent bien dans un terroir hu-

mide & gras, sont les Coignassiers, Pruniers, Cerisiers, Bigarotiers, Merisiers & les Poiriers greffez sur Coignassiers, qui produisent des fruits secs, cassans & odorans. Les Figuiers, Amandiers, la Vigne, & les Poiriers greffez sur franc, qui portent des fruits fondans, réussissent mieux dans un terroir sec & sablonneux, parce que ces fruits y acquierent plus aisément la maturité, & y ont un goût plus relevé qu'en un contraire.

Ce qui doit regler la qualité & la délicatesse des fruits & des Vins qui se recueillent dans les differens terroirs, c'est l'année plus ou moins froide, humide & tardive, & celle qui est plus ou moins chaude, séche & hâtive, qui puissent decider de cette qualité & de cette délicatesse. Quand cette derniere arrive, on doit preferer les fruits & les vins qui ont été recueillis dans un terroir gras & humide. Le contraire est de cette premiere, car ces fruits & ces vins qui l'ont été dans un sec & sablonneux, seront bien plus délicieux que les autres, parce qu'un terroir gras & humide produit de meilleur fruit quand l'Eté est chaud & sec, que quand il est froid & humide.

Quand cette saison est un peu froide & humide, il est constant qu'un terroir natuellement sec & sablonneux, produit du fruit plus excellent & en plus grande abondance, que celuy qui vient en un humide & gras. Par exemple, en l'Isle de France, Brie, Champagne, Bourgogne, Orleanois & Gâtinois, les années chaudes, séches & hâtives, sont toûjours abondantes en bleds & autres grains, en fruits, legumes & vins. Il n'en est pas de même du Dauphiné, de la Guyenne, du Languedoc & de la Provence, car les années un peu humides & tardives sont plus fecondes en toutes sortes de fruits. C'est ce qui fait qu'il y a tous les ans en tous les endroits de l'Univers, de bons & de mauvais fruits, suivant la disposition differente des temps & des saisons, & suivant la diverse situation des climats & des terroirs. Ce sont des secrets de la Providence qui sont impenetrables à l'esprit humain. Je croy qu'elle l'a ainsi ordonné pour établir & entretenir une societé entre les Hommes, & pour faire fleurir le Commerce.

Pour connoître la difference d'un bon fond de terre d'avec le mauvais, il faut sçavoir que le premier, pour être estimé heureux, ne soit ni d'un méchant goût, ni d'une mauvaise odeur, parce les bleds & les autres fruits participeroient à ces qualitez. Il ne faut pas aussi que ce fond soit trop froid ou trop chaud. S'il est fort sablonneux, il fera de belles productions. S'il est argilleux, lourd, caste, froid & humide, il ne sera propre à rien, si on n'y remedie. Je diray dans la suite, les moyens dont il faut se servir pour mettre le mauvais en état de faire de belles productions.

Quoyque je n'aye pas eu intention de parler des Fleurs, cependant je diray que chaque Fleur a aussi son goût particulier pour le fond de terre. Par exemple, l'Anemone se plaît bien en celuy qui est chaud & leger, dans qui on aura mêlé un peu de fumier de vache & de pourceau, pourris & consommez; car les fumiers chauds, comme ceux de pigeon, mouton, cheval, mulet, & la poudrette pourroient bien alterer les racines de cette Fleur.

A l'égard de la Tulipe, une terre de foible substance, comme la sablonneuse luy convient bien : & si on n'en avoit que de la forte, il faudroit en ce cas la soulager avec du terreau composé de quelques fumiers de mouton & de cheval bien consommez. On pourroit aussi y ajoûter un peu de sable fin pour l'adoucir. Il faut multiplier la Tulipe de sel cayeux, car la ſemence en eſt trop longue.

TULIPE, eſt une fleur printaniere, qui croît en forme de petit caliçe; elle eſt fort agreable à la vûë, à cauſe de la diverſité de ſes couleurs.

Il n'en eſt pas de même de l'Oeillet; car cette fleur demande une terre plus ferme, bonne & mediocrement legere. On pourra alors eſperer que cette Plante ſera une excellente production. M. Tournefort en parlant du vice qui rend les Plantes ſteriles dans les meilleurs fonds, dit, par exemple, que le Lis fleurit bien par tout, & cependant il ne porte pas de fruit; c'eſt que le ſuc nourricier trop gluant dans les racines, croupit dans la tige, ſans pouvoir paſſer juſqu'aux tuyaux de l'embrion, & que ce défaut eſt corrigé quand la tige eſt ſuſpenduë par l'humidité de l'air, qui rend fluïde le ſuc qui y eſt reſté. Il ajoûte que pour avoir du fruit de cette Plante, il faut en couper la tige quand la fleur commence à ſe paſſer, & ſuſpendre cette tige au plancher d'une chambre un peu fraîche.

OEILLET eſt une fleur odoriferante, qui fleurit en Juin & Juillet. Sa fleur dure deux mois au moins. Il y a des Oeillets de differentes couleurs ou figures. Les plus beaux ſe tirent de la

Flandre. Matthiole appelle Oeillets, les Fleurs de Giroflées. L'odeur de cette fleur réjouït le cerveau. Le vinaigre ou la conserve de fleurs d'Oeillets, est un souverain remede contre la Peste.

M. l'Abbé de Vallemont, dans ses curiositez de la Nature & de l'Art sur la vegetation, ou l'Agriculture & le Jardinage dans leur perfection, y a inseré à la page 261. une nouvelle découverte qu'il a faite, pour donner une nouvelle couleur aux fleurs, & particulierement à l'Oeillet, au Lis & à la Giroflée blanche; & à la page 263, il y en a une autre pour donner de nouvelles odeurs aux fleurs.

LIS, est une fleur qui provient d'oignon, qui pousse une haute tige, & qui produit de grandes fleurs odoriferantes & d'une blancheur extrême. Le Lis a été estimé chez tous les Peuples pour sa pureté. Dioscoride assure que les feüilles de Lis mises en Cataplasme, guerissent les morsures des bêtes venimeuses: que les oignons pris interieurement, provoquent les mois; mis en Cataplasme, fortifient les nerfs; mis avec du vinaigre, des feüilles de Jusquiame & de la farine de froment en Cataplasme, guerissent les inflammations des testicules. On se sert des Lis pour faire suppurer les playes.

GIROFLE'E, est une fleur qui se cultive dans les Jardins, qui sent assez bon. Il y en a de simples & de doubles. Cette Plante a des feüilles longues de même que celles de la Barbee-Bouc, charnuës, grasses, courbes, & aboutissent en pointe. Elle a quantité de petites tiges rondes, nouées, lissées, de la hauteur d'une coudée, au bout desquelles il y a un bouton qui est dentelé comme une scie, d'où sort sa fleur qui a l'odeur du Girofle, d'où elle a pris son nom. Il y a des Giroflées safranées, purpurines, blanches, de couleur de chair, & de panachées. De toutes les especes de Giroflées, on ne se sert ordinairement en Medecine que de la jaune, qui croît le plus souvent sur les murs : on se sert de ses fleurs pour faire passer les urines, & desopiler les visceres ; son infusion provoque les mois, guerit les pâles couleurs, & est bonne pour la paralysie.

Les Poires séches, cassantes & odorantes, reüssissent tres-bien en un terroir gras & humide, parce qu'étant de cette nature, il rectifie leur temperament sec. Cette espece de terroir empêche ces sortes de Poires d'avoir tant de pierres, & les fait devenir bien plus grosses & plus excellentes que quand elles sont produites sur des Poiriers plantez dans un sec & sablonneux. Voila ce que les experiences que j'en ay fait, m'ont apprises.

PIERRE, se dit, en terme de Jardinage, d'une dureté ou d'une espece de gravier, qui se trouve dans quelques fruits secs, cassans & odorans, comme aux Coins & à de certaines especes de Poires, comme Orange, Blanquette, Messire-Jean, Bergamote, Martin-sec, Cassolette, Bonchrétien musqué, Bellissime d'Automne, Bonchrétien d'Espagne, & Bonchrétien d'Hiver. Les Poires cauterisées ont d'ordinaires beaucoup de pierres. Cet amas de gravier qui est autour du cœur de ces Poires, est appellé par les Sçavans carriere, comme il se voit dans l'Anatomie des Plantes de M. Grew. En effet, j'estime que cette partie où s'amassent plusieurs petits nœuds pierreux, qui vers le centre du fruit, semblent ne former qu'une pierre, est fort bien appellée carriere. Pour rectifier & amollir les pierres dans les Poires séches, cassantes & odorantes, il ne faut planter les Arbres qui en produisent de telles, que dans un terroir gras & humide. Si on en veut planter dans un sec & sablonneux, il faut qu'ils soient espaliez à un mur situé à l'exposition du Levant ou du Couchant, & jamais à celle du Midi.

Il ne faut planter dans un terroir sec & sablonneux, que des Poiriers qui produisent du fruit fondant, en ce que la quantité d'eau qu'il contient est aisément desséchée par l'aridité naturelle de ce terroir : ce qui fait acquerir à ce fruit rempli d'eau, un goût relevé, & le rend tres-excellent. Ces belles qualitez ne peuvent pas se trouver aux Poires fondantes qui proviennent des Arbres plantez en un terroir froid, gras & humide.

Les Pruniers réüssissent mieux en un fond sec & sablonneux, qu'en un humide & gras. Ceux plantez en un sable roir font de plus belles productions qu'en d'autres fonds, chargent bien plus, & donnent du fruit plus gros & plus odorant. Ces Arbres sont aussi-bien en la figure de haute tige, que reduits en espalier & en buisson, à l'exception de ceux de Perdrigon violet, d'Imperatrice & de quelques autres, que l'on doit reduire absolument en espalier, à cause que leurs fruits sont sujets à tomber au moindre vent. Il faut planter ces derniers Pruniers à l'exposition du Levant, & non à celle du Midi, à cause qu'en celle-ci leur fruit deviendroit trop sec, & que pour peu qu'il s'en nouëroit, il auroit bien de la peine à retenir à l'Arbre.

Comme la Pêche est un des plus precieux & des plus délicieux fruits de tous, j'estime qu'il faut bien cultiver l'Arbre qui la produit. Pour y reussir, il faut le planter dans un fond qui luy convienne, soit par l'ordre de la Nature ou par le secours de l'Art. Il est certain que la Nature est la maîtresse de toutes les inventions; mais quand l'Art encherit par son addresse à ces productions de la Nature, il ajoûte de nouvelles beautez à celles de la Nature, & corrige ce qu'elle peut avoir de simple & de défectueux. Une terre douce & sablonneuse, est plus propre au Pêcher que la grasse & humide, en ce que le fru[it] qui en provient, est d'un plus beau colo[ris], & d'un plus fin relief. Cet Arb[re] demande l'exposition du Levant, si [la] terre est séche & sablonneuse; & cell[e] du Midi, si elle est humide & grasse. Si on le plantoit à l'exposition du Sep[-]tentrion ou du Couchant, il ne produi[-]roit que du fruit insipide & de null[e] valeur, parce qu'il n'y pourroit meurir, à moins que ce ne fût des Pêches hâ[-]tives, comme l'Avant-Pêche, la Pour[-]prée hâtive, la Mignonne, l'Avant-Pê[-]che de Troyes, l'Aiberge jaune & la dou[-]ble de Troyes. Il n'y a qu'en Languedo[c] & Provence où toutes sortes de Pêche[s] puissent meurir à ces deux dernieres ex[-]positions, parce que la chaleur y est plu[s] grande qu'en l'Isle de France, & au[x] Climats voisins. Il y a des endroits pré[s] Orleans, où à l'exposition du Couchan[t] les Pêches de Païsanne, Madelaine blan[-]che, Chevreuse, Druzelle, Violette hâ[-]tive, Royale, Bourdine & Chanceliere peuvent aisément meurir. A l'égard des Pêches tardives, quelque chaleur qu'il fasse, elles ne peuvent acquerir en ce dernier Climat, à cette exposition du Couchant, la maturité parfaite.

MEURIR, est un verbe qui signifie devenir meur rendre meur. C'est de la part des fruits chan- la qualité d'une substance cruë, en une qui par rez se cuit de plus en plus & se perfectionne. dit que le bois des Arbres & de la vigne est ur ou qu'il ne l'est pas; que l'herbe des Prez meure, ainsi il est temps de la faucher; que Raisins sont meurs, il faut les vendanger; & un melon n'est pas bon, parce qu'il n'est pas ez meur, ou qu'il l'est trop. On dit encore le Soleil fait tout meurir, que chaque chose urit en sa saison; qu'on cueille les fruits trop , & qu'on ne leur donne pas le temps de meurir.

Si on souhaite faire planter des Pê- ers pour reduire en buisson, il faut que soit à l'abri des vents de Nord & de ord-Ouëst. Il est inutile d'en planter plein air, parce que ces Arbres sont jets à être brouïs aux moindres vents aux pluyes froides.

Il faut un Climat temperé pour éle- er des Arbres qui tirent leur origine de epin, parce que les Climats qui sont ex- aordinairement chauds, ont trop d'a- idité & de sécheresse pour pouvoir per- ectionner leurs fruits. C'est pour cette aison que les Peuples d'Afrique per- lent bien souvent leur temps quand ils n plantent, quoyqu'ils les mettent au- rés des murs, exposez au Septentrion.

Avant que d'acheter des Pêchers &

Abricotiers dans la Pepiniere, pour les ar-racher & les replanter ailleurs, il faut de neceſſité connoître la qualité du fond où ils ſont, & la qualité de celuy où on les veut mettre ; car une terre eſt propre aux Pêchers & Abricotiers greffez ſur Prunier de Saint-Julien & Damas noir, & un autre convient à ceux greffez ſur Aman-dier. Les terres ſéches & ſablonneuſes ſont propres pour ceux-ci, & ne con-viennent pas à ceux-là, en ce que la ſé-ve des Pêchers & Abricotiers n'eſt pas dans des terres de ſi peu de ſubſtance & de ſels, aſſez abondante pour pou-voir les ſubſtenter comme il faut. Mais dans les graſſes & humides, ces Arbres qui ont été greffez en écuſſon à œil dormant ſur Pruniers de Saint-Julien & de Damas noir, y réüſſiſſent fort bien. S'ils l'ont été ſur Amandier, ils y peri-ront en peu d'années. Les Poiriers gref-fez ſur Coignaſſier, demandent un fond gras & humide pour faire de belles pro-ductions. Si on plantoit ces Arbres dans un ſec & ſablonneux, ils n'y feroient que languir ; au lieu que les Poiriers greffez ſur franc, réüſſiſſent bien dans ce der-nier fond, & toûjours mal dans ce pre-mier, à cauſe qu'ils n'y pouſſent quaſi que du bois, & ne produiſent du fruit qu'à l'âge de vingt-deux à vingt-cinq ans. Cela arrive plus souvent aux Poiriers nains, qu'à ceux à haute tige. Ce que je viens de dire n'est pas indigne de l'application des Curieux, car la connoissance du fond d'une terre, & la culture des Jardins, sont aujourd'huy l'objet des soins, & les delices des personnes de merite & de la plus haute condition.

Ecusson, n'est autre chose, en terme de Jardinage, qu'un œil levé de dessus une branche d'Arbre par le secours d'un petit coûteau qu'on nomme Ecussonnoir; l'incision se fait en formant une espece de triangle, au milieu duquel est un œil, & dont la pointe doit être en-bas. Ce mot d'Ecusson se dit en Latin, *Inoculatio*, d'ἐνοφθαλμὸς, derivé d'ἐν, qui veut dire *in*, & d'ὀφθαλμὸς, qui signifie *oculus*, d'où vient qu'à cette sorte de greffe on luy a donné le nom d'œil. Sans le secours des Ecussons, les Jardins fruitiers seroient bien peu de chose; nous aurions été reduits à nous contenter des fruits que le Climat ou le hazard nous auroit donné; nous serions privez d'une infinité de douceurs, que l'invention de greffer nous a procurées. Les Solitaires & les Sages qui vont respirer l'air pur & innocent de la Campagne, trouvent dans le soin de faire des Ecussons & de cultiver les Plantes, la plus agreable, la plus vive, & la plus chrétienne recreation qu'il y ait.

On ne peut juger de la qualité d'une terre, ni réüssir à la culture des Plantes, si on ne sçait les conditions requises à un

Jardin fruitier & potager, & si on n'e certain qu'elle est favorable pour produi re des fruits & des legumes en qualité & quantité. Pour discerner le bon d'avec mauvais terroir, on examinera s'il e trop humide ou trop sec; s'il est en éta de se rétablir de luy-même, quand il e alteré; si ses productions sont vigoureuses; si sa couleur est d'un gris noirâtre; s'il est aisé à cultiver; s'il est meuble & sans pierres; s'il est uni, doux & redui comme de la cendre, quand on l'a mi tout à plat; & enfin s'il a une profondeur convenable pour produire des Poiriers greffez sur franc; car il est necessaire qu'il en ait au moins trois pieds pou qu'ils y réüssissent. A l'égard de ceux greffez sur Coignassier, ce sera assez que ce terroir en ait deux, parce que ce sujet ne produit point de pivot, comme le Poirier sauvage. Pour ce qui est du Bled & des autres grains, un pied & demi au plus de profondeur suffira pour les faire pousser avec vigueur, parce que leurs racines ne piquent dans la terre qu'à sept à huit poûces au plus.

Quand on a une parfaite connoissance de la qualité de sa terre, on peut, si elle n'est gueres fertile, l'ameliorer; & c'est par le secours des amendemens qui luy onviennent, que l'on y réüſſit. Enſuite n fera choix de l'eſpece de fruit qu'on aura y venir le mieux, pour être d'un on relief; car il eſt conſtant qu'il y en a ui croiſſent merveilleuſement bien dans ne terre, mais qui y ſont d'un goût tout-fait inſipide. Par exemple, les Poiriers Epine d'Hiver & de Bergamote, pro-uiſent des fruits qui ont des qualitez ſi ifferentes, que le dernier ne réüſſit bien ans ſes productions, que quand il eſt lanté dans une terre graſſe & humide, reduit en Arbre nain ou à demi-tige, greffé ſur Coignaſſier; mais à l'égard premier, il luy en faut, ſi l'on veut u'il porte d'excellent fruit, une ſéche ſablonneuſe, & que l'Arbre ſoit à hau-tige & greffé ſur franc. Les Poiriers Blanquette, Caſſolette, Royale d'Eté, onchrétien muſqué, Bonchrétien Eté, Orange muſquée, Bonchrétien Eſpagne, Belliſſime d'Automne, Mar-n-ſec, Meſſire-Jean, Angelique de ordeaux, réuſſiſſent beaucoup mieux our le goût de leurs fruits, dans les ter-es franches & un peu humides, que dans s ſablonneuſes & ſéches. Le Poirier e Bezy de Chaſſery, ſe plaît bien ans une terre legere & douce, & ſur out ſon fruit qui y conſerve tres-bien son suc. Le Poirier de Pastoral s'accommode assez de toutes sortes de terres pourvû qu'elles soient un peu bonnes & tous les effets differents que l'on remarque, que le fruit qu'il porte y fait c'est qu'il est plûtôt meur dans une terre un peu sablonneuse & douce, que dans une grasse & humide. Le Poirier de Verte-longue fait acquerir à son fruit dans une terre de peu de substance une eau plus relevée, que dans celle qui est plus remplie de sels. Ceux de Lansac, Petit-oin, Bonchrétien d'Hiver, ne donnent quasi jamais de bon fruit quand ils sont plantez dans une terre grasse & humide, quelques Coignassiers ou Poiriers sauvages qu'ils ayent pour sujets. Et enfin, les Poiriers de Petit-Muscat, Fin-Or d'Orleans, Citron des Carmes, Petit-Rousselet, Beurrée grise, Beurrée rouge, Sucré-verd, Doyenné ou Saint-Michel, Satin, Marquise, Colmart, Bezy de Chaumontel, Bergamote de Soulers, Rousseline, Royale d'Hiver, & autres qui produisent des Poires fondantes, réüssissent mieux pour la bonté de leur fruit, quand ils sont plantez dans une terre séche & sablonneuse.

Il ne faut point planter d'Arbres fruitiers

tiers dans une terre glaiſe & argilleuſe, ni dans une graveleuſe : au contraire on s'attachera à celle qui eſt d'un gris noirâtre, non pas parce que cette couleur eſt plus agreable à la vûë qu'une autre, car ce ſeroit une foible raiſon ; mais à cauſe que c'eſt d'ordinaire une marque certaine de la bonté de cette terre, au lieu que celle qui eſt rougâtre, n'eſt gueres propre à produire des Plantes, & que la blanche ne l'eſt jamais.

Pour rétablir un terroir qui eſt naturellement bon, qui a bien ſouffert, & qui a beaucoup été alteré par la grande quantité de ſubſtance & d'eſprits qui s'en ſont évaporez, & par le trop de nourriture qu'il aura donné à toutes ſortes de Plantes ; j'eſtime qu'il ſera aiſé de le rétablir, ſi l'on y tranſporte des bouës bien deſſechées & hivernées, avec de bon terreau ; il n'importe de quelle nature, pourvû que ces bouës & ce terreau mêlez enſemble, faſſent une terre un peu noirâtre, ameublie, remplie de ſels & aiſée à cultiver. Il eſt conſtant que cet amendement ſera d'un grand ſecours à un terroir uſé, puiſque les Plantes qu'il contiendra dans la ſuite, feront de plus belles productions qu'auparavant.

SEL est, en terme d'Agriculture, une parti[e] subtile de la terre, qui étant dans le mouvemen[t] par le moyen de la chaleur, passe à travers le[s] pores des racines des Plantes, où étant entré[e] en abondance, y forme la substance dont ce[s] Plantes ont besoin pour leur nourriture & pou[r] leur accroissement. Les Sels de la terre ne se di[sent] point en Latin *Sales*, mais *Partes subtile[s] terræ.* C'est par le moyen des Sels, que les Plan[tes] se forment & se conservent; car comme l[e] fondement, les murailles & les autres parties soû[tiennent] un grand édifice; de même aux chose[s] naturelles, la substance soûtient les accidens. J[e] croy que toutes sortes de Sels peuvent fertilise[r] la terre, pourvû qu'ils ayent les preparations [pour] cela; car s'ils n'y sont mêlez comme il faut, & s'ils ne sont bien dissous par les pluyes douces [&] fecondes, ils ne peuvent rien produire. Le Nit[re] même, ou le Sel-Nitre, qui est le plus fecond [de] tous les Sels, est inutile aux Plantes, s'il n'e[st] incorporé dans la terre, & s'il n'est en état [de] couler & monter dans leurs tiges, dans leurs bra[n]ches, dans leurs feuïlles, dans leurs fleurs & dan[s] leurs fruits. Les Naturalistes assurent que la di[s]solution des Sels qui sont dans la terre & dans l[es] fumiers, se fait par les pluyes qui tombent, & p[ar] les arrosemens que l'on fait; & ce sont sans doute ces Sels qui fertilisent les terres, & qui nourrisse[nt] les Plantes. Pour obliger ces terres à fair[e] de belles productions, il y faut transporter d[es] amendemens qui leur conviennent, & leur procu[rer] tous les secours qu'elles exigent de nous. L[es] feuïlles des Arbres qui tombent sur la terre, so[nt] des choses qui la fertilisent beaucoup; car quoy[qu']qu'elles ornent par leur verdure, & soient tre[s] utiles pour donner de l'ombre au bois des Arbr[es] à leurs fruits, pour empêcher que les ardeurs du Soleil ne les brûlent, elles sont encore d'une plus grande utilité en se pourrissant sur la terre, qu'en demeurant sur les Arbres. Le Sel est la principale substance & vertu du fumier, étant constant qu'une terre pourroit être ensemencée tous les ans, si on luy restituoit par les fumiers ce qu'on luy enleve par la recolte; & il n'y a point de doute qu'on ne puisse tirer d'une terre tout ce qu'on voudra, pourvû que l'Art veüille aider la Nature. De sorte que si l'on trouve le moyen de communiquer à cette terre une abondante matiere propre à la germination, on aura à proportion une belle recolte. Cela ne se peut faire sans soins & sans peines. La multiplication des Plantes dépend absolument des Sels. Ainsi il faut toûjours faire une bonne provision de toutes sortes de fumiers, afin d'y trouver un grand secours pour la vegetation & l'accroissement de ces Plantes. Les ingrediens qui contiennent beaucoup de Sels, sont les fiens & les os de plusieurs animaux, plumes, rognures de cuirs, peaux, vieux souliers, vieux gants, cornes, sabots de pieds de chevaux, vaches, mulets, âne, & autres bêtes, suye de cheminée, cendres de lessive, boües des ruës des Villes & des grands chemins de la Campagne bien égoutés & hivernées, & les feüilles de toutes sortes de Plantes bien pourries. On connoîtra par experience que le Sel de ces Plantes n'est pas inutile dans la Medecine, puisqu'il est un moyen sûr pour guerir diverses maladies & particulierement celuy qui est tiré des Plantes odorantes, comme la Menthe ou Baume, l'Absinthe, la Melisse, l'Auronne, la petite Centaurée, le Fenoüil, la Sabine, la Matricaire, le Scordium & quelques autres; car il en retient une qualité aperitive, fortifiante, sudorifique & diuretique. Hannemann dit que par le secours de Vulcain & par l'Anatomie chimique des semences de Plantes, on en tire des esprits, des Sels fixes, de Sels volatiles, des huiles, &c. qu'on reconnoît contenir les premieres idées des Plantes. Le Sel des Plantes se prepare communément en reduisant la Plante en cendre, faisant boüillir cette cendre en eau commune, & aprés une ébulition longue, on filtrera l'eau par le papier, pour ensuite la faire évaporer, & on trouvera aprés l'évaporation, le Sel au fond du vaisseau. On tirera le Sel d'une autre maniere, prenant le marc & le residu de l'expression du suc des Plantes, ou l'extrait de celles qui sont odorantes dont on a tiré l'eau ; on fera sécher, calciner & bien brûler ce Marc ou extrait, jusqu'à ce qu'il soit réduit en cendres, dont on fera lessive avec eau commune ou de Riviere, puis on le filtrera par le papier broüillard, & ensuite on versera de la nouvelle eau dessus ces cendres aprés la filtration, pour achever de tirer le Sel qui y reste, & continuer ainsi de lessiver & d'extraire ce Sel, jusqu'à ce que l'eau soit insipide.

MELISSE, est une Plante odorante, où les Abeilles s'attachent, sur tout pour cueillir leur miel ; elle a les branches & les feüilles assez semblables au Marube noir, & elle a l'odeur du Citron ; il y en a de domestiques & de sauvages. Il y en a qui appellent cette Plante Citronelle. Dioscoride assûre que la Melisse bûë en vin est bonne pour les morsures des bêtes venimeuses ; qu'elle provoque les mois ; qu'elle appaise la douleur des dents, & qu'elle resiste au poison. On en distille une eau, qui est excellente pour l'apoplexie, & qui réjoüit le cœur.

MATRICAIRE, est une Plante que l'on

ppelle autrement Eſpargotte ou Marrone ; elle a es feüilles menuës & ſemblables au Coriandre ; a fleur eſt blanche en-dehors, & jaune en-de-ans ; elle a une odeur aſſez mauvaiſe & un goût mer. On multiplie en Mars la Matricaire de emence & de plant enraciné. Cette Plante ap-aiſe la douleur des dents, chaſſe la pituite & rovoque les mois. Elle eſt auſſi fort excellente our les ſuffocations de matrice.

AURONNE, eſt une Plante odorante, qui eſt oûjours verte ; elle porte des fleurs jaunes ou lanches. Il y a le mâle & la femelle. Le mâ-e a ſes branches menuës & ſarmenteuſes : la fe-nelle jette ſes branches comme un Arbre, au-our deſquelles ſont des feüilles chiquetées fort nenu, comme les feüilles de l'Abſinthe marin ; lle produit quantité de fleurs qui ont pluſieurs êtes ou corimbes qui reluiſent comme l'or ; cel-es qui croiſſent en Eté, ont une odeur aſſez forte, & neanmoins agreable, quoyqu'amere au goût. On fait d'excellent vin d'Auronne. M. Beſnier lit que ſi l'on frotte, dans les fiévres intermit-entes, le malade de l'herbe & de la fleur de cet-e Plante, détrempées en huile, les friſſons ne eront pas ſi grands. Que le poids d'un écu de a ſemence pilée avec quelques-unes de ſes feüil-es dans du vin blanc, en y ajoûtant une vieille noix ; le tout paſſé & bû, eſt un bon remede contre a peſte, & contre toutes ſortes de poiſons ; & qu'elle eſt bonne pour faire mourir les vers des enfans.

Pour faire un bon choix de terres neu-ves qui puiſſent ſecourir celles qui ont été beaucoup alterées, il faut preferer les terres de deſſus à celles de deſſous, quoyqu'il y en a qui soûtiennent que ces dernieres valent mieux que ces premieres, & particulierement quand elles ne degeneroient point. Ils fondent leur raisonnement sur ce que ces terres de dessous étant plus neuves que celles de dessus, elles renferment non seulement tout leur premier sel, mais encore une partie de celuy qui leur est venu des terres d'en-haut, à qui elles ont servi d'égout par où le sel qu'elles contiennent s'est écoulé. J'oppose à ce raisonnement une experience aisée à pratiquer ; car si on fait passer par la chausse du sel dissous à travers du sable, on trouvera que ce qui sera au-dessus, s'en chargera le plus ; & qu'il n'en ira que bien peu dans les parties inferieures ; ce qui doit moins arriver à l'égard de la terre, parce que les pluyes ne penetrent quasi jamais au-delà de quatre pieds. C'est le sentiment des bons Auteurs, que la terre de dessus est plus remplie de sels & de substance que celle de dessous, non seulement dans les endroits où le tuf & la glaise sont prés de la superficie de la terre, mais aussi dans ceux où ils sont fort profonds. Ils disent que les terres un peu profondes n'ayant jamais ressenti la chaleur & les influences du Soleil, ni reçû la douce humeur que les pluyes portent avec elles, elles ſont comme mortes, & par conſequent hors d'état de faire de belles productions. Ce que je viens de dire, fait voir la neceſſité qu'il y a de renverſer ſens deſſus deſſous la terre quand on la cultive.

J'eſtime qu'il ne faut point planter les Figuiers dans une terre graſſe & humide, mais bien dans une maigre, ſéche & meuble. Ces Arbres réüſſiſſent rarement quand ils ſont plantez ſous les égouts des Bâtimens. La cendre de leſſive, les fumiers de pigeon, mouton, cheval, vache & poule conſommez enſemble, leur fait pouſſer pluſieurs beaux jets, & les rend feconds.

Quand on s'apperçoit que des Arbres languiſſent, on peut bien ſe perſuader que cela ne peut venir que du mauvais fond. Il faudra donc foüiller à leurs racines, & ôter la mauvaiſe terre, à la place de laquelle on en mettra d'autre qui ait plus de ſels & de ſubſtance. Ou bien on y tranſportera un amendement qui convienne à cette terre.

Diophanés dit que pour connoître parfaitement la bonté du vin que produira une terre avant d'y planter de la vigne, il faut faire une foſſe de deux pieds de profondeur, & prendre une motte de terre qu'on aura ôtée, la mettre da un verre, & jetter dessus de l'eau de plu & la broüiller, la laisser éclaircir, & e suite la goûter. Si cette eau a une ma vaise odeur, ou soit salée ou bitumine se, le vin que produira cette terre, sera pas excellent. Et si elle a une ode agreable, ou qu'elle soit douce, cette l queur sera tres-delicieuse.

Avant de faire un grand plant d'Arbr fruitiers, soit pour élever à haute tig ou en faire des nains pour les reduire e espalier ou en buisson, il faut examine si le terrain est bas & humide, & s'il e haut & sec. S'il est bas & humide, faut le dessecher, si on veut que ces frui tiers fassent dans la suite de belles pro ductions. Le moyen sûr pour y réüssir c'est de relever ce terrain avec de bonn terre & bien meuble; & pour la mieu ameublir, il y faut transporter du sabl bien fin, afin que les eaux puissent ai sément s'écouler dans des rigoles qu'il fau dra faire faire exprés autour de ce ter- rain, quand on y aura planté ces Arbres. Si au contraire le terrain est haut & sec, on fera en sorte qu'il soit une partie de l'Eté humecté. Pour y parvenir, on re- bordera ce terrain, & on disposera des

égouts

bouts d'autres terrains voisins plus éle-
z, qui conduiront l'eau des pluyes quand
e tombera en abondance, dans les la-
urs qu'on y aura donné. Ou bien on
ra des chutes d'eaux artificielles, ou de
quens arrosemens, avec de l'eau qui
été exposée au Soleil pendant trente
ures au moins.

TERRAIN se dit, en terme d'Agriculture, de
terre séche, aride, humide, molle & dure.
plant d'Arbres ne profite qu'à proportion de
bonté du terrain, de la bonne culture qu'on
donne, des amendemens qu'on y fait transporter, & d'autres secours qu'on luy procure.
ns la Theorie & pratique du Jardinage, où il est
ité à fond des beaux Jardins appellez communé-
nt les Jardins de propreté, comme les Parterres,
Bosquets, les Boulingrins, &c. chap. 2. de la
onde partie, il y a une excellente maniere de
ffer un terrain, & de foüiller & transporter
terres.

On pourra de la même maniere re-
rder les planches d'un Jardin potager.
n ne suivra cette methode que dans
terrain sec & sablonneux. Le moyen
y réüssir, c'est de relever de la ter-
à suffire autour de ces planches tant
la longueur que de la largeur, afin
retenir dans le milieu l'eau des pluyes
des arrosemens, & empêcher qu'elle

ne devienne inutile en s'échappant da[ns]
les sentiers.

PLANCHE de Jardin, terme de Jardinag[e,]
n'est autre chose qu'un compartiment qu'on f[ait]
dans les quarrez des Jardins potagers, plus [ou]
moins longs, suivant que le terrain le permet; p[our]
ce qui est de la largeur, j'estime que quatre pi[eds]
& demi au plus suffisent. Il faut absolument q[ue]
les Planches d'un Jardin potager soient separ[ées]
les unes des autres par de petits chemins qu'[on]
appelle sentiers. C'est sur ces Planches que l'[on]
seme toutes sortes de graines, & que l'on tra[ns-]
plante les bons legumes, aprés que l'on a culti[vé]
& amendé la terre comme il faut. Le contra[ire]
se doit pratiquer aux Planches d'un Potager si[tué]
en un terrain gras & humide; car pour bien f[ai-]
re il faut que le milieu de ces Planches soit [un]
peu plus élevé que les extremitez, afin que l'e[au]
puisse s'écouler aisément quand elle tombera, [&]
qu'elle n'y croupisse.

Pour faire en sorte qu'une terre ba[sse]
& fort argilleuse, qui n'est par elle-mêm[e]
quasi d'aucune utilité pour produire d[es]
grains & des legumes, devienne fertile, il
faut faire transporter des amendemens q[ui]
luy conviennent, comme sont les fumie[rs]
de pigeon, mouton, cheval & mulet bie[n]
consommez, & y mêler de la terre s[a-]
blonneuse. Tous ces ingrediens l'ame[u-]
blent beaucoup & la fertilisent. Plus o[n]
la cultivera, plus elle produira.

TERRE forte argilleuse, est celle qui est gluan-, visqueuse & tenace, qui s'attache aux mains. lle est propre à faire des pots, de la tuile, de la ique & des vaisseaux de terre. Elle ne sert quasi rien pour la végétation. On fait avec cette ter- des bâtardeaux, des bassins de fontaines, des aussés d'étang, parce que l'eau ne peut passer à avers, quand elle est bien foulée.

Une terre séche & sablonneuse ne doit as être gouvernée de la même maniere u'une glaise ou argilleuse. La premiere e se peut raccommoder qu'avec une euve & franche, qui est une terre rem- lie de beaucoup de sels & de substance, avec des fumiers d'une nature fraîche, omme sont ceux de vache & de pour- eau. On ne donnera à cette terre séche sablonneuse que trois labours par an. on en donnoit plus, il y auroit dan- er de faire trop évaporer le peu de sels 'elle contient. Voilà à quoy ceux qui availlent à la terre, doivent faire at- ntion.

TERRE-GLAISE, est une terre pernicieuse à utes les Plantes, étant verdâtre & fort resserrée soy; elle se trouve en plusieurs endroits sous la nne. Les Jardiniers l'appellent coriace & caste. mot de Terre glaise, autrement dit d'argille, nt du Grec ἄργιλλος, derivé d'ἀργος, qui veut re blanc, la Terre-glaise étant presque toûjours anche.

Quoyque je n'aye pas eu intention de

dire quelque chose des Plantes legumineuses dans ce Traité, cependant j'a
crû qu'il seroit bon d'enseigner aux Jardiniers la maniere d'avancer avant l
saison ordinaire ces Plantes. Ils prendront la moitié d'un demi-septier d'eau-
de-vie, mesure de Paris, peu plus, pe
moins, selon la quantité de graines qu'il
voudront semer, avec une fois autan
d'eau commune. Ces graines seront arro-
sées de cette eau; elles ne trouveron
qu'une quantité d'eau proportionnée à l
force de leur estomac, dont la feconditi
de l'eau commune est fortifiée par cell
qui est dans l'eau-de-vie. Si on arroso
ces graines avec de l'eau-de-vie toute pure, elles ne germeroient pas. L'eau commune mêlée avec l'eau-de-vie, affoibliri
celle-ci, & fera que ces graines demeure-
ront les maîtresses de cette eau-de-vie
laquelle étant pure & tres-chaude par s
nature, brûleroit leur germe.

PLANTES LEGUMINEUSES, ce so
des grains semez qu'on cueille avec la main, à
difference des bleds qu'on scie, & des orges
avoines qu'on fauche. On le dit premiereme
des grains qui viennent en gousse, comme po
féves, lentilles & autres, & par extension,
asperges & artichaux qui se cueillent dans les Ja
dins. Regulierement toutes les Plantes Legum
neuses fleurissent assez long-temps devant que

ue & perfectionner leurs graines. Le pourpier utrefois fait la sienne, sans avoir quasi fleuri. is que le pied est assez gros, il s'éleve un en differentes tiges, & fait d'abord cette graiblanche, tendre, & toute, ce semble, détachée ie de l'autre; il la tient renfermée dans pluurs petites coques, & enfin meurissant, il la rcit & endurcit; pour lors les coques s'ouvrant, s nous font voir ce petit tresor qu'elles avoient hé si soigneusement.

POURPIER, est une herbe qu'on mange en ade & dans le potage, qui a une tige ronde & feüilles épaisses, taillées en forme de palette; tige est grosse, ridée & droite, tirant sur rouge; sa graine est noire, enclose dans de pes écailles herbeuses; sa racine est fenduë en sieurs parties. Le Pourpier qui vient sans avoir semé, a les tiges souples, & rampe à terre. y a une espece de Pourpier sauvage, que les decins appellent Peplion ou Peplis, qui croît lieux maritimes. Le Pourpier purifie le sang adoucit les acretez de la poitrine; on le mêle as les boüillons rafraîchissans & dans les salades.

CHAPITRE VI.

De la maniere de planter dans le regles toutes sortes d'Arbres frui tiers, tant pour les reduire en bui son & en espalier, que pour le élever à haute & à demi-tige.

IL y a bien des choses importantes e faisant planter des Arbres fruitiers que faute souvent de s'y être appliqué on a le déplaisir de les voir languir, & quelquefois mourir. Pour réüssir à bie planter de tels Arbres, il faut d'abor commencer à les preparer par leurs raci nes, & ensuite par leur tête. Il ne le faut planter ni dans un fond trop sec & élevé, ni trop humide & bas, ni trop batt des vents; car tous ces fonds leur sont con traires. Un fond où la chaleur, la fro deur, la secheresse & l'humidité son mediocres, est celuy que l'on doit prefe rer aux autres, pour faire pousser au Arbres de beaux jets, & produire d'ex cellent fruit. Je sçay qu'il n'est pas a sé de trouver un fond qui convienn toûjours, & qui soit sans aucun vice na

rel. La Nature & l'Art ſont deux choſes bien differentes ; celle-là ſe fait un
rincipe de retenir & produire les effets
ui luy ſont propres ; mais celuy-ci ne
pond jamais ſi bien à nos intentions
ue l'autre, à ce qui luy eſt convenena-
le ; mais auſſi l'Art perfectionne à ſon
ur, ce dont la Nature, ou pour mieux
re ſon adorable Auteur, a bien voulu
ous gratifier, puiſqu'en travaillant avec
igilance, aſſiduité & addreſſe, on réüſ-
t preſque toûjours dans ſes entrepriſes.
'eſt cette matiere que j'eſpere appro-
ondir, en faiſant voir de quelle ma-
iere on peut faire pouſſer avec vigueur
es Arbres fruitiers par l'addreſſe du tra-
ail, dans un fond qui ne ſeroit que
'une mediocre bonté, & qui ſeroit ſans
e ſecours, hors d'état de faire de belles
roductions.

Quelque bon que ſoit un terroir pour
roduire des bleds & d'autres grains, &
ême des Plantes legumineuſes, il peut
ien ne l'être pas aſſez pour recevoir un
rbre fruitier, lequel en a beſoin d'un
ui ait non ſeulement autant de ſels &
e ſubſtance, mais encore qui ait plus
e profondeur que celuy où on ſéme les
rains & les graines ; puiſque pour obli-
er ceux-ci à faire de belles productions,

il ne leur faut qu'un terroir qui ait qu
torze à quinze poûces au plus de pro
fondeur. Pour y planter un Poirier gre
fé sur Coignassier, il suffira qu'il en a
deux pieds ; mais si cet Arbre est gre
fé sur franc, il faudra absolument qu
en ait trois & demi, parce que ses r
cines piquent fort profondement dans
terre ; ce que ne font point celles d'u
Poirier greffé sur Coignassier.

FRANC, se dit en terme de Jardinage, d
Poiriers venus de pepin ou d'autres qui provie
nent des greffes prises sur de bons Poiriers, le
qelles on applique sur des Poiriers sauvages. Lor
que l'on coupe une greffe sur un Sauvageon,
qu'on l'applique sur le même sujet, cela signi
greffer franc sur franc, & voila l'origine des no
veaux fruits que l'on voit de temps en temp
Plus souvent on rapplique cette Greffe sur
même sujet ; plûtôt le fruit qu'il devra produir
deviendra & plus gros & d'un plus fin relief, pa
ce que l'acreté de ce fruit se perdant peu à peu
il devient plus doux à mesure qu'il devie
gros, son suc se raffinant comme l'or fait da
la fournaise. Pour faire perdre en peu d'anné
cette acreté à un fruit provenant d'une greffe pri
se sur un Poirier sauvage, on en prendra un
sur un dont les feüilles soient un peu larges &
épaisses, qu'on appliquera sur une branche d'Ar
bre qui produit un fruit doux & sucré, comm
sont les Poires de Rousselet, Bonchrétien mu
qué, Messire-Jean, Orange musquée & quelqu
autres. Ce mot de Franc se dit en Grec *απτος*

derivé d'*Apia*, Province de Peloponese, où il y avoit des Arbres francs en abondance.

Aprés que la terre d'un Jardin fruitier destine pour y planter des Poiriers greffez sur franc, aura été approfondie comme il faut, on la dressera au niveau selon sa pente naturelle, afin que ces Arbres ne soient ni trop haut, ni trop bas plantez. S'ils l'étoient trop haut, ils ne manqueroient pas de pousser du sauvageon; & s'ils l'étoient trop bas, le Soleil ne pourroit penetrer jusqu'à leurs racines.

Pour bien approfondir une terre, il faut, si elle paroît bonne, & s'il y a beaucoup de pierres, la passer à la claye. Si on ne faisoit pas ce travail, la terre quoyque substancielle, ne pourroit faire produire aux Arbres que l'on y planteroit, de beaux jets. Cette claye que l'on tiendra un peu couchée, sera soûtenuë par derriere avec un bâton. Et une personne un peu robuste prendra cette terre avec la péle, & la jettera avec force contre la claye. La terre passera à travers ses bâtons, & les pierres tomberont aux pieds de cette personne. L'on continuëra jusqu'à ce qu'il y ait assez de terre passée.

Une terre qui aura été ainsi approfondie, sera quelque temps à s'affaiser avant que toutes ses parties soient jointes ensemble ; cela fait qu'il y demeure quelques espaces où l'air entre, qui causent des humiditez, & qui donnent plus de facilité au Soleil d'échauffer le fond de cette terre ; & sa chaleur se joignant à l'humididité de cet air, la perfectionne en la rendant plus ameublie, & fait former aux Arbres qui y sont plantez, plusieurs belles racines, par la bouche desquelles monte la séve, qui fait non seulement grossir leur tronc, mais encore fait pousser de beaux & longs jets.

Une des choses importantes qu'il y ait en fait de Jardinage, est la connoissance ou le choix qu'il faut faire des fruitiers quand on en veut planter ; car sans cette connoissance ou ce choix qu'on en doit faire, il est à craindre d'en planter qui nous donnent bien du chagrin. Pour faire un bon choix de ces Arbres, il n'y a qu'à examiner s'ils ont poussé de beaux jets, & s'ils ne sont point alterez au haut ou au bas.

Il y a de si bons ménagers, que quand ils achetent des Arbres, ils ne s'attachent qu'à les avoir à juste prix, au lieu qu'ils devroient examiner si leurs racines sont bien ou mal conditionnées. Il faut prentre garde auſſi ſi leur écorce & leurs branches ſont belles. Quand on plantera de tels Arbres dans un fond heureux, & qu'on les cultivera dans les regles, ils réüſſiront parfaitement ; au lieu que le mauvais n'ayant pas les qualitez requiſes pour la vegetation, fait perdre beaucoup de temps, & ne donne que du chagrin. Ainſi j'eſtime que les racines des Arbres doivent, pour faire de belles productions, être longues & groſſes à proportion de leur tige, & nullement alterées ; car c'eſt d'où dépend cette vegetation, qui fait qu'ils croiſſent & ſubſiſtent, & qu'ils nous donnent de ſi beaux fruits.

Il y en a qui diſent qu'il ne faut jamais planter des Arbres fruitiers dans une terre graſſe & humide avant l'Hiver, mais au 15. ou 20. Fevrier, parce que ſi on les y plantoit en Octobre ou en Novembre, leurs racines qui ſe forment en cette ſaiſon, ne manqueroient pas d'y pourrir, ce qui ſeroit capable de les faire perir. Pour moy je croy qu'il faut planter ces fruitiers avant l'Hiver, non ſeulement dans une terre ſéche & ſablonneuſe, mais encore dans celle qui eſt graſſe & humide ; avec cette difference qu'en cette derniere, il faut avant l'Hiver & aussi tôt qu'ils sont plantez, les motter ou butter, afin que les pluyes & les neiges qui tombent presque toûjours en ce temps, n'humectent trop leurs racines; & qu'en cette premiere on doit faire le contraire, c'est-à-dire que l'on doit ôter de la terre autour du tronc de ces Arbres à la profondeur de six à sept poûces, & à la largeur de huit à neuf, si on souhaite que ces pluyes & ces neiges humectent aisément leurs racines pendant cette froide saison. Il est constant que quand on plante toutes sortes d'Arbres dés le mois d'Octobre & de Novembre, on gagne quasi une année; car quoyque durant l'Hiver il fasse d'excessives gelées, il faut croire que les Plantes qui sont dans la terre, poussent toûjours de nouvelles racines, parce qu'il s'éleve continuellement de nouvelles exhalaisons qui l'échauffent, lesquelles ne peuvent en sortir, à cause que l'extremité de ses pores, ou la partie qui les termine, est dans ce temps-là trop resserrée par le froid. Si cette terre n'avoit des pores, elle ne produiroit aucunes plantes. Plus les fruits ont des pores, plus ils augmentent de volume, & mieux ils meurissent. Il y a, dit un Moderne, trois sortes de pores ou petits canaux dans la structu-

du bois de differens Arbres ; on n'a qu'à les examiner avec le Microſcope. Il ajoûte que de ces petits tuyaux de communication, les uns vont de bas en haut, & d'autres de travers, c'eſt-à-dire de la circonference du tronc au centre, & encore d'autres qui tournent en cercle vers l'écorce de l'Arbre. Que le parenchyme de l'écorce d'un Arbre ſe peut comparer à une éponge, parce que c'eſt un corps poreux, ployable, & qui ſe peut dilater ; que ſes pores ſont innombrables & fort petits, & qu'ils reçoivent autant d'humeur qu'il en faut pour les remplir, & même pour les étendre, & que cette diſpoſition des pores eſt celle qui fait croître & groſſir les Plantes ; qu'il eſt blanc dés le commencement, mais qu'il change de couleur à meſure que la racine groſſit.

Si on avoit planté des Poiriers de Bon-Chrétien d'Hiver & de Virgouleuſe à haute tige, il faudroit les étêter au mois de Novembre dés le bas de leur tige pour en faire des Arbres nains, & auſſitôt les arracher & les replanter auprés d'un mur pour les y eſpalier, parce que ces Arbres ne réüſſiſſent jamais en plein air ni réduits en buiſſon, à cauſe que leur fruit tombe au moindre vent.

Un moyen sûr pour bien planter a
mois de Fevrier des Poiriers greffez s
Coignassier, quand on a negligé de le fa
re en Novembre, c'est d'y travailler pa
un temps un peu sec, & attendre que le
eaux soient en partie écoulées. Ces Ar
bres ne seront plantez qu'à huit à neu
poûces de profondeur, à cause que
terre s'affaise toûjours. Il faudra que ce
te terre soit saine, afin qu'elle se joign
aisément à leurs racines. Si elle ne s'
joignoit pas, leurs racines pourroient s'é
venter. Pour bien faire, on doit mettr
de la terre avec la main sur chaque ra
cine, & peser ensuite dessus avec forc
Quand elles seront bien couvertes, o
se servira de la bêche ou de la marre
pour achever de remplir de terre le trou

Les Poiriers greffez sur franc, devron
être plantez dans un terroir sec & sablon
neux dés la fin d'Octobre, & pendan
tout le mois suivant, auquel temps ce
Arbres sont dépoüillez de leurs feüilles
comme étant sans séve, la fraîcheu
l'ayant fait retirer dans leurs racines
le fond de la terre ayant encore un pe
de chaleur, ce suc continuë de se com
muniquer à ces racines, leur fait pousse
durant l'Hiver du chevelu & de nouveau
filamens, & par consequent produire au

rintemps ſuivant de beaux jets. Je con-
eille de laiſſer à la cime des Poiriers en
lein vent, quelques petites branches, leſ-
uelles on coupera à la longueur de trois
quatre poûces. Cette operation les fe-
a pouſſer plus aiſément, & fera même
vancer d'une année, la formation des
outons à fruit. Cette maxime eſt fon-
ée ſur de bons principes, & les plus ha-
iles Jardiniers la ſuivent preſentement.
'il ſurvient au mois de Juin, Juillet &
oût des chaleurs exceſſives, on devra
rroſer de temps en temps ces jeunes Ar-
res avec de l'eau de marre, ou de foſſé,
u de pluye ; cette derniere avant de tom-
er ſur la terre s'eſt filtrée à travers l'air,
lont elle a imbibé le nitre ; ce qui rend
ette terre feconde, & par conſequent
es Plantes qu'elle produit.

Je croy qu'en general, il eſt plus à pro-
os de planter toutes ſortes de fruitiers
vant l'Hiver, c'eſt-à-dire, dés la fin
l'Octobre, & même juſqu'au 12. ou 15.
Decembre, que de le faire en Mars,
comme quelques Jardiniers font. Ces
Arbres & leurs racines ont le temps pendant cette froide ſaiſon de s'accoûtumer
à la terre & de la goûter, en attendant
la ſéve, outre que les pluyes & les neiges fonduës trempent & humectent les

racines, ce qui les lie à la terre. Les Aibres n'ont point tous ces avantages lorsqu'on les plante aprés l'Hiver; étant mouvez & transportez trop prés du temps de la séve, ils ont plus de peine à s'accoûtumer à une nouvelle terre, & à y produire aussi-tôt des racines.

Il faut planter dans les petits Jardins le plus qu'on pourra, des Pommiers greffez sur Paradis; parce que ces Arbres étant toûjours nains, quoyque plantez dans une terre grasse, donnent plus sûrement tous les ans du fruit que ceux à haute tige. Ces Pommiers greffez sur Paradis sont aisez à écheniller, & à ôter quelques feuilles de leur fleurs, lesquelles fleurs se ferment quand il fait une grande rosée: & quand cette rosée est aussi-tôt suvie des rayons du soleil, il s'engendre un ver qui ronge le cœur de la fleur, ce qui la fait sécher, & ensuite tomber. On aura la facilité d'ôter à ces Pommiers nains, d'autres vers qui s'engendrent aprés les broüillards secs, qu'on voit assez souvent en Eté, & qui piquent & mangent le cœur des Pommes toutes grosses; ce qui les fait tomber quinze jours ou trois semaines avant la maturité.

Quand on plantera des Poiriers & des

Pommiers.

Pommiers nains pour reduire en buiſſon,il faudra les ſeparer les uns d'avec les autres, à cauſe que ces differens Arbres pouſſant inégalement, ils ne peuvent être plantez indifferemment les uns prés des autres sans s'incommoder. Pour ce qui eſt des Pêchers, Abricotiers, Pruniers & autres Fruitiers à noyau, qu'on reduira en espalier, on pourra les mettre les uns prés les autres.

Ceux qui deſireront planter des Arbres fruitiers & non fruitiers à haute tige pour en faire des allées, tireront ſur la terre une ligne droite en viſant d'un ſeul œil, afin que les rangées d'Arbres qu'on ſe proposera de faire, ayent toute la rectitude qui leur eſt convenable. Voila ce qu'on appelle borneyer. La largeur de ces allées devra être proportionnée ſuivant leur longueur, c'eſt ce qui en fait la beauté. Il ſe trouve quelquefois d'habiles Jardiniers qui manquent à cette juſte proportion, en donnant trop de largeur aux allées, par rapport à leur longueur. On peut bien tomber dans un défaut contraire, en faiſant les allées trop étroites. Si, par exemple, une allée de Jardin de cent toiſes de long n'avoit que trois ou quatre toiſes de large, elle ſeroit tres-défectueuſe, & ne paroîtroit qu'un boyau ; au lieu que si cette allée avoit cinq ou six toises de large, elle deviendroit tres-belle & bien proportionné, supposé cependant qu'elle fût simple ; ainsi les allées de deux cent toises de long devront avoir sept à huit toises de largeur; celles de trois cent toises neuf à dix ; & celles de quatre cent, dix à douze. Avant de planter de grands Arbres, il faut mettre des jalons dans les trous, afin que les lignes se trouvent bien droites. Les grandes avenuës sont ordinairement accompagnées de deux contre-allées, ayant chacune la moitié de la largeur de l'allée principale, les unes & les autres bordées de toutes sortes de grands Arbres.

Ce qui fait le merite des fruits, c'est leur bonté, leur beauté & leur rareté. Les fruits fort hâtifs & fort tardifs doivent donc être les plus estimez. Pour faire en sorte que les Poires d'Eté soient fort hâtives, il faut planter les Arbres qui les produisent, dans un terroir sec & sablonneux, auprés d'un mur exposé au Midi, pour les y espalier, si ces Poires sont fondantes ; & au Levant, si elles sont séches & cassantes. A l'égard des Arbres qui portent des Poires d'Hiver, il faut les planter dans un terroir humile & gras, auprés d'un mur situé au couchant, pour les y espalier; ce sera un moyen sûr pour avoir des Poires fort hâtives & fort tardives. Voila ce que les curieux doivent pratiquer.

Quand on plante un Poirier nain, auprés d'un mur situé à l'exposition du Midi, ou à celle du Levant pour l'y espalier, il ne faut luy laisser aucunes racines qui puissent en pousser d'autres du côté de ce mur. Si on veut que cet Arbre pousse avec vigueur, il faut que toutes ses racines soient en dehors. S'il y en avoit quelques belles auprés, elles n'y trouveroient point d'aliment; ainsi le Poirier ne feroit que de foibles productions.

Il n'en est pas de même des Poiriers & Pommiers à haute tige que l'on plantera, parce qu'il faut absolument leur laisser des racines de tous côtez, afin qu'ils puissent se soûtenir d'eux-mêmes sans aucun secours. On observera qu'avant que de planter ces Arbres, il faut tailler leurs racines en dessous & de biais.

POIRIER est un Arbre qui produit une sorte de fruit à pepin, qu'on appelle Poire, bon à manger, dont on fait du cidre; il est d'ordinaire de figure oblongue, & plus menu vers la queuë que vers la tête. Les Poires sont propres p le cours de ventre, & pour fortifier l'estom L'usage de ces Poires est mauvais pour ce qui sont sujets à la colique. Le bois du Poir reçoit un beau poliment, & on en fait des bu fets, qu'on noircit comme l'Ebene. Une perso ne de merite me donna au mois de Novemb 1708. deux Poires de Bonchrétien d'Hiver, do l'une en a produit une seconde par l'œil avec qu ques feüilles, & cete seconde une troisiéme; l'a tre Poire n'en a poussé au-dehors qu'une seu J'avois dessein de les dissequer toutes les deux mois de Fevrier suivant, qui est à peu prés temps de leur maturité, pour tâcher d'appren la cause de ces Productions extraordinaires; ma je fus frustré de mon esperance, car en les vi tant, je fus étonné de les voir toutes deux mo les. J'attribuay la cause de cet accident au fro excessif qu'il fit en Janvier & Fevrier 1709. I Nature fait quelquesfois d'elle-même des dével pemens precipitez, & des superfetations qui fo des monstres dans la famille des vegetaux. No avons dans divers Auteurs des exemples de sem blables productions. Les Sçavans d'Allemagne pa lent d'un citron merveilleux, qui en contenoit de autres, dont l'un étoit tres-parfait, meur & ple de pepin, & l'autre n'étoit qu'un embrion de c tron. Ils parlent aussi d'une triple rose, ou d'un rose, d'où il en sortoit deux autres, distinctes élevées au dessus. Je croy que ces développeme prematurez ont été causez par quelque abondan humeur saline de la terre. On a trouvé des oran ges avec leur écorce dans d'autres oranges, de œufs avec leur coque dans d'autres œufs, des fœtu dans le ventre des enfans qui venoient de naître & des hommes du corps desquels il sortoit de enfans aussi âgez qu'eux. Les liqueurs prolifiques, dit un Moderne, sont au commencement si subtiles, qu'une seule goute qui aura toutes les determinations propres à produire un fruit, pourra aisément s'insinuër dans une autre de semblable modification, & que croissant ensemble par des communs, celle-ci s'étendra en surface, ou sera forcée de donner passage à l'interieure : mais on aura, ajoûte-t-il, toûjours bien à deviner quand on voudra se faire une idée des voyes particulieres que la Nature aura choisi pour tels ou tels individus monstrueux.

Quand on plantera des Poiriers nains greffez sur franc pour les réduire en espalier, on fera beaucoup pancher leur tête du côté du mur, & un peu moins ceux que l'on reduira en buisson. Il est tres-constant que cela empêchera que leurs racines ne piquent bien avant dans la terre, & fera fructifier ces Arbres trois ou quatre ans plûtôt, car enfin les racines des Poiriers greffez sur franc, lorsqu'elles sortent du lieu de leur origine, qui est le tronc, se portent naturellement en leur centre & pivotent, & il ne manque pas alors d'arriver que ces racines étant parvenuës à la mauvaise terre, qui est celle que les Jardiniers appellent tuf ou soulage, elles n'y trouvent pas une nourriture suffisante pour faire grossir le tronc de l'Arbre, & pour luy faire produire du bois & du fruit.

Il y a plusieurs personnes qui ne fon pas de cas de la pomme d'Apis;pour mo j'estime que quoyque l'Arbre qui la pro duit, soit sauvage, elle n'en a pas moin de merite, à cause que du côté où le So leil la frappe, elle a une couleur si viv & si éclatante, qu'elle represente le fe parfaitement, & que de l'autre elle a un si grande blancheur, qu'elle ébloüit, & que son eau est tres-douce & sucrée, & qu'elle n'a aucune odeur. Cette pomm est propre à la decoration des autres fruit que l'on sert sur les tables. Le Pom mier d'Apis est aisé à cultiver. La haut tige & le buisson luy conviennent égale ment. Son fruit n'est pas si sujet à tom ber quand il fait grand vent, que les au tres pommes. Il y a deux sortes de pom mes d'Apis, la grosse & la petite; cett derniere est la plus estimée; elles ont tou tes deux beaucoup d'eau. La pomm d'Apis est excellente en la détachant d l'Arbre; c'est une qualité qu'aucune po re ni pomme d'Hiver n'ont point. Ell se conserve longt-temps, & quelquefoi jusqu'à la fin de May. Plus de temps e le sera laissée à l'Arbre, plus elle sera dou ce, sucrée & colorée.

Auparavant que de planter des Poirie

[ill]effez fur franc, foit nains ou à haute [ill] à demi-tige, il faut faire des tranchées [ill] trois pieds & demi de profondeur, & [ill] quatre de largeur. Si au fond de ces [tr]anchées on met de la terre neuve & de [bo]n terreau à la place de celle que l'on [au]ra ôtée, on pourra efperer que les Ar[br]es que l'on y plantera, feront de belles [pr]oductions.

TRENCHE'E fignifie, en terme de Jardinage, [u]ne foffe plus longue que large, de laquelle on [a] tiré de mauvaife terre, des pierres & des ra[ci]nes d'herbes, à la place defquelles il faut fub[sti]tuer d'autre meilleure terre, & un amendement [co]nvenable au terroir, à deffein d'y planter tou[tes] les efpeces d'Arbres qu'on veut. Les Arbres [re]valent bien mieux quand on les plante dans des [bo]nnes tranchées.

Un habile Jardinier ne plante jamais [a]utant de Poiriers d'Eté que de ceux d'Automne, ni de ces derniers autant que de ceux d'Hiver. Si on veut faire un nouveau Jardin, & qu'il puiffe, par exemple, contenir cent cinquante Arbres fruitiers, foit nains, foit à haute & à demi tige, j'eftime qu'il faut y planter treize Poiriers d'Eté, vingt-cinq d'Automne & cinquante-huit d'Hiver, dix-huit Pêchers, fix Pruniers, fix Abricotiers, feize Pommiers, deux Azeroliers & deux Cerifiers [g]reffez.

JARDINIER est celuy qui travaille po luy ou pour autruy, à la culture d'un Jardin fru tier & potager; & qui en recueille les fruits. y a plusieurs Classes de Jardiniers. Les uns so appellez Fleuristes, les autres Orangistes, les a tres Botanistes, les autres Pepinieristes. Il y e a qui cultivent les Jardins fruitiers & potagers d'autres font des desseins & des compartimens, d'au tres construisent des Terrasses, Boulingrins, Pa terres, Pelouses, Bosquets, Canaux, Labyrinthe Cascades, Pieces d'eau & Fontaines jaillissantes.

Voici les Arbres fruitiers que l'on do planter.

Treize Poiriers d'Eté.

Le Petit-Muscat, 1.
Le Citron des Carmes, . . . 1.
Le Rousselet de Reims, . . . 2.
Le Fin-or d'Orleans, . . . 1.
La Robine ou Royale d'Eté, 1.
La Bellissime ou supréme, . . . 1.
La Cuisse-Madame, ... 1.
La Bergamote, 1.
La Cassolette, . 1.
La Blanquette,
Le Bonchrétie musqué, . .
Le Bonchrétie d'Eté, . . .

Vingt-cinq Poirie d'Automne.

La Marquise, .
L'Orange mu quée, . .
Le Bezy de la M te, . .
Le Salveati, .
Le Lansac, . . .
La Bellissime d'A tomne, . .
Le Beurrée gris.

L'Orang

L'Orange rouge, 1.
Le Sucré verd, 2.
La Rousseline, . 1.
La Verte longue, 1.
Le Beurrée rouge, 1.
La Dauphine, . 1.
Le Messire-Jean doré, . . . 1.
Le Doyenné ou Saint-Michel, 1.
La Bergamote d'Automne, . 1.
Le Satin, . 1.
La Bergamote Cretane, . 1.
La Bergamote Suisse, . . . 1.

Cinquante-huit Poiriers d'Hiver.

L'Ambrette, . 3.
L'Epine d'Hiver, 2.
Le Martin-sec, 3.
Le Saint-Germain, .
La Virgouleuse, 3.
Le Colmart, . 3.
La Merveille d'Hiver, ... 3.
Le Bugi, . . . 3.

Le Bezy de Chassery, ... 3.
La Bergamote de Pâques, . . 3.
La Royale d'Hiver, 3.
Le Bon-Chrétien d'Hiver, . . 2.
La Stergonette, 2.
La Jalousie, . 2.
L'Orange d'Hiver, 2.
L'Angelique de Bordeaux, . 2.
La Double-fleur, 2.
La Pastorale, . 2.
Le Bezy de Chaumontel, . . 3.
L'Archiduc, . 2.
La Bonne de Soulers, ... 1.
Le Saint-Lezin, 1.
La Rousseline, 2.
La Bergamote de Soulers, . . 3.

Dix-huit Pêchers.

La Mignonne, 2.
La Royale, . . 2.
La Madelaine blan-

che, ... 2.
L'Avant-Pêche, 1.
La Chancceliere, 2.
La Chevreuſe, 2.
L'Admirable, . 2.
La Nivette, . 2.
L'Abricotée, . 2.
La Bellegarde, 1.
La Bourdine, . 1.

Dix Pruniers.

Le Monſieur, . 2.
La Sainte-Catherine, . . . 2.
La Royale, . 2.
L'Iſle-vert, . 1.
Le Damas muſqué, 1.
L'Imperiale violette, ... 1.

L'Imperatrice,

Six Abricotiers.

De chaque eſpece 2.

Seize Pommiers.

La Reynette rouge 2.
La Reynette griſe 2.
Le Bardin, .
Le Rambour franc, . . .
Le Calvile rouge,
La Pomme d'or,
Le Lazarelle, .
L'Apis, . . .
Le fenoüillet,
Le Drap-d'or,

Ceux qui ont des côteaux naturels huit ou neuf toiſes de leurs Eſpaliers ont un grand avantage, & particulierement quand ils ſont à l'expoſition du Midi, ou au moins à celle du Levant. y a un tres-beau côteau expoſé au Midi dans le Jardin de Châteauneuf ſur Loire lequel eſt, ſelon moy, un des plus magnifiques de l'Europe ; il appartient à Mon

gneur le Marquis de la Vrilliere Mi-
tre & Secretaire d'Etat, & Comman-
ur & Secretaire des Ordres du Roy.
ux qui ont de ces côteaux naturels ain-
exposez, pourront y planter des Poi-
rs nains greffez sur franc, qui produi-
t du fruit fondant, parce que celuy
i est sec, cassant & odorant, n'y peut
venir excellent. Comme la chaleur y
tres-forte, il seroit pierreux & se fen-
oit. On fera une tranchée de trois
eds & demi de largeur & de profon-
ur, dans laquelle on mettra de la terre
uve & de bon terreau. Ces Poiriers
ins y seront plantez à six pieds & de-
de distance les uns des autres, parce
'ils ne feront pas de si belles produc-
ns sûr ces côteaux exposez au Midi,
e s'ils étoient plantez dans une terre
asse & humide. A un pied au-dessus
ces Arbres, on fichera dans la terre
petits pieux de bois de Chêne ou de
âtaignier, car ils sont moins suscepti-
es de pourriture que les autres bois, à
distance les uns des autres de treize à
atorze poûces. Sur ces petits pieux
i devront être de la longueur de dix-
it à vingt poûces & de cinq de circonrence, étant necessaire qu'ils soient à
oitié en terre & à moitié hors de ter-

re ; on enfoncera à demi des cloux à tête ;
c'est à ces cloux qu'on attachera les branches des Poiriers quand elles seront taillées, & qu'on accolera les jets qu'ils viendront à pousser. Il sera tres-facile de le
espalier par tous les endroits, car quand
on ne pourra plus le faire par le bas,
on agira par le haut, & ensuite à droit
& à gauche. Il faudra cueillir trois fois
par an les méchantes herbes qui croî-
tront tant au pied qu'autour des branches de ces Arbres, parce que passant au
dessus des jeunes jets qu'ils ont poussé
& portant trop d'ombrage au fruit, elle
leur porteroient un notable prejudice, e
empêchant la maturité. On donnera
ces Poiriers autant de labours que l'o
a accoûtumé de donner à ceux qui so
plantez dans une terre platte, séche
sablonneuse. Le fruit que ces Arbre
produiront, sera meur sept ou huit jou
plûtot que les autres de pareille espece
ce qui est un grand avantage, & particulierement quand ce fruit est d'Eté.
sera même d'un plus fin relief que celu
provenant des Poiriers nains greffez su
franc & espaliez à un mur exposé au Midi, parce que le Soleil dardant plus
plomb qu'à l'Espalier, luy fera acquer
cette qualité. Je conselle à ceux qu

ont point de côteaux naturels, d'en fai- construire à l'exposition du Midi, à ause de leur utilité.

Lorsque l'on plante des Arbres frui- ers, & qu'on desire leur donner entre ux une espace qui leur soit convenable, faut observer outre cette disposition s differentes especes, d'autant que les ns s'élargissent beaucoup plus que les atres, & particulierement dans les ter- oirs gras & humides, où les Arbres pous- nt des jets plus vigoureux que dans les cs & sablonneux.

Quand on achetera des Poiriers à haute ge, il ne faudra choisir que ceux qui nt bien droits sans beaucoup de nœuds, ui ont l'écorce lisse & argentine, & qui nt six pieds & demi de tige. On devra onner la preference à ceux qui ont par bas six poûces de tour & trois par haut. Ces Arbres doivent être de cet- maniere, & sur tout quand le terroir ù on veut les planter est peu substanciel, arce que s'ils étoient plus menus & oins hauts, ils ne porteroient pas si-tôt fruit. Mais quand on achetera des ommiers, il faut choisir ceux qui ont ne tige haute, parce qu'ils donnent lus promtement des pommes que les ains. Le Pommier greffé sur Paradis

eſt toûjours nain, quoyqu'il ſoit plan
dans une terre graſſe & humide. Po
connoître ſi un Pommier eſt greffé ſ
Paradis, il n'y a qu'à plier ſes racin
qui ſe caſſent comme un navet. Qua
on plante cet Arbre, il faut que la gref
ſoit deux poûces au-deſſus de la superſi
cie de la terre, parce qu'il eſt tres-ſujet
prendre racine du franc, ce qui luy fa
pouſſer des jets du Sauvageon, & pre
que point de la greffe.

POMMIER eſt un Arbre qui produit une ſo
te de fruit à pepin, qui eſt rond & bon à ma
ger : on en fait du cidre. Il y a dans la Pom
quinze groſſes fibres, dont dix ſont diſtribu
dans toute l'étenduë de la pulpe, s'accrochent
ſe joignent enſemble vers l'œil de la Pomme ;
les cinq autres paſſent en ligne droite du pedic
ou queuë, juſqu'à cet œil, où elles ſe mêlent
uniſſent avec les dix premiers ; celles-ci ſont deſ
nées à nourrir les pepins. Le Pommier jette qua
tité de branches qui s'étendent en long & en l
ge ; il a une groſſe feüille de couleur cendrée p
dehors, & jaune par dedans ; ſes racines ſont à fle
de terre ; il jette des fleurs au Printemps, m
douze ou quinze jours plus tard que le Poirier ;
les ſont blanches, feüilluës & un peu rouge
d'où ſortent les Pommes. Il y a une eſpece
Pommier appellé Doucin, qui produit beauco
de jets au pied, & qui pouſſe de plus groſ
branches que celuy appellé Paradis, qui eſt auſſi u
autre eſpece de Doucin, qui jette du pied. Le fru
du Pommier eſt pectoral ; il appaiſe la ſoif &

aux ; il lâche le ventre. Quand il eſt cuit, il vaut mieux que quand il eſt cru, parce qu'il eſt plus aiſé à digerer.

Comme la terre a plus de ſels & de ſubſtance à ſa ſuperficie qu'au fond, les racines des Arbres trouvent auſſi plus de nourriture, & ne courent pas tant de riſque de ſe gâter & de ſe pourrir par l'humidité, quand ils ſont un peu haut plantez ; que s'ils étoient mis bien avant dans la terre.

Le plus delicieux de tous les fruits eſt, ſelon moy, la figue. On doit donc avoir bien du ſoin de cultiver l'Arbre qui la produit. J'eſtime qu'il vaut mieux le planter dans une terre ſéche & un peu ſablonneuſe, que dans une graſſe & humide. Auparavant que de le planter, il faut le tailler un peu long, parce que ſon bois a beaucoup de moëlle, & que ſon fruit ne ſe produit qu'au bout de ſes jets. Comme cet Arbre apprehende beaucoup les gelées blanches, & encore plus celles d'Hiver, je conſeille de le planter à la fin de Mars. Au 8. ou 10. Novembre, on couvrira ſon tronc avec de long fumier pour le garentir du froid. On abbatra contre terre les jets qu'il aura pouſſé & on les couvrira de paille, & de la même maniere que l'on couvre les Jaſmins doubles d'Eſpagne.

Il survient quelquefois des froids si ex-cessifs, comme en 1684. & en 1709. que le bois du Figuier paroît mort au mois de Mars. Quand cet accident sera arrivé il faudra le receper au bas de sa tige. On aura soin de conserver les branches qui ne seront pas mortes. J'estime qu'il ne le faut receper qu'au 20. ou 25. Avril parce que la séve du Figuier étant tres abondante, plusieurs branches qui pa-roissent mortes à la fin de l'Hiver, pour-roient bien en ce mois d'Avril, pousser quelques jets.

Il est plus à propos d'élever des Figuiers dans des caisses qu'en pleine terre, parce qu'ils y feront de belles productions. Ces Arbres ainsi encaissez, porteront du fruit douze ou quinze jours plûtôt que ceux plantez en pleine terre, parce que le Soleil penetre & échauffe plus aisément une caisse qu'une masse de terre entiere. On aura la facilité, étant encaissez, de les transporter dans la Serre, pour les garen-tir des gelées d'Hiver. Comme ces Ar-bres ne les craignent pas tant que les Orangers & Citronniers, & qu'ils ai-ment beaucoup le grand air, on ne les y transportera qu'à la fin de Novem-bre, & on les en sortira à la fin d'A-vril. Quand ils seront dehors de la Ser-

..., on leur donnera une ample moüil-
...re, & on les mettra à un abri favo-
...ble pour les accoûtumer à l'air, avant
...ue de les exposer au Soleil. Il ne faut
...oint faire de cas des pluyes mediocres,
...ar elles ne sont pas suffisantes pour ar-
...oser ces Arbres. Ces pluyes leur por-
...ent quelquefois un grand préjudice,
...arce qu'on croit qu'elles ont suffi pour
...es arroser, ce qui ne peut pas être, car
...es feüilles larges des Figuiers empêchent
...ue la terre des caisses ne puisse être hu-
...ectée par une mediocre pluye, puis-
...ue celle qui tombe en abondance ne
...e peut faire, à moins qu'elle ne con-
...inuë pendant vingt-cinq ou trente heu-
...es. Ces Arbres sont bien plus aisez à
...lever dans des caisses que les Oran-
...gers & Citronniers, car un peu de ter-
...eau & de la terre neuve mêlez ensem-
...ble, suffisent pour les obliger à bien
...aire. Les racines de ces Figuiers ne
devenant jamais bien grosses & étant
...res flexibles, se rangent aisément dans
...a caisse quand on les rencaisse. Com-
...me ils ont quantité de racines, il leur
est facile de trouver assez d'aliment pour
pousser de vigoureux jets, quoyque res-
serrez dans un petit espace de terre,
pourvû qu'on les arrose quand il faudra.

Il faut faire en ſorte que les fruitiers nains ſoient éloignez de ceux à haute tige, & particulierement des Marronniers d'Inde, Chênes, Ormes, Noyers & autres Arbres de haute futaye, de dix-huit ou vingt toiſes au moins, parce que leur ombrage leur porte un grand préjudice, & même leur engendre quantité d'inſectes mal-faiſans que les vents pouſſent ſur ces fruitiers nains, ce qui eſt capable de les faire perir. Autre inconvenient qui eſt encore plus à craindre, c'eſt que les racines de ces Arbres de haute futaye courant fort loin entre deux terres, & ſur tout celles des Ormes, deſſechent beaucoup la terre où ſont plantez ces Arbres nains, & dérobent à cette terre la plus grande partie de ſes ſels & de ſa ſubſtance.

Comme les Pêchers ne ſont greffés que ſur Amandier, ou ſur Pruniers de Saint-Julien & de Damas noir, parce qu'ils ne peuvent réuſſir quand on les greffe ſur d'autres ſujets ; auſſi doit-on planter les amandes dans une terre ſéche & ſablonneuſe, & les noyaux qui produiſent ces eſpeces de Pruniers, dans une graſſe & humide pour les faire réuſſir. Les Pêches qui viennent dans cette derniere terre, ne ſont pas à la véité d'un si fin relief que celles qui sont roduites dans cette premiere ; mais aussi lle en donne de plus grosses.

Quand on voudra planter des amanes, il faudra preferer les tendres aux ouces, & ne jamais se servir des amees. Les amandes tendres sont communes en Italie, & particulierement aurés de Genes. Pour les faire réussir, il aut avant de les mettre dans la terre, es transporter dans la cave, & les mettre par lits dans du sable, afin qu'elles y germent pendant l'Hiver. Au 18. ou 20. de Fevrier, on mettra ces amandes germées de pied en pied dans une terre bien preparée, & par rayons. Si le germe de ces amandes est trop long, il faut le pincer court avec l'ongle ; & s'il est court on n'y touchera point. Avant de planter ces amandes germées, il faut que la terre soit bien preparée, afin qu'elles y poussent avec vigueur, que leur tige puisse être en état de supporter la greffe qu'on y appliquera. Cette greffe prend mieux à la seconde année qu'à la quatriéme, à cause que les Pêchers, Abricotiers & Amandiers sont moins sujets à la Gomme quand ils ont deux ans, que quand ils en ont quatre ou cinq. Quand on les greffera, il faudra que la greffe ait été priſe ſur un bon & fort ramea[u] dont les yeux ayent trois feüilles, par[ce] qu'elle fructifiera bien plûtôt que s'[ils] n'en avoient qu'une. La plûpart des Ja[r]diniers qui font ces ſortes de greffe[s] n'obſervent gueres ce que je viens de d[i]re ; auſſi leur intention n'eſt le plus ſou[-]vent, que de debiter promtement leu[rs] Pêchers, ſans s'embarraſſer de ce qui e[n] arrivera.

GERME, terme d'Agriculture, eſt la parti[e] d'une graine qui renferme en petit une Plante de la même eſpece ; il en ſort la radicule & la plu[-]me. La premiere devient racine en ſe gonflant, & la ſeconde forme une tige garnie de fleurs, de feüilles & de graines ; ces derniers ſervent à leur multiplication. C'eſt de cette maniere que les Ar[-]bres qui ne ſont pas encore produits, le ſont pour[-]tant en quelque façon, en ce qu'ils ſont renfer[-]mez dans leur ſemence ; & c'eſt ainſi que les pro[-]ductions vont juſqu'à l'infini. Germe a été di[t] de *Germen* qui derive d'ἔμϐρυον, qui veut dir[e] βρύω, qui ſignifie *pullulare*, pulluler. Le ger[-]me des amandes, pepins, noyaux, grains & grai[-]nes, s'entend d'un commencement de petite bran[-]che qui ne fait que d'en ſortir. Les premiers ger[-]mes des bleds commencent à piquer la terre d'une fane fort deliée.

RADICULE, autre terme d'Agriculture, eſt une petite pointe qui eſt dans toutes les graines, & qui eſt le commencement de la racine, que M. Grew a découvert par le moyen du Microſ[-]cope, dont il donne l'explication dans ſon anato[-]

des Plantes. La racine, dit-il, est la partie in-
...ure de la Plante, & qui est cachée dans le lieu où
...graine a germé. Cette racine est la radicule aug-
...tée; elle se divise en plusieurs menus filamens,
... où elle reçoit le suc de la terre pour prendre sa
...rriture.

Comme l'Abricot est un fruit des plus ...etieux & des plus delicieux, qu'il est ...dorant, d'une grande beauté, & d'au...nt plus estimable qu'il est fort hâtif, ... conseille d'élever des Abricotiers de ...verses especes, parce que leur fruit meu...t en differens temps. Si on plante ces ...rbres à toutes sortes d'expositions, on ...ourra avoir aisément des Abricots pen...ant deux mois & demi. Il y a trois es...eces d'Abricots; le gros, le petit & le ...usqué. Le gros est le plus hâtif; le pe...it est en maturité quinze jours plus tard, ... le musqué se mange neuf ou dix jours ...prés, je veux dire si les Arbres qui les ...roduisent, sont situez à la même expo...ition. L'espalier convient mieux à l'A...bricotier que le buisson & la haute tige, parce que son fruit y devient plus gros, & n'est pas sujet à tomber quand il fait vent; ce qui arrive toûjours quand il est à haute tige. Il est vray que l'Abricot qui provient d'un Arbre à haute tige, devient plus petit, mais aussi est-il en récompense d'un plus fin relief, & est plus coloré & tavelé, à cause qu'il a plus d'air.

MATURITE' est l'état auquel sont les fruits lorsqu'ils sont meurs ; c'est aussi une coction du suc qui les nourrit, & qui se fait au dedans d'eux par le moyen de la chaleur ; & ce suc étant rarefié change la substance de ces fruits, en une qui est telle qu'on la souhaite pour les rendre de bon goût & pour être mangez avec plaisir. Il ne faut pas attendre la pleine maturité du fruit pour le confire. M. Mariotte estime que la maturité des fruits & des semences dans les Plantes se fait ainsi. Il dit que les racines & les feüilles des Plantes succent beaucoup d'eau, & que cette eau contient fort peu des autres principes de ces Plantes ; & que parce que l'eau s'évapore aisément, & les autres principes difficilement, ils demeurent engagez dans les pores & dans les fibres des Plantes, & s'y mêlent & unissent diversement, selon la disposition particuliere de chaque Plante. Il ajoûte qu'il s'évapore beaucoup d'eau chaque jour, sur tout quand le temps est chaud ; car un jet de Vigne d'un pied de longueur, en laisse par jour évaporer deux ou trois cueillerés ; ce que l'on peut reconnoître lorsque les Vignes gelent au mois de May ; car deux heures aprés que le Soleil est levé, leurs jets sont noirs & secs ; d'où il s'ensuit qu'en deux heures cet Astre en fait évaporer toute l'eau, & qu'en douze il s'en dissiperoit trois fois autant ; mais que quoyqu'il se perde beaucoup de suc aqueux, il en revient assez pour entretenir les Plantes, & pour y porter toûjours un peu des principes actifs, jusqu'à ce qu'enfin il y en ait assez pour faire la dureté & la solidité des branches, & que le suc des fits soit propre pour la nourriture des animaux ; que s'il y a encore un peu trop d'eau aprés que ce uit est cueilli, ce trop se dissipe en peu de temps, le fruit demeure en sa parfaite maturité, quoyl'il y reste beaucoup d'eau. Un autre Auteur en rlant de la maturité des bleds, dit que le suc des leds doit monter fort haut pour se meurir parfaiteent, & par consequent il faut que la tige soit lonae ; & que de peur que cette tige étant si étenduë, épuise ou le suc qui doit nourrir l'épi, ou celuy ui doit rester dans la terre, elle est fort creuse, & s côtez sont fort minces, quoyqu'elle s'éleve fort aut. Mais que comme il faut pourtant qu'elle se ûtienne d'elle-même & sans appuy, les fibres qui composent, se dilatent, & forment une circonrence à peu prés pareille à celle des plumes ; de orte que l'élevation de la tige du bled, sert à meur le suc ; le peu d'épaisseur de ses côtez, sert à ménager & à empêcher la trop grande dissipation; la disposition de cette tige qui est ronde & creu, à la rendre ferme & à luy donner assez de fore pour supporter le poids de l'épi. Quand l'enant, dit M. Duncan, est parfait ou dans sa maurité, il se détache du corps de sa mere, comme le l'Arbre qui le porte ; aussi quand le fruit est meur, l tombe de luy-même. Le poids du Foëtus déja grand, peut avoir quelque part à sa séparation d'avec la matrice ; ainsi la pesanteur du fruit qui grossit à mesure qu'il meurit, l'entraîne en bas & le separe insensiblement de la branche qui le soûtient. Mais comme le Cordon & le Placenta, qui sont à l'enfant ce que la queuë est au fruit, se flétrissant faute d'aliment, se détachent peu à peu de la matrice aux premieres secousses de l'enfant ; de même la queuë du fruit meur, ne recevant plus de nourriture de l'Arbre, s'en détache si bien, que le moindre mouvement l'en desunit.

Comme le fruit des Abricotiers plantez à l'exposition du Midi, est bien plûtôt meur que celuy des Abricotiers plantez au Levant ; & que celuy qui est au Levant, l'est plûtôt qu'aux autres expositions, j'estime que pour en avoir tous les ans, on doit, comme j'ay dit, planter des Abricotiers à toutes les expositions. Comme ils seront en fleur en differens temps, il en retiendra toûjours en quelque endroit. Pour preserver les Abricots & les Pêches des gelées blanches & des pluyes froides, il n'y a qu'à couvrir avec des nattes les Arbres qui les produisent, quand ils sont en fleur.

Pour avoir de tres-gros Abricots, il faut tous les six à sept ans receper au-dessus de la greffe, le tronc des Abricotiers nains reduits en espalier. Ces Arbres poussent au Printemps de vigoureux jets, lesquels donnent l'année suivante de gros fruit. L'Abricotier se plaît mieux dans une terre legere & sablonneuse, que dans une grasse. Si on en veut planter dans cette derniere, il faut qu'ils soient greffez sur des Abricotiers provenant de noyaux d'Abricot, ou sur Pruniers de Saint-Julien & de Damas noir. La greffe devra plûtôt être appliquée sur ces premiers que sur ces derniers, parce

,arce que l'Abricotier n'eſt pas ſujet à pouſſer du pied comme les Pruniers. Si terrroir eſt ſec & ſablonneux, on n'y antera que des Abricotiers greffez ſur mandier.

J'ay ci-devant fait obſerver qu'il ne alloit jamais planter dans une terre ſé-ne & ſablonneuſe, que des Poiriers reffez ſur franc; mais je n'ay pas dit quelle maniere on devoit preparer cet-terre avant que de les y mettre. Pour bliger ces Arbres à bien faire, il faut fondrer à la profondeur de trois pieds demi. Il ne ſera pas neceſſaire d'éfon-er la terre dans laquelle on voudra lanter des Poiriers greffez ſur Coignaſ-er, ſi elle a ſeulement dix huit à dix-euf poûces de profondeur, parce que s Arbres ne font point de pivots, & ue leurs racines ne vont, pour ainſi dire, u'à fleur de terre.

EFONDRER, terme de Jardinage, eſt un rbe qui ſignifie foüiller par étage une terre, d'une le ou telle profondeur, pour en ôter toute celle 'elle peut contenir de mauvaiſe, ainſi que les erres ou les cailloux, ou même d'autre méchan-terre, qui eſt quelquefois au fond de la bonne: n doit éfondrer la terre dans les lieux où l'on ge à peu prés que les Arbres ou autres Plants qu'on mettroit, feroient douter de leur fecondité. Ce ot d'éfondrer ſignifie beaucoup pour l'occaſion où on l'employe, puisqu'il marque assez que c'est remuer une terre jusques dans les entrailles. Effondrer la terre, se dit en Latin *exenterare terram*, qui veut dire beaucoup plus que *fodere*, fouiller la terre.

Il y a des Cerisiers de differente espece. Il y en a qui produisent des Quindoux, d'autres des Cœurets, d'autres des Bigarreaux, Agriotes, Guignes & Merises. Ces Arbres se plaisent bien dans un terroir sec & sablonneux. Le fruit qui provient des Cerisiers plantez dans ce terroir, est d'un plus fin relief que celuy que produit ceux plantez dans un gras & humide. Il est vray que ces Arbres donnent de plus beau fruit en ce dernier terroir; mais il est certain qu'ils en ont bien moins que ceux plantez dans ce premier, parce qu'il y est plus sujet à la coulure. Le fruit que produit le Cerisier est tres-excellent. La confiture de Cerise est fort agreable à manger; elle fortifie l'estomac, & réjouit le cœur.

Un moyen sûr pour faire réussir les Poiriers & Pruniers nains, c'est de n'en point planter que leur tige n'ait trois pouces & demi de circonference, & que leurs greffes ayent quatre ans. Il n'en est pas ainsi des Pêchers & Abricotiers; car pour les obliger à reprendre aisément n terre & à faire dans la ſuite de belles productions, il ſuffit qu'il y ait deux ans qu'ils ayent été greffez, & que le bas de leur tige ait deux poûces de tour.

Il faut d'une abſoluë neceſſité, que les racines de toutes ſortes d'Arbres ſoient proportionnées à la hauteur & à la groſſeur de leur tronc. Des Arbres en cet état réüſſiront toûjours, ſi auparavant que de les planter, on taille leurs racines en pied de biche ou de biais, & on retranche leur pivot & tout le chevelu.

Pour obliger les Poiriers de Virgouleuse, de Lanſac & de Petit-oin à produire le beau & excellent fruit, il faut les planter dans un terroir ſec & ſablonneux auprés d'un mur ſitué à l'expoſition du Levant pour les y eſpalier, parce qu'un terroir gras & humide ne peut à cette expoſition, faire acquerir à leur fruit, ni le relief, ni la groſſeur, ni le beau coloris, leſquelles ſont les qualitez les plus eſſentielles pour le faire eſtimer. Si ces Arbres ſont plantez en ce dernier terroir à l'expoſition du Midi, il eſt conſtant que leur fruit y deviendra encore tres-excellent.

Les Poiriers d'Amadote, Beurrée, Saint-Germain, Epine d'Hiver, Doyenné ou

Saint-Michel, Verte-longue, Bezy de Chaumontel, Marquise, Satin, Gros-queuë, Sucré-verd, Bergamote-Suisse, Ambrette, Bergamote de Soulers, Colmart, Bezy de Chassery & autres qui produisent des Poires fondantes, ne doivent point être plantez que dans un terroir sec & sablonneux. Si on plantoit ces sortes de fruitiers dans un gras & humide, leur fruit y deviendroit sans doute insipide & sans couleur, à moins qu'on ne les fît mettre auprés d'un mur situé à l'exposition du Midi pour les espalier.

Il n'en est pas de même des Poiriers de Blanquette, Orange-rouge, Bonchrétien musqué, Bellissime d'Automne, Orange-musquée, Bonchretien d'Hiver, Martin-sec & autres qui portent des fruits secs & cassans; car leur fruit y devient assurément plus gros, & a bien plus d'eau dans un terroir gras & humide, que dans un sec & sablonneux; car il empêche que les pierres ne s'y forment.

Les Pruniers, Cerisiers, Bigarreautiers, Framboisiers & Groseliers, ne sont pas d'une nature si délicate que les Amandiers & Pêchers, car les terres grasses & humides accommodent assez bien ces

rbres. Il faut à ces Amandiers & Pê-
ners des terres sablonneuses & séches,
l'exposition du Midi pour leur faire
roduire de bon fruit.

Ceux qui voudront faire venir des Ar-
res fruitiers tout greffez d'un Païs éloi-
né, écriront à quelque personne d'en
aire acheter par une bien experimentée.
s manderont sur tout de les faire bien
mpailler avant de les mettre dans la
oiture. J'estime que l'empaillement est
nieux fait avec du pezat de pois qu'avec
paille de blé. Il faut absolument faire
mpailler ces Arbres, pour empêcher
ue l'écorce de leur tige & de leurs raci-
es ne s'écorchent, non plus que celles de
uelques petites branches qu'il faut lais-
r au haut des Arbres à haute tige, pour
ur faire produire plûtôt du fruit. Si à
ur arrivée la tige de ces fruitiers étoit
n peu écorchée, il faut pour empêcher
ue le chancre ou la gomme ne se forme
lieu écorché, couper tant soit peu de
ois au tour, & y mettre aussi-tôt un peu
bouze de vache, & ensuite l'enveloper
vec du linge bien proprement.

Quand ces Arbres seront arrivez au
eu destiné, on les plantera en même
emps. Un Arbre qui a eté arraché com-
ne il faut, & à qui on a conservé la plû-

part des racines, ne manque gueres de reprendre quand il a été bien replanté, & qu'on luy a ôté son pivot & tout son chevelu.

Si à leur arrivée on ne pouvoit pas les planter à cause des gelées, on prendra ces deux précautions. La premiere est, supposé qu'ils soient empaillez, de les mettre aussi tôt qu'ils sont venus, ou dans la Serre ou dans la cave, jusqu'à ce que la terre soit degelée & en état de recevoir ces Arbres: & la seconde est de les tailler, soit à leurs racines ou aux petites branches avant de les planter. Si on fait tremper leurs racines dans de l'eau claire pendant vingt-cinq ou trente heures, la reprise en sera plus heureuse. On pourra faire autrement. En attendant que la plus forte gelée soit passée, on fera un trou en terre, dans lequel on mettra tous ces Arbres par l'extremité d'en-bas seulement, sans aucunement les dépailler.

Il y a des personnes qui pretendent que pour aider aux racines à faire pousser au tronc des Arbres de beaux jets, il suffisoit de mettre au fond du trou quelque amendement, dont les sels fussent capables de les faire pousser avec vigueur, & qu'il n'estoit pas besoin en mettre au-dessus des racines. Pour moy, j'estime qu'elles se trompent, parce que la végétation n'a de force qu'autant qu'elle trouve plus ou moins de substance qui la fait agir ou avec vigueur ou avec foiblesse ; que les sels ne se détachent des corps où ils sont, qu'en descendant sur les racines des arbres ; ce qui arrive quand il a tombé de l'eau, ou quand on a arrosé. L'amendement mis au-dessous des racines, n'est selon moy d'aucune utilité ; car les sels qu'il contient, descendent toûjours & tendent à leur centre à cause de leur pesanteur. Ainsi je suis d'avis que l'on mette cet amendement au-dessus des racines, & que l'on ait égard à la qualité du terroir, afin de n'y mettre que celuy qui luy convient. Il ne faut jamais mettre dessus les racines du fumier de quelque nature qu'il soit, mais de la terre, & ensuite du fumier.

AMENDEMENT n'est autre chose, en terme d'Agriculture, qu'une composition de toutes sortes de fumiers, de bouës bien dessechées & hivernées, de curures de mares & fossez, ou une terre novale. Tous ces ingrediens sont d'un grand secours aux terres legeres & de peu de substance, & particulierement à celles qui ont beaucoup rapporté, afin de leur faire prendre de nouveaux sels, & une nouvelle substance. M. Bacon· Chancelier d'Angleterre. conseille de mettre au pied des Arbres, du sel, de la lie de vin ou quelque bête morte ; il assure qu'ils en porteront plus de fruits, qui seront d'une grosseur à faire plaisir. En Angleterre les Laboureurs font de toutes parts ramasser les herbes vertes qu'il y a sur les montagnes, dans les vallées, le long des bords & en d'autres lieux ; ils les font sécher au Soleil & ensuite les font brûler ; ils en mélent les cendres avec du sable de la Mer, & répandent cela sur leurs terres, peu de jours avant de les ensemencer. Il est certain que les cendres des Plantes & les sels du sable marin, rendent les terres fort fécondes. Pour bien les ameliorer, il ne faut pas par tout la même matiere ; ceux qui ne font point ces distinctions-là, courent risque de ne point réüssir & de se plaindre mal-à-propos des secrets qu'on leur communique. Il y a deux défauts generaux dans les terres ; le premier est d'avoir trop d'humidité, laquelle est d'ordinaire accompagnée de froid & d'une trop grande pesanteur ; le second est d'avoir trop de sécheresse, qui ne va point sans une excessive legereté, & une grande disposition à être brûlante. Il faut donc opposer deux remedes differens à ces deux inconveniens tout opposez. Les fumiers que l'on employe dans les terres, les uns sont gras & rafraîchissans, comme sont ceux de bœuf, de vache & de pourceau ; les autres sont chauds & legers, comme sont ceux de pigeon, de mouton, de cheval, de mulet & de poule. Comme le remede doit être opposé au mal, il faut des fumiers chauds & legers dans les terres humides, froides & pesantes, afin de les rendre plus legers & plus meubles ; & ceux qui sont gras & rafraîchissans, dans les terres maigres, séches & legeres, afin de les rendre un peu plus grasses & un

peu

u plus materielles ; & par ce moyen empêcher
e les hâles du Printemps, & des chaleurs de
Eté ne les alterent. Je sçay qu'il y a de la peine
du coût à avoir de bons amendemens, & sur
ut en certains Païs, & qu'il y a même de petits
goûts à essuyer dans l'Agriculture & le Jardinage.
n ne sçauroit reparer les sels que la terre perd
ns les végétations, sans dépense. Ce parfait Di-
cteur des Jardins fruitiers & potagers du Roy,
de la Quintinye, aprés trente années d'experien-
, dit qu'il y a dans la terre un sel qui fait sa fe-
ndité ; que ce sel est le tresor unique & veritable
cette terre ; qu'il faut reparer ce qu'elle perd de
sel en produisant des Plantes ; car ce n'est pro-
ement que son sel qui diminuë : qu'il faut donc
nender cette terre, & le rendre en même état
'elle étoit ; que ce qu'elle a produit par la voye
la vegetation, peut servir à l'ameliorer, en y
tournant par la voye de la corruption. De plus,
ajoûte que toutes sortes d'étoffes, de linges, la
air, la peau, les os, les ongles des animaux, les
ues, les urines, les excremens, le bois des Ar-
es, leur fruit, leur marc, leurs feüilles, les cen-
es de lessive, toutes sortes de grains & autres,
ntrant dans les terres, y servent d'amelioration.
dit aussi qu'il faut en quelque façon regarder
fumiers, à l'égard de la terre, comme une es-
ce de monnoye qui regarde les tresors de cette
rre ; & que c'est par là que la terre devient, en
me de Phisique, impregnée du sel de nitre,
i est le sel de fecondité. Si quelque personne,
Palissy, seme un champ par plusieurs années
ns le fumer, les semences tireront les sels de
terre pour leur accroissement, & cette terre se
ouvera par ce moyen dépoüillée de sels, & ne
urra rien produire ; par quoy il faudra la fu-

mer, ou la laisser reposer quelques années, afin qu'elle reprenne sa salsitude par le moyen des rosées & des pluyes; aussi est-il constant qu'il faut si peu de chose pour aider la Nature, qu'on doit être surpris de ce qu'on ne voit pas plus souvent des productions singulieres & merveilleuses. On remarque que les gens de la campagne ont grand soin de chercher & amasser les fumiers de toutes sortes de bêtes. Il est certain que leurs urines & leurs excremens aident le plus à la vegetation des Plantes. On doit donc les chercher avec grand soin, afin qu'ils remplacent la substance nitreuse que l'eau a détrempée, noyée & détruite.

Ce n'est pas toûjours une marque sûre qu'un Arbre a eu une reprise heureuse, quand la premiere année il a poussé quelques beaux jets, car c'est quelquefois une infirmité qui est en ses racines; cependant c'est par leur moyen que les Plantes reçoivent le suc qui les nourrit. Ce défaut se connoît quand la seconde année cet Arbre ne continuë pas d'agir comme il a commencé. Quand on s'en apperçoit, il faut l'arracher, parce qu'infailliblement il sera dans la suite hors d'état de bien faire, étant un premier & un dernier effort que la nature auroit fait.

Comme les vents portent un grand prejudice aux Arbres fruitiers à haute tige nouvellement plantez, on doit chercher les moyens pour empêcher qu'ils ne les gâtent en les mettant à l'épreuve de leurs secousses. Le plus sûr, c'est de les attacher chacun à un pieu, qui soit presque aussi haut que ces fruitiers, afin de les rendre stables. Quand les racines de ces arbres ont été ébranlées, elles ont en aprés bien de la peine à se lier à la terre, ce qui retarde l'effet de la vegetation. Pour empêcher que leur tige ne soit écorchée par ces pieux, il faut les ficher dans la terre du côté du vent d'Oüest, comme étant celuy qui souffle avec le plus d'impetuosité.

Pour bien réussir à planter des Arbres fruitiers à haute tige des Jardins un peu spacieux, il faut n'y en mettre que tres-peu, c'est-à-dire, qu'à chaque quarré de Potager ou d'Arbres nains en buisson, on ne doit y en planter qu'un seul dans le milieu, & un autre sur le bord des allées de traverse, afin que la vûë n'en soit point bornée. S'il y avoit dans le Jardin un mur exposé au Nord, on pourroit y planter quelques Pruniers nains pour les y espaliers, ou quelques Arbres verds, comme Ifs, Boüis & Houx.

Le temps le plus propre pour planter

des Ormes, c'eſt ſelon moy, le mois de Fevrier, auquel temps les eaux ſont en partie écoulées des terres. J'eſtime qu'il ne faut point planter ces Arbres avant l'Hiver, parce qu'ils ſont d'ordinaire en ſéve juſques aux fortes gelées. Un Arbre qui eſt en ſéve eſt hors d'état d'être tranſplanté, parce que les parties ſubtiles de la terre qui la forment, s'évaporent aiſément, & le font perir. Si on plantoit un Orme en Novembre dans une terre humide, ſes racines s'y chanſiroient. Si on attend à le planter en Fevrier, il réuſſira parfaitement.

ORME eſt un Arbre de haute futaye, qui ſert à faire des allées dans les Jardins ſpacieux, & de belles & longues avenuës. Il y a deux ſortes d'Ormes, l'un montagnard, qui eſt le plus grand & le plus ample, & l'autre champêtre, qui porte plus de fruit. Son bois eſt nerveux & fort, mais il n'eſt pas beau : il eſt roux & madré ; ſa feüille eſt un peu crenelée, longuette, rude & âpre, madrée & crêpuës : il jette quantité de veſſies grandes & rondelettes, où il y a une petite humeur claire & enfermée. On pretend que les feüilles d'Orme ſont bonnes pour conſolider les playes. Il y a une autre eſpece d'Orme qu'on appelle communement Orme femelle, qu'on doit nommer Ypreau, à cauſe que cet Arbre tire ſon origine des environs de la Ville d'Ypres en Flandres. Il eſt à preſent fort recherché pour les belles allées. Sa feüille eſt tresarge, & bien plus belle que celle de l'Orme ordinaire; son bois vient droit; son écorce est fort claire & fort unie; il croît tres-vîte, aussi ne vit-il pas si long-temps que l'autre Orme. Il donne de la graine, & pousse des boutures; mais il est fort sujet aux hannetons, chenilles & autres vermines. L'Orme ordinaire est propre à faire toutes sortes d'ouvrages de Charronnage. Il est employé dans le Jardinage pour faire des Bosquets touffus, & ceux qui sont à allées. Il sert encore d'un agrément le long des allées des grands parterres. La figure qu'on luy donne est d'être ronde & beaucoup touffuë par la tête. Cette mode n'a été inventée que pour empêcher que cet Arbre par son branchage ne bornât trop la vûë. Pour donner un beau relief à l'Orme, il faut planter autour de sa tige un petit rond de Charmille, qui étant conduite avec art, forme une espece de grand pot sans ance, & propre à mettre des fleurs, du milieu duquel s'éleve l'Orme, comme s'il ne sembloit sortir que de la racine de cette Charmille. On peut donner à cet Arbre presque toutes les figures qu'on veut. Peut-on rien voir de plus beau & qui sente plus sa grandeur que ces Portiques de verdure qu'on voit à Marly, & dont l'Orme fait la seule matiere? N'est-on pas obligé d'avoüer, qu'en cela, ainsi qu'en bien d'autres choses qui ornent ce superbe Jardin, l'art y surpasse beaucoup la nature? Cependant de quelque pompeuse idée que ces édifices de verdure sçachent nous frapper, la maniere de les construire n'est pas si difficile qu'on ne puisse y réüssir, en apportant les soins qui y sont essentiels. Le Frêne & l'Orme, dit Vitruve, qui ont beaucoup d'humidité, peu d'air & de feu, & mediocrement de terre, ont cette proprieté qu'ils ne s'éclatent pas aisément quand on les employe, & qu'ils n'ont point de roideur qui les empêche de plier, si ce n'est qu'ils soient tou à-fait dessechez par le temps, ou par cette manie d'ôter aux Arbres l'humidité, qui se pratique e les cernant pendant qu'ils sont encore sur le pie Or, ajoûte-il, cette fermeté qui les empêche d'é clater, fait que ces Arbres sont propres pour d assemblages par tenons & par mortaises.

Il n'en est pas de même des Marronniers d'Inde, lesquels on devra plante au mois de Novembre, à la distance le uns des autres de dix-huit à dix-neuf pieds si le terroir est sec & de foible substance & à celle de vingt à vingt-un, si ce terroir est humide & gras, pour faire de belles Allées. On peut aussi avec ces Arbres, dresser des Bosquets entiers, e les faisant planter en quinconce, ou à angles droits, & observer que la superficie de l'espace de terre que doit conteni ces Arbres, soit toûjours bien unie, & y forme un tapis verd, ou que les Allées en soient bien ratissées & garnies de distance en distance, afin de joüir plus commodement du frais qu'on goûte agreablement à l'ombre que donnent ces beaux Arbres, même pendant qu'il fait grand chaud. Ceux qui voudront en faire des Pepinieres, observeront ceci. Supposé que l'on ait une espace de terre plus ou moins grand, en quelque exposition que ce soit, & labouré tout à uni, on prend un cordeau qu'on tend sur la superficie de cette terre, & le long duquel cordeau on fait des trous avec un Plantoir arrondi par le bas, & espacez les uns des autres de deux pieds, dans chacun desquels on met un Marron qu'on recouvre aussi-tôt de terre; on continuë de même, & on acheve de planter son terrain. La premiere année que ces Marrons sont levez, on les cultive doucement avec la serfoüette deux ou trois fois par an, pour en bannir les méchantes herbes. A mesure que les jeunes Marronniers croissent, on leur donne tous les ans des labours un peu plus profonds jusques à trois ou quatre, & c'est par ce remuement de terre que les sels en étânt beaucoup mieux dissous, sont aussi portez bien plutôt dans les racines des plantes, & leur font prendre un accroissement bien plus beau, que quand cette terre est laissée plus long-temps dans sa propre masse, où tout ce qu'il y a de parties, n'agissent alors que foiblement. On doit sur tout en élevant ces Marronniers d'Inde, leur faire acquerir une belle tige; car ce n'est que par cet endroit qu'ils sont estimables. Lorsque l'on jugera que ces Arbres seront assez gros & forts pour être arrachez

& transplantez, on les levera de terre & on leur conservera le plus de racine qu'il sera possible. On fera des trous de quatre pieds en quarré & d'autant de profondeur, au fond desquels on mettra de la terre neuve & du terreau, & l'on plantera ces Arbres comme d'autres.

MARRONNIER d'Inde est un Arbre qui s'éleve bien haut, & qui se divise en plusieurs grands rameaux chargez de feüilles larges comme la main en naissant cinq à cinq, ou sept à sept, sur une même queuë, longues & dentelées en leurs bords & d'un beau verd. Des aisselles de ces feüilles naissent des rameaux qui produisent des fleurs rosacées composées de plusieurs feüilles disposées en rond du calice desquelles s'éleve un pistile, qui devient dans la suite du fruit, s'ouvrant en plusieurs parties, à une capsule remplie de semences grosses comme des marons ou des châtaignes. Le Marronnier d'Inde est appellé ainsi, parce qu'on a apporté des Indes des Marrons, qui en ont multiplié l'espece on France. Cet arbre est un des plus agreables à la vûë. Sa tige droite, son écorce unie, son beau feüillage, sa tête reguliere, ses fleurs en piramides, le font rechercher plus qu'aucun autre. Il n'est bon qu'à former des Allées, étant un tres-mauvais Arbre pour planter des quarrez de Bois. Son bois est tendre, casse aisément, & n'est propre à aucun usage, pas même à bruler, noircissant dans le feu; ainsi cet Arbre n'est d'aucun rapport. Tout le merite qu'a le Marronnier d'Inde, c'est de croître fort vîte; aussi est il de peu de durée, & tres-sujet aux hannetons & aux chenilles, qui le dépoüil-

nt entierement de ses feüilles, jusqu'à laisser sa
te toute nuë. Le Marron d'Inde seché au Soleil
au four, & mis en poudre, est un puissant
ernutatoire; il contient par consequent des prin-
ipes fort actifs. Depuis trois ans on a trouvé le
cret d'en faire de l'huile & de la poudre pour les
eveux. Dans les nouvelles Litteraires étant enfin
s Memoires pour l'Histoire des Sciences & des
aux Arts du mois de Juillet 1708. il y a un excel-
nt discours de M. Tablet, touchant les vertus &
oprietez de ce fruit.

Quand on plantera des Arbres fruitiers haute tige, il faudra les mettre tout roits à la profondeur de dix à onze poû-s seulement, à cause que la terre s'af-isse toûjours, & arranger leurs belles cines du côté du Midi ou de celuy du ouchant, afin que les vents qui souf-ent avec plus de force en ces endroits u'en d'autres, ne les déracinent. A l'é-ard des nains, soit qu'on les reduise en palier ou en buisson, on ne les devra anter qu'à la profondeur de huit à neuf oûces. On courbera un peu plus les Ar-es en espalier que ceux en buisson. Cela ontribuera sans doute à la fecondité des oiriers nains greffez sur franc; car étant nsi mis en terre, ils seront moins su-ts à y jetter des pivots.

J'ay ci-devant fait observer que quand s pluyes ne penetrent pas jusqu'à la ra-

cine des Arbres dans les terroirs sablo‑
neux & secs, & qu'on n'y supplée p
par les arrosemens frequens, ou par qu
que courant d'eau qu'il faut y conduir
nous voyons en peu de temps ces A
bres déperir, aussi-bien que les autr
plantes. Il faut donc faire en sorte, lor
qu'on les arrose, que l'eau puisse attei
dre jusqu'à l'extremité de leurs racines.

Plante est un corps naturel qui a une am
végetative, & qui jette des racines dans
terre où il prend sa nourriture & sa croi
sance. On fait venir des Plantes de gra
ne, de bouture, de racine, de provin
de feüilles, de sucs & de decoctions. L
graine est l'origine des Plantes, &
graine en est la fin. Hannemann dit qu
la graine est une Plante pliée & enve
lopée. Que tout ce que la Plante ren
ferme est réuni dans la graine; & par u
grand miracle, tout ce que la grain
contient est reduit sous un plus petit volu
me, dans un atome de sel de la mêm
espece de Plante. M. de Vallemont di
que la Plante est un corps vivant attach
à un certain endroit où il vegete, c'est-à
dire où il se nourrit, pousse & augment
de volume, & même il donne des fleurs
des feüilles & des graines. Si Galien a crû
chanter un Cantique merveilleux à la

louange de l'Auteur de la Nature, en décrivant l'usage des parties des Animaux, je croy que ceux qui ont découvert les premiers l'usage des parties des Plantes, n'ont pas moins celebré la puissance & la sagesse de Dieu. Quand on regarde avec les yeux de l'esprit cette mechanique admirable, on est volontiers porté à se recrier avec le plus éloquent de ses Prophetes; C'est ici l'ouvrage du Seigneur le Dieu des Armées, afin de faire connoître les merveilles de la sagesse & la magnificence de sa puissance. Dans les Memoires de l'Academie Royale des Sciences, année 1707. page 523. il y a des conjectures sur les differentes couleurs des fleurs & des feuilles des Plantes, lesquelles ont été proposées à cette illustre Academie par M. Geofroy le jeune. Ces conjectures ont été appuyées de quelques experiences. M. de la Quintinye en ses Reflexions sur le principe de vie des Plantes, dit qu'à tous les Arbres, tant ceux qu'on appelle fruitiers, que ceux qui ne le sont pas, le principe luy paroît seulement être entre la tige qui monte, & la racine qui descend; qu'on a beau couper la tête, qu'on a beau racourcir les racines, pourvû qu'il n'arrive rien de fâcheux à l'endroit où est établi le siege de

vie, tant s'en faut que les Arbres en
viennent moins vigoureux, qu'au co
traire cette operation contribuë à les fa
re repousser avec plus de vigueur, tan
l'extremité de la tige racourcie, qu'à c
les des racines taillées. Un autre Aut
en parlant d'une espece de Plante que
Naturels du Païs où elle croît, reg
dent comme un veritable animal,
qu'ils l'appellent Baromets ou Borane
qui veut dire un Agneau; que ce
Plante vient dans la Tartarie, & dans
principal Horde qu'on appelle Zavolh
qu'elle a toute la figure d'un Mouto
que cette espece d'Agneau a quatre pie
que sa tête a deux oreilles; qu'il est co
vert d'une peau tres-délicate, dont l
Habitans se couvrent la tête & la poit
ne; que sa chair a du raport à celle d
Ecrevices de mer, & même que qua
l'on y fait une incision, il en sort une l
queur comme du sang; qu'il a un go
fort agreable; que la tige qui le soutie
s'éleve en sortant de terre à la hauteur d
trois pieds, & qu'il y est attaché à l'e
droit du nombril. Que ce qui est de plu
merveilleux, est que tant qu'il y a d
l'herbe au tour de luy, il se porte bien
mais qu'il se seche & perit quand ell
vient à luy manquer. Que ce qui confir

que cette herbe luy eſt abſolument
ceſſaire pour vivre, eſt que l'on a ex-
imenté que ſi on l'arrache, il ne peut
s ſubſiſter. Il ajoûte qu'on dit que les
ups ſont forts friands de cette Plante,
fait voir qu'on ne peut douter que ce
ſoit une veritable Plante, puiſqu'elle
nt d'une graine qui reſſemble à celle
melon, excepté qu'elle eſt un peu
oins longue, & qu'on la cultive dans ce
is-là; que quoyque ce recit paroiſſe
ouleux, il eſt atteſté par des Auteurs
gnes de foy, & que l'on doit regarder
tte Plante animale, comme une eſpece
grand champignon qui a cette figure.
s Plantes ont des proprietez bien dif-
rentes. Il y en a qui ſont appellées vul-
raires, c'eſt-à-dire, qui ſont propres
la gueriſon des playes, comme ſont la
ande Conſoude, la Sanicle, la Per-
nche, le Scordium, la Bugle, le Pul-
onaire, le Tuſſilage, &c. Il y en a de
audes appellées Cephaliques, c'eſt-à-
re, qui ſont propres à guerir les maux
tête, comme le Romarin, la Sauge,
Rhuë, &c. Il y en a qui ne ſont froi-
es qu'inſenſiblement, comme le Me-
on, le Concombre, la Courge, la Ci-
roüille, la Laituë, le Pourpier, la
hicorée & l'Endive. Et enfin il y en a

d'autres qu'on appelle Parasites ou Ecornifleuses, parce qu'elles vivent aux dépens des autres Plantes, comme le Lierre, le Guy, l'Hypociste, &c. M. Tournefort fit en Janvier 1706. un discours à l'Academie Royale des Sciences sur les maladies des Plantes, qu'il rapporta à cinq principales causes. La premiere à la trop grande abondance du suc nourricier: la seconde au défaut de ce même suc: la troisiéme aux mauvaises qualitez qu'il pouvoit acquerir: la quatriéme à la distribution inegale qu'il s'en faisoit dans les differentes parties des Plantes: & la cinquiéme à des accidens exterieurs qui les endommageoient sensiblement. M. de la Hire le jeune fit voir dans un discours qu'il lut à la même Académie le 30 Avril 1710. touchant les maladies des Plantes, que chaque espece de Plante & d'Animal avoit son temperament. Il fit connoître qu'il y avoit des moyens pour guerir des Arbres malades; mais que la plûpart des Jardiniers aimoient mieux les arracher que de se donner la peine de faire les choses necessaires pour les guerir. Il fit voir que la sterilité étoit un mal ordinaire à tous les Animaux, & que ce mal étoit fort commun parmi les Plantes, & il dit que l'experience faisoit connoître l'on y pouvoit remedier, & qu'on pouvoit même les rendre plus fecondes qu'elles ne l'étoient auparavant. M. Lemery le fils déja connu par plusieurs ouvrages d'esprit, lut à la même Academie, à laquelle presida Monseigneur l'Abbé Bignon Conseiller d'Etat, quelques années auparavant, une excellente dissertation sur le fer qu'il y avoit dans les plantes, & dit sur ce sujet des choses, qui bien qu'elles parussent autant de paradoxes, n'en étoient pas moins veritables, puisqu'il les prouva par une experience qu'il rendit sensible à toute la Compagnie, en luy faisant voir toutes les figures qu'il en avoit tracées, & les limailles de fer & d'acier qu'il avoit rangées sur la table. La maniere dont M. de la Hire, prouva que le fer se formoit dans les Plantes, & s'y nourrissoit, fut écoutée avec beaucoup d'attention ; & toute l'Assemblée demeura d'accord, en voyant ses demonstrations Mathematiques, qu'il ne se trouve aucune Plante sans fer.

Il ne faut jamais planter trop profondément les Arbres ; ils doivent l'être de telle sorte, que les pluyes & la chaleur du Soleil, puissent doucement solliciter leurs racines à faire leur devoir. Il est

certain qu'on ne pourroit les mettre tr
à fleur de terre, si on ne craignoit p
les Etez trop chauds & trop secs, le
quels absorbent toute l'humeur de la te
re, & brûlent & dessechent mortell
ment leurs racines ; & si on n'apprehe
doit pas les gros vents, qui déracineroie
particulierement les Arbres à haute tig
Si la chaleur est excessive, il ne faut p
manquer d'arroser les Arbres nouvell
ment plantez avec de l'eau de pluye, s
est possible ; car elle est, selon moy
meilleure que celle des puits. Cette ea
de pluye est impregnée du nitre de l'air
c'est une eau feconde & pure que l
Plantes boivent avec plaisir. Un Mode
ne prefere l'eau de pluye à toutes les au
tres ; parce qu'elle sort, dit-il, des nuée
enceintes des vertus seminales, que le
vapeurs & les exhalaisons ont élevées d
la terre & de la mer ; & parce qu'avant
de tomber sur cette terre, elle est filtré
au travers de l'air, dont elle imbibe l
nitre qui la rend feconde. Un autre
excellement dit qu'il seroit bon qu'on n'i
gnorât pas combien l'eau engraissée &
échauffée par le fumier, a de vertu pour
avancer la vegetation des Plantes, & l
maturité des fruits.

Il se trouve quelquefois de jeunes Poi
riers

..rs nouvellement plantez qui jettent ..usieurs branches à fruit, & presque ..int de celles à bois. Pour remedier à ce ..al qui est assez grand, on doit re..ncher celles-là dés leur origine, afin .. tâcher, par ce travail, d'obliger la ..ature à changer d'ordre, le suc étant ..ntraint alors de se tracer une nouvelle ..ate pour s'épuiser. Et si aprés cette ope..tion ce suc continuë à faire la même ..ose, j'estime qu'il les faut arracher, .. trouvant point de meilleur expedient ..e d'en replanter d'autres à leur place ..i soient bien enracinez; car la nature ..ces jeunes Fruitiers étoit apparemment .. n'en avoir que de foibles, & en petit ..mbre.

..Lorsqu'on plantera dans un Terroir .. & sablonneux des Poiriers, soit nains, ..t à haute tige, il faudra aprés qu'ils ..feront, que les allées du Jardin soient ..s élevées au milieu qu'aux extremi.. ; parce qu'outre que cela est plus ..reable à la vûë, c'est que les pluyes ..i viendront à tomber, s'écoulant ai..ment, rafraîchiront les racines de ces ..bres qui sont fort seches pendant l'Eté .. ce Terroir. Dans celuy qui est gras .. humide, il faut que les allées soient ..utes plates & unies.

V

Avant de planter toutes sortes de Poiriers greffez sur franc, il faut retrancher leur pivot le plus prés du tronc qu'on pourra, & même ôter tout le chevelu, lequel pourroit bien faire pourrir quelques racines ; car ce chevelu, quand il est à l'air, se desseche, & noircit promtement, & ne peut par consequent porter l'aliment à la tige, & aux branches de l'Arbre : Voila ce que beaucoup de Jardiniers n'observent pas.

PIVOT n'est autre chose, en terme de Jardinage, que la principale racine qu'un Arbre produit, pousse dans la terre en ligne perpendiculaire. On connoît par le Pivot, si un Arbre a été planté de main d'homme, en ce qu'il est different des vieilles souches qui ont les racines épatées ; au lieu que celuy qui n'a pas encore été transplanté, a son pivot, à cause qu'il a toûjours resté dans sa même place. Les Poiriers greffez sur franc qui n'ont point de Pivot, reprennent plus aisément en terre, quand ils sont plantez, que ceux qui en ont. Et Pivots en terme de Fleuriste, ce sont ces petites parties qui soutiennent les étamines d'une fleur. Les Fleuristes disent qu'il n'importe point de quelle couleur soient les Pivots d'une Tulipe, pour la rendre belle.

Ceux qui voudront élever des Figuiers tout formez dés la premiere année, & qui portent même du fruit, observeront ceci. Ils choisiront sur le pied d'un vieux Figuier, quelques belles branches ſur leſquelles il y en ait trois ou quatre petites. Ils ôteront à demi-pied du bas de la tige de ces branches, l'écorce entre deux nœuds, & les paſſeront dans un mannequin. Il faudra que l'endroit où on aura retranché cette écorce, ſe trouve à demi-pied au-deſſus du fond du vaiſſeau. Enſuite on l'emplira de bonne terre neuve, & de terreau mêlez enſemble. On aura ſoin de faire arroſer ces jeunes Arbres deux fois la ſemaine, lors des groſſes chaleurs. Si à la fin d'Octobre ils ont pouſſé quelques belles branches, ce ſera un ſigne infaillible qu'ils ont produit en terre quantité de racines. Avant de les ſevrer de ce vieux pied de Figuier, on examinera s'ils ont effectivement produit quelques belles racines; car il ſe pourroit faire que ces jeunes Figuiers n'en auroient point pouſſé, faute d'arroſement, ou par quelque maladie naturelle de ce vieux pied. S'ils en ont de belles, on les ſevrera au-deſſous du vaiſſeau au commencement de Novembre, & quinze jours aprés on les tranſportera dans la Serre pour les preſerver des gelées d'Hiver. Au mois de Mars on les en retirera, & on donnera à chacun de ces Arbres une petite caiſe. Il faudra pour cette fois, les y mettre avec leur motte de terre.

Il est constant qu'ils produiront l'ann[ée] suivante de leur encaissement, du frui[t] ce qui fera bien du plaisir.

FIGUIER est un Arbre qui produit la Figue. Il e[n] ferme en soy un lait qui fait cailler le lait comm[e] la presure. Cet Arbre a son tronc entortillé & cou[rt,] son bois blanc & spongieux comme celuy de la V[i]gne, & visqueux propre à faire des Boucliers. S[es] racines ne vont qu'entre deux terres ; ce qui est ca[u]se qu'il craint le froid. Sa feüille est grande, so[li]de & âpre comme celle de la Vigne, attachée [à] une queuë ronde & forte. Son fruit sort même ava[nt] ses feüilles, & commence à germer à la cime [de] ses branches. Il est fait en forme de trompe, que[l]quefois comme une Poire, quelquefois il est pla[t] quelquefois il participe des deux. Il lâche le vent[re] & nettoye les conduits ; il seche, échauffe un pe[u] & rend le sang mauvais : Un peu de cotton tremp[é] dans le lait du Figuier mis sur les dents, en ap[]paise la douleur. Ceux qui ont tâché d'acquer[ir] quelques connoissances en la nature des Plantes, o[nt] remarqué que le Figuier renfermoit en soy des di[s]positions à produire des racines quand on avoit plan[]té ses branches dans la terre. M. Liger dit que si o[n] obligeoit la séve qui monte au Figuier, de prend[re] un cours contre l'ordre naturel, par la retrograda[]tion qu'elle feroit, & de produire un Figuier nain[,] on pourroit aisément y parvenir. Il s'est servi pou[r] rendre son operation heureuse, d'une methode aisé[e] à pratiquer, qui est telle. Quand, dit il, un Fi[]guier commence à pousser, il en faut couper quel[]ques branches dont on tors les extremitez d'enhaut[,] qu'on plante aussi-tôt en terre ou dans un manne[]quin, de telle sorte que ce qui devoit faire la tête e ce Figuier, devient la partie où les racines se produisent. Quand cet Arbre commence à pousser de nouveaux jets, il est aisé alors de juger qu'il ne sera dans la suite qu'une foible production, gênée contre l'ordre naturel, & que ne pouvant prendre de l'étenduë comme il auroit fait, si on y avoit laissé monter la séve à son ordinaire, il est forcé de se borner à un plus petit espace, ce qui l'oblige de devenir nain, lequel produira comme les autres Figuiers, du fruit en Eté & en Automne. Aux Maldives il y a des Figuiers qui produisent des racines à la cime de leurs branches, qui retombent en terre, et qui donnent la naissance à d'autres Figuiers.

Pour faire prendre racine à une branche de Figuier de la grosseur d'un bon poûce, on fait une incision autour de cette branche à l'endroit où on veut qu'elle en produise, & ensuite serrer le lieu incisé avec de l'osier. On arrosera trois fois la semaine cette branche lors des chaleurs excessives. Quand elle a été adroitement couchée dans la terre, elle ne manque gueres de réussir.

Didimus en parlant des Figues, dit que pour en avoir de differentes couleurs, il faut prendre un jet de Figuier blanc, & un autre de Figuier noir, les fendre en deux, joindre les deux moitiez des deux differentes especes, les lier ensemble, & ensuite les mettre en terre, aprés qu'elle aura été cultivée & amendée comme il faut.

Il ne faut jamais prendre des Arbr
pour planter, que dans une terre sec
& de peu de substance, & non dans u
humide & grasse, parce qu'ils ne réussi
sent gueres, quand on les prend en ce
le-ci. Un Arbre qui a pris en sa jeunes
une nourriture peu favorable étant r
planté dans un fond heureux, fera pre
que toûjours de belles productions; a
lieu que s'il sort d'un fond meilleur qu
celuy où on l'a planté, il languit, de
vient tortu & rabougri, plein de mousse
enfin il meurt, & semble regreter, pou
ainsi dire, sa premiere nourriture.

On observera quand on plantera de
Arbres fruitiers, dont la playe des Gre
fe n'aura pas été bien refermée, de n
point tourner leur dos du côté du Midi
mais bien de celuy du Septentrion, par
ce que l'ardeur du Soleil empêchant qu
la séve ne monte dans leur tige, fait qu
les playes se dessechent trop promtemen
& ne peuvent se fermer comme il faut.

Comme dans les climats où l'air es
temperé, les Vignes ne peuvent e
avoir trop, pour conduire leur fruit a
point de perfection qu'on les demande
j'estime qu'il faut bien se donner de gar
de d'y planter des Arbres fruitiers & no
fruitiers à haute tige, car l'experienc

qu'a appris le dommage que les racines de ces Arbres, ainsi que leur ombre portoient à ces Vignes, pour s'opiniâtrer de le faire à leur prejudice : & ce n'est que dans les Territoires où il y a beaucoup de chaleur, comme en Provence, en Languedoc & en Piémont, à qui sont dûs de tels avantages.

Si on souhaite que toutes sortes d'Arbres reprennent aisement dans la terre quand on les y plantera, il ne faut point mettre d'abord de la terre dessus leurs racines avec la bêche ; car une seule motte de terre suffiroit pour causer un vuide, & empêcher qu'elle ne pussent se lier aisément à la terre, ce qui les feroit long-temps languir, & quelquefois perir. C'est pourquoy je conseille aux amateurs du Jardinage, d'ordonner à ceux qui planteront leurs Arbres, de mettre d'abord avec la main, de la terre sur les racines, & de se servir ensuite de la bêche, afin de les obliger à pousser de beaux jets & à être en seve pendant plus de six mois & demi ; car j'ose soûtenir que c'est ce suc qui étant meu & animé comme il doit l'être, sert aussi en même temps à animer, à encourager & à donner de la vigueur aux racines des Plantes, de maniere que de leur action forte ou foible, dépend entierement du mouvement ou de l'impression forte ou foible, qui leur vient de la part de ce principe. Et comme le fond de vigueur ou d'activité qui est dans ce principe, n'est pas infini, mais proportionné à la nature des Arbres qu'il fait vivre, il se partage necessairement dans toutes les racines qui en dépendent, & qu'il doit faire agir ; il les anime toutes chacune selon l'étenduë de son pouvoir, comme étant autant d'instrumens qui luy sont necessaires pour faire sa fonction.

JARDINAGE, est un terme qui s'entend de l'art du Jardin, ou de la science que doivent avoir ceux qui se mêlent de cultiver les Jardins, pour les obliger à faire de belles productions. Il est certain que le Jardinage ne renferme en soy rien que de noble, d'utile & d'innocent. Cet art a été depuis cinquante trois années mis à un haut point de perfection par feu M. le Nostre, le plus experimenté Jardinier du dernier siecle. Il a perfectionné la partie du Jardinage, qui comprend les Parterres, Boulingrins, Terrasses, Labyrinthe, Pelouses, Bosquets, Canaux, Cascades, Pieces d'eau, Fontaines jaillissantes, &c. qui sont en effet des ornemens nouveaux, mais qui à la verité rehaussent beaucoup l'éclat & la beauté naturelle du Jardinage. M. Molet son neveu, qui a herité des belles connoissances que cet excellent Homme avoit en cet Art, a à present l'inspection generale sur tous les Jardins du Roy, appellez communement les Jardins de propreté. La partie du

Jardinage

dinage qui comprend les Jardins Fruitiers & Po-
gers, a été perfectionnée par feu M. de la Quin-
ye Directeur de tous les Jardins Fruitiers & Po-
gers du Roy. Celuy qui luy a succedé est M. le
ormant. Il faut que ce soit un habile homme,
isque Sa Majesté l'a mis en sa place.

BOSQUET est un mot qui signifie petit Bois: il
dit plus particulierement de ceux qu'on éleve dans
Jardins spacieux, ou des cabinets d'Arbres touf-
, qui sont fort agreables à la vûë. Les Bosquets
nt à present fort à la mode. Ceux de moyenne
aye à hautes pallissades, demandent bien du soin
ns la maniere de les planter. Aprés qu'on a la-
uré la terre, qu'on l'a ameliorée, s'il le faut,
'on a exactement tracé le dessein du Bois, on
antera les cabinets & sales de la même maniere
'on plante les allées & contre-allées. Pour rem-
r le milieu de ce Bois, il faut faire des traces au
rdeau, à la distance de six pieds l'une de l'autre,
'on ouvrira en rigoles de la largeur & profondeur
huit à neuf poûces. On y plantera du Plant de
hâtaigniers, de Tillots, d'Ormeaux, de Hêtres,
de Noisetiers, à trois pieds de distance, & en-
chaque rigole, aprés que le Plant sera mis en
rre, & recouvert entierement, on y piquera du
and, & on y semera de la graine d'Orme, de
lleau, de Charme, de Bouleau, d'Erable & de
comore. Tout cela formera du garni & de la
ossaille, & les rangées du plant enraciné for-
eront un jour de la futaye, par les soins que l'on
endra de l'élaguer & de le conduire tres-haut.

Je conseille à ceux qui ne peuvent empêcher que leurs Poires ne soient déro-
ées avant d'avoir acquis la maturité, de

ne point faire planter de Poiriers d'Eté
d'Automne, mais seulement de c
d'Hiver, parce que le fruit que prod
sent ces derniers Fruitiers, n'est jam
bon quand il y est attaché. Si on pla
toit de ces Poiriers d'Eté & d'Automn
on seroit obligé, si on en vouloit mang
du fruit, de le cueillir bien du temps av
la maturité. Ce fruit seroit tres mauva
& particulierement celuy d'Eté, leq
pour être beau & excellent, veut qu'on
laisse meurir à l'Arbre. Ainsi ces Poiri
d'Eté & d'Automne ne seroient d'aucu
utilité à ceux qui les auroient plantez.
n'en est pas de même des Poiriers d'H
ver, car ceux qui viennent pour le dérob
commencent avant de le détacher d
Arbres, d'en goûter quelqu'un. Qua
ils ne le trouvent pas encore meur,
n'en détachent pas davantage.

Ceux qui se donnent la peine de pla
ter des Poiriers, doivent sçavoir que to
les Poiriers réussissent parfaitement
buisson. J'excepteray seulement ceux
Beurrée, Gros-muscat, Bergamote co
mune, Bezy de Chaumontel, Saint-Ge
main, Virgouleuse, Bonchretien d'H
ver, & quelques autres, lesquels
demandent que la figure d'espalier po
produire de belles Poires. Pour ce qui

; Pommiers greffez sur Paradis, ils ne
uvent réussir qu'en celle de buisson.
outes sortes d'autres Pommiers greffez
: franc font tres-bien à haute tige, &
elquefois assez bien en buisson, &
ûjours tres-mal en espalier. Les Pê-
ers & Abricotiers demandent absolu-
ent l'espalier pour produire de beau &
cellent fruit.

. PESCHER est un Arbre qui produit la Pêche,
i est un gros fruit à noyau, qui est meur, selon
especes differentes, depuis le 20. Juillet jusqu'au
. Septembre. Ce fruit est le plus délicieux & le
is estimé de tous les fruits à noyau. Il ne le faut
anger que cuit dans l'eau & du sucre, parce qu'il
de difficile digestion, & que ce sucre corrige &
efie son phlegme visqueux. Si on veut le manger
a, il faut auparavant le tremper dans de bon vin
r. La Pêche humecte, rafraîchit & lâche le ven-
. On n'en doit pas beaucoup manger, parce
'elle se corrompt aisément, & qu'elle produit de
auvais effets, comme d'exciter les vents, & de
user les vers. Les fleurs & les feüilles du Pêcher
nt purgatives & aperitives; elles font mourir les
rs. On fait un excellent sirop & fort purgatif, avec
fleurs du Pêcher qui sont rouges. Les feüilles &
fleurs de Pêcher ressemblent à celles de l'Aman-
er. Cet Arbre a peu de racines, ce qui est cause
'il ne vit dans un terroir sablonneux & sec, que
uinze à seize ans au plus, & dans un gras & hu-
ide que dix-huit à vingt. Il faut rarement planter
s noyaux de Pêches pour élever des Pêchers. Il
y a que ceux de Violette, de Persique & de Pau

qui puissent produire des Pêches sans degenerer. L
fruit de ces derniers Pêchers est d'une nature p
forte quand il est en fleur, que celuy des autres P
chers, l'experience m'ayant appris qu'il se défe
doit aisément des gelées blanches, & des pluy
froides, quand il étoit en fleur.

Il faut rarement faire des Pepinier
d'Amandiers. Il vaut mieux d'abord me
tre en place les Plants pour être greff
l'année suivante. Il ne faut pas aussi plan
ter des Amandiers dans un fond qui so
un peu humide ; car c'est exposer l'écu
son qu'on y fait, à être étouffé de l
gomme, à laquelle ces Plants sont tres
sujets dans une terre de cette nature.

Il ne sera pas hors de propos que je fas
se ici un détail exact des meilleures Poi
res, Pommes, Pêches & Prunes, pou
lesquelles on a à present bien de la consi
deration, & que j'enseigne au Lecteur, s
les Poires sont ou beurrées, ou fondantes
ou cassantes, ou beurrées-fondantes, ou s
elles ne sont ni cassantes ni beurrées, mais
seulement tendres, comme est la Poire à la
Reyne, ou bien cassante & tendre, comme est la Cassolette. Je mettray aprés celles qui sont fondantes, une grand F ;
aprés les beurrées, un grand B ; aprés
les cassantes, un grand C ; aprés les
beurrées-fondantes, un grand B & une

grand F; aprés les demi-beurrées un grand B & un grand B; aprés les demi-cassantes, un grand D & un grand C; aprés les demi-fondantes, un grand D & une grande F, aprés les tendres, un grand T; & enfin aprés les cassantes & tendres, un grand C & un grand T.

PREMIEREMENT,

Poires d'Eté.

Le petit Muscat, D. B.
Le Citron des Carmes, F.
La Blanquette, C.
Le Fin-or d'Orleans, B. F.
La Cuisse-Madame, D. B.
Le Rousselet de Reims, D. B.
Le petit Rousselet, B. F.
La Poire à la Reyne, T.
La Royale d'Eté, D. C.
L'Orange musquée, C.
La Cassolette, C. T.
Le Bonchrétien musqué, D. C.
Le Beurrée gris, B.
La Suprême D. B.
Le Vermillon ou la Bellissime. C.
Le Beurrée rouge, B.

Poires d'Automne.

La Bergamote d'Automne, B. F.

Le Sucré verd, B.
La Bergamote Suisse, F.
Le Messire-Jean gris, C.
Le Doyenné ou Saint-Michel, B.
La Virgouleuse, B. F.
La Bergamote Cresane, F.
Le Satin, F.
La Marquise, B. F.
La Pastorale, F.
Le Saint-Germain, B. F.
La Jalousie, F.
Le Martin-sec, C.
Le Bezy de la Motte, F.
La Verte-longue, F.

Poires d'Hiver.

La Merveille, B. F.
Le Colmart, B. F.
Le Bezy de Chaumontel, D. B.
Le Bonchrétien, C.
L'Epine, B. F.
La Rousseline, B.
Le Bezy de Chassery, B. F.
La Bergamote, D B.
Et la Bergamote de Soulers, B F.

Pêches.

L'Avant-Pêche blanche.

L'Alberge jaune.
L'Avant-Pêche de Troyes.
La Pourprée hâtive.
La Madelaine blanche.
La Persique.
La Mignonne.
La Royale.
La Violette hâtive.
La Nivêtte.
L'Admirable.
La Chanceliere.
La Bourdine.
La Madelaine rouge.
L'Admirable jaune.
La Belle de Vitri.
La Pêche de Pau.
La Violette tardive.
Et le Pavy de Pompone.

Prunes.

Toutes sortes de Damas.
Le Monsieur.
La Mirabelle.
La Reyne Claude.
La Diaprée.
Le Drap-d'or.
La Maugeron.
La Royale.
Le Perdrigon blanc.

La Dauphine.
L'Imperiale violette.
L'Isle-verd.
L'Imperatrice.
Et le Moyeu de Bourgogne. Celle-ci & celle d'Isle-verd ne sont propres qu'à faire des Confitures seches & liquides.

Pommes.

Toutes sortes de Reynettes.
Le Rambourg franc.
La Caville blanche.
La Pomme de Bardin.
La Calville rouge.
Le Courpendu.
Le Lazarelle.
L'Apis.
Le Drap-d'or.
Le Fenoüillet,
Et la Pomme d'or. Cette derniere nous est venuë d'Angleterre ; on l'y appelle Goule-Pepin. J'estime qu'elle doit être la Reyne des Pommes, & que la Reynette ne doit marcher qu'aprés elle ; car elle est d'un plus fin relief que toutes les autres Pommes.

Ceux qui desireront avoir quelques Poires d'Hiver à cuire, planteront des Poiriers d'Angobert, de Certeau, de Cailot d'Hiver, de Rateau ou Franc-Real, & de Donville. Ces Arbres donnent du fruit qui est excellent cuit au four & dans la cendre, & à faire des compotes. Cependant je fais plus de cas de la Poire de Bonchétien d'Hiver cuite au four & dans la cendre, & mise en compote, que toute autre Poire à cuire. M. Duncan dit que la plûpart des fruits qui ont besoin d'être cuits, sont ceux d'Hiver, qui ne peuvent avoir qu'un suc fort cru, parce qu'étant formez sur la fin d'Automne, c'est-à-dire, lorsque le Soleil s'étoit éloigné d'eux de plus des deux tiers de sa course, ils n'ont pû suffisamment se cuire; car la moitié des rayons de cet Astre dardant alors obliquement sur la surface de l'Athmosphere, ne parviennent pas jusqu'à nous. Que les fruits d'Automne ne sont pourtant pas si humides que ceux du Printemps, parceque la terre étant fort moüillée en sortant de l'Hiver pluvieux, il ne s'en sublime presque du phlegme pour composer les fruits de cette premiere saison.

Comme les Medecins ne connoissent les maladies interieures que par les signes exterieures, de même les Jardiniers peuvent juger de l'infirmité des Arbres par ce qui paroît à leurs yeux, comme la Gomme, la teigne, le chancre & la mousse. Ceux qui voudront acheter de bons Poiriers, ne prendront que ceux qui ont l'écorce lisse & argentine, & rejetteront ceux qui sont chargez de mousse; car c'est un marque certaine qu'ils sont sortis d'un mauvais fond, & où les eaux ont beaucoup croupi.

MOUSSE est un excrement qui vient aux Arbres par le moyen d'un suc mal conditionné, dont ils sont nourris, & qui d'ordinaire ne provient que de la qualité mauvaise de la terre où on les a plantez.

Tousles Poiriers ne réüssissent pas à toutes sortes d'expositions. Pour remedier au mal que l'on a fait d'en avoir planté à celles qui ne leur conviennent pas, il faut les arracher & les planter à d'autres plus favorables, en Novembre, avec leur motte de terre s'il est possible, ce qui est à la verité une grande dépense, & sur tout quand ils sont un peu âgez. Voici un moyen sûr pour les transplanter sans motte de terre avec peu de coût, quoyqu'âgez de seize à dix-huit ans. Avant de les arracher, on fera des trous de deux pieds & demi de diamettre, plus ou moins, suivant la grandeur de ces Arbres, & de quatre & demi de profondeur. On mettra au fond de ces trous de a terre neuve & du terreau, à la hauteur de deux pieds & demi ; & ensuite on arrachera ces Arbres. Pour les lever de terre comme il faut, on fera un cerne autour de leur tronc, de la largeur de trois pieds, en telle sorte que leurs racines se trouvent presque à découvert, afin de les avoir entieres, s'il est possible. Quand on les aura arraché, on les fera aussi-tôt transporter dans les trous, & on fera en sorte que leurs greffes soient hors de terre quand elle sera bien affaissée. On aura soin d'étendre leurs racines à une égale distance, & de mettre d'abord avec la main de la terre dessus, afin qu'elles ne puissent s'éventer, & ensuite on foulera bien avec le pied cette terre: Et on achevera avec la marre d'emplir ces trous, en prenant la superficie de la terre voisine, comme étant celle où il y a le plus de sels. Quand cela sera fait, on retranchera les branches qui seront mal placées, afin que leur tête soit plus reguliere qu'auparavant, & que leur fruit puisse aisément meurir l'année suivante. Ensuite on mettra au-dessus de la terre quatre ou cinq hottées de fumier neuf qui puisse convenir à la nature du terroir. Cet amendement empêche que le suc de la terre ne soit devoré par la chaleur excessive de l'Eté ; outre que les sels de ce fumier venant à se dissoudre lors des pluyes, forment une excellente humeur qui est propre à avancer merveilleusement la végétation de ces Arbres. Au-dessus de cet Amendement, on jettera trois ou quatre seaux d'eau, pour obliger leurs racines à se joindre à la terre, afin que ne trouvant aucun vuide qui les empêche d'en produire d'autres, elles fassent pousser à ces Arbres d'assez beaux jets au Printemps suivant. On continuera tous les quatre à cinq jours à les arroser, si la terre étoit fort seche quand on les a transplanté. Quand on verra le temps disposé à la pluye ou à la gelée, on cessera de le faire. Au mois de Mars suivant, si la terre est un peu seche, on les arrosera une fois la semaine seulement, pour exciter la séve à monter. Il ne faut pas esperer que ces Arbres poussent avec autant de vigueur la premiere année que ceux qui n'ont point été transplantez. On aura aussi le soin de les faire arroser deux fois la semaine lors des grandes chaleurs, & de leur donner trois labours par an. Ces vieux Arbres pourront bien ne pas produire du fruit dés la premiere année ; ce sera même un avantage pour eux qu'ils n'en ayent point; car a trop grande abondance du fruit les affoibliroit. On doit être content de voir que des Arbres de l'âge de dix-huit ou vingt ans, ont fait une heureuse reprise. J'oubliois à dire qu'il falloit les planter en la même situation qu'ils étoient, c'est-à-dire, que l'on doit mettre au Midi le côté de l'Arbre qui y étoit, si on veut qu'il réussisse ; car enfin si on exposoit au Septentrion le côté qui étoit en premier lieu au Midi, cet Arbre amaigriroit, parce qu'alors les pores auparavant dilatez par la chaleur du Midi, s'étreciroient par le vent froid du Septentrion, & ils refuseroient le passage aux sucs ; & les pores qui auroient été long-temps resserez par le vent froid, ne pourroient dorénavant se r'ouvrir à la chaleur du Midi.

Il ne faut jamais planter des Noyers dans les Jardins où il y a des Arbres fruitiers, quelques spacieux qu'ils soient, parce que ces Noyers étoufferoienr ces fruitiers sous l'ombrage épais de leurs branches & de leurs feüilles. Comme leurs racines occupent un grand espace de terre, ils dérobent aux autres Arbres le suc de la terre dont ils ont besoin pour leur nourriture ; les petits entr'autres ne pouvant faire de belles productions auprés de ces Noyers.

TERRE, en matiere d'Agriculture, est ce-te masse que nous voyons, à laquelle nous co-fions toutes sortes de Plantes & de Semences. O en compte plusieurs de differens noms, & de divers temperamens. Il y a la terre forte, la terre glaise, la terre argilleuse, la terre sablonneuse, la ter pierreuse, la terre seche & la terre humide. Ceu qui voudront s'instruire de la nature de ces terres la trouveront dans les deux parties de cet Ouvrag Il y a une terre rouge & visqueuse naturellemen seche, avec peu d'odeur & de saveur, que l'on appe le Brouillamini ; elle se trouve dans les minier de fer. On assure que cette terre est un souverai remede contre toutes sortes de venins, faisant mêm un meilleur effet que la terre sigillée. Il y en qui confondent cette terre avec le Bol d'Armenie elle est d'un grand usage dans la Medecine.

Quand on voudra avoir de jeune Noyers, on plantera dans une terre bien cultivée & amendée, des Noix d'une bon-ne espece, à la distance les unes des au-tres de seize à dix-sept poûces, & à la profondeur de quatre à cinq. On donne-ra à ces petits Arbres trois foibles labours par an avec la serfoüette, pour ne point endommager leurs racines. Quands ils auront trois ans, on les levera de terre en Novembre, & on les transplantera dans une trenchée qu'on aura faite en terre de la largeur & profondeur de deux pieds & demi, aprés que l'on aura cou-pé leur pivot, & laissé quatre ou cinq raanes des plus belles & mieux diſpoſées. u fond de cette trenchée on y mettra e bonne terre neuve, & l'on y tranſ-lantera ces jeunes Noyers à la profon-eur de huit à neuf poûces ſeulement. l ne faudra pas les étêter comme les au-res Arbres, afin qu'ils faſſent dans la uite une belle tige. On les laiſſera en ce eu pendant quatre ou cinq ans, prendre oute leur croiſſance ; & on les levera our la ſeconde fois de terre, pour les anſplanter ailleurs à la diſtance de trois oiſes, ſi la terre eſt graſſe & humide, & e deux & demi, ſi elle eſt ſeche & ſa-lonneuſe, pour former de belles Al-ées.

Avant de replanter ces Noyers pour a derniere fois, il faut faire des trous de rois pieds & demi en quarré, au fond eſquels on mettra de bonne terre neu-e. Il ne faut les y mettre qu'à la pro-ondeur d'un pied au plus, parce que la erre s'affaiſſe toûjours. Comme ces Ar-res n'ont plus de pivot alors, & qu'ils 'ont que de belles racines, ils ne man-queront pas d'avoir une heureuſe repri-e, & au Printemps ſuivant de pouſſer de eaux jets, ſi on a eu ſoin avant de les lanter, de tailler leurs racines en pied le biche. Il ne ſera pas neceſſaire, ainſi qu'à la premiere fois, de laisser leu tiges entieres, parce qu'elles devie droient trop hautes. La tige d'un Noy est, selon moy, assez haute, quand en plantant elle a sept pieds & demi.

TAILLER en pied de biche, est un terme Jardinage qui signifie la même chose que tailler talus. Cette taille se fait à l'extremité des racin ou des branches des Arbres, & se fait toûjours ta soit peu longuette. Ce mot de tailler en pied biche ou en talus, se dit en Latin *obliquè amputa re.* On taille de cette maniere les racines des Arbr qu'on veut planter, parce que c'est de ce seul e droit d'où sortent les nouvelles. Les playes d branches d'un Arbre qu'on taille ainsi, se recou vrent aisément. On doit tailler en pied de bich certaine branche qui étant sur le côté de la me branche, ont de la disposition à entrer en dedar de l'Arbre, où elles feroient bien de la confusion & on doit les racourcir de telle sorte, qu'il n'e reste rien au dedans, & qu'il en reste l'épaisseu d'un écu en dehors. Il est certain que de cette épais seur, il en sort une dehors, qui est la branche à bo propre pour la beauté de cet Arbre, ou bien il e sort une branche feconde. Le contraire se doit pra tiquer aux branches qui sortent trop en dehors. Le branches qui sortent par les côtez d'un Arbre espa lié, sont les mieux placées, pour faire une agrea ble figure.

Quand ces jeunes Noyers auront ét transplantez pour rester en la même pla ce jusqu'à leur mort, on mettra autou de leur tige des branches d'Epine blanche, ur empêcher que les Bestiaux ne s'y ottent, car ils les écorcheroient & ranleroient; ce qui leur porteroit bien préjudice. On devra leur donner qua- labours par an, & particulierement cinq ou six premiers, qui est, selon oy, le temps auquel ils sont parve- s à un accroissement qu'on les juge uvoir se passer de cette culture.

EPINE blanche, autrement dit Epine-vinette ou bespin, est une espece d'Arbrisseau qui outre les illes, porte des pointes fort aiguës. Les Hayes es d'Epine blanche, sont estimées les meilleures ur fermer un Champ, un Jardin & une Cour. vin fait avec les fruits de cet Arbrisseau, arrête dysenterie & les fleurs blanches, à ce que dit agus. Sa racine est astringente & détersive. On nfit son fruit, qui est excellent pour l'estomac. au distilée de ses fleurs soulage ceux qui ont la uresie & la colique. Cet Arbrisseau est sujet aux enilles; il vient de graine & de marcote. Il est plus considerables, tant à cause de ses fleurs qui dent une odeur tres-suave, que parce qu'il attire Rossignol, qui est le Musicien le plus agreable Bois. Les piqueures de l'Epine blanches sont ficiles à guerir: je croy que cela ne procede i d'un principe veneneux, mais de ce que ses intes sont tres-aiguës & assez fermes pour blesser tendons & les nerfs, ce que les pointes des Ar- s sauvages ne peuvent que difficilement faire. Il deux sortes d'Epines, les unes sont ligneuses & autres corticale; je ne parleray point ici de leur usage, parce que Messieurs Grew & Sharrock ont sçavamment expliqué. Je diray seulement q. si on applique une Greffe d'Epine blanche sur Coignassier, cet Arbre-ci produira un fruit appelé Azerolle, qui est assez semblable en couleur en figure à celuy de l'Epine blanche, mais il deux fois plus gros; l'œil en est fort grand & f ouvert, la queuë courte, menuë & enfoncée, chair jaunâtre & un peu pâteuse, ayant deux noya assez gros, ce qui fait qu'il n'a pas beaucoup chair; le goût en est aigret, qui est assez agreab Il ne peut être mangé cru, à cause qu'il est trop âp Il est excellent confit au sucre, au miel & au vinaigre, & est astringent. L'Azerolier fait son fru de la même maniere que les Coignassiers, Grenadiers & Framboissiers font le leur, c'est-à-dire l'extremité des petites branches qui sortent des gro ses aux mois de Mars & Avril; & cependant Poiriers greffez sur Coignassiers ne font du fruit q sur les branches produites un an ou deux aupara vant.

Ces jeunes Noyers qui ont été deu fois arrachez & transplantez, profiten beaucoup plus en quatre ou cinq années que ceux qui ne l'ont été qu'une, n profitent en neuf ou dix. Si les No étoient plantées dans des lieux où les Ar bres qu'ils produisent ne dûssent poin être levez de terre, il est constant qu ces Arbres feroient des productions plu vigoureuses, que les jeunes Noyers qu j'ay dit qu'il falloit arracher & transplanter aprés les trois années que les Noix avoient été mises dans la terre. J'en ay planté de deux differentes manieres : celle dont je viens de parler m'a mieux réussi que quand je ne les ay levez qu'une fois de terre. Il y aura quelques Jardiniers qui s'éleveront contre moy, & qui diront que je veux établir pour principe une chose fausse, quand je dis que l'on doit aprés les trois premieres années, lever de terre les Noyers pour les transporter dans un autre lieu, & qu'il est de l'usage de ne les lever que quand ils ont sept ou huit ans, qui est à peu prés le temps qu'on les transplante. Je répons à cela, que les Noyers & la plûpart des autres Arbres poussent en terre de longs pivots, qui dérobent aux foibles racines le suc de la terre qui doit les nourrir & les faire grossir ; ainsi ces foibles racines deviennent à quatre ou cinq ans presque à rien. J'ay vû des Noyers de l'âge de sept à huit ans qui n'avoient que le seul pivot.

NOYER est un Arbre haut & grand qui produit des Noix. Il a son tronc long & massif, & ses branches fort étenduës ; il est couvert d'une écaille (c'est ce qui envelope le bois des Arbres, tant en dedans que dehors) de couleur cendrée, épaisse & ayant beaucoup de fentes ; sa racine est longue & grosse ; ses feüilles sont longuettes, & d'une odeur forte ; il en sort plusieurs d'une même queuë, comme au Frêne ; il a une fleur herbeuse, qui a couverture verte, en chacune desquelles il y a u Noix. Le Noyer, outre sa nature propre, est diff rent des autres Arbres, en ce qu'il ne fleurit p de la même maniere qu'eux, mais il rend une ce taine production qu'on appelle Chatons, qui so des marques des Noix à venir. Les Noix excite les urines & les sueurs : on confit les Noix, elles sont plus agreables & salutaires ; on en ma gera le moins qu'on pourra, à cause qu'elles pr duisent de mauvais effets, comme d'exciter la tou des douleurs de tête, & de nuire à l'estomac. Po bien abbattre les Noix quand elles sont mûres, qui se connoît lorsqu'elles commencent d'elles-mê mes à tomber de l'Arbre, nuës & dépoüillées d leur premiere écorce, il faut se servir de longu perche, sans craindre d'offenser les branches d Noyer, lesquelles n'en valent que mieux. Si o veut que les Noix se conservent long temps, il fau les abbattre par un temps sec. Quand elles le sont on les met en quelque lieu de la maison en mon ceaux pour les faire suer, jusqu'à ce qu'on jug qu'il soit temps d'ôter leur premiere écorce : apré quoy on les portera au grenier pour y être épan chées, afin qu'elles sechent plus aisément ; ca faute de prendre cette précaution, il arrive souven que les Noix portées toutes humides au grenie & mises aussi en monceaux, se moisissent en pe de temps. Le bois de Noyer est fort estimé pou faire des meubles ; on le débite en poteaux, planches ou membrures ; il sert à monter des Armes, & à faire des panneaux de carrosses & à autres choses. La racine de Noyer a des veines ou des marques longues & étroites, & des ondes de diverses couleurs, comme si elles étoient peintes, & qui vont en serpentant ; & quand cette racine est de bon bois, la coupe par tronçons pour ſervir aux Ebeniſtes aux Menuiſiers en placage. Pour faire venir, dit n Ancien, des Noix & des Amandes ſans co-uille, il faut caſſer une Noix ou une Amande, en rer le noyau en ſon entier, & l'enveloper dans des uilles de vigne ou autres feüilles, pour le garantir la morſure des vers ou des fourmis : que l'Ar-e qui proviendra de ce noyau, produira du fruit ns coquille.

Les Pêchers de l'âge de ſix à ſept ans qui ſont plantez dans un terroir ſec & ablonneux, auprés d'un mur expoſé au Midi, ſeront bien empaillez dans le temps es grandes chaleurs, depuis le bas de eur tige juſqu'à deux pieds de haut ſeu-ement : Voila ce que j'ay vû pratiquer ar d'habiles Jardiniers.

Il faudra arroſer le ſoir deux fois la ſe-naine, les jeunes Arbres plantez dans n terroir ſec & ſablonneux, depuis le o. Juin juſqu'au 15. Août, avec de l'eau qui ait été expoſée au Soleil pendant ingt-quatre heures au moins. On fera our y réuſſir un trou autour de leur ronc, de la profondeur de quatre poû-es ſeulement, dans lequel on mettra la quantité d'eau qu'il faudra pour qu'ils oient aſſez arroſez. Enſuite on couvri-a ce trou avec un peu de paille, pour mpêcher que la terre ne durciſſe trop & ne ſe fende. Comme les hommes de de-

mi-morts qu'ils étoient, deviennent e
ſanté, d'abord qu'ils ont pris un peu d
vin ou d'autre precieuſe liqueur, ce qu
ſe fait, parce que la faculté nutritive ve
nant à agir ſur cette nouvelle nourriture
elle s'en ſert utilement à racommode
tous les membres affligez, en leur fai
ſant part à chacun du remede qui lu
vient d'arriver dans l'eſtomac; tout d
même auſſi les Arbres nouvellemen
plantez dans un terroir ſec & ſablon
neux, ſouffrant de la diſette d'humidité
ne ſont pas plutôt ſecourus par la preſence
de l'eau qui vient moüiller toutes leur
parties, & particulierement vers leur
extremitez, qu'auſſi-tôt le principe de
vie qui ne ceſſe d'animer leurs racines
pendant qu'il eſt ſuffiſamment échauffé
les fait agir ſur cette terre humectée, &
de leur action promte en tire abondance
de ſeve; ſi bien que cette ſéve montant,
& ſe partageant dans tout ce qui com-
poſe ces Arbres, tant branches & feüilles, que fleurs & fruits, elle les remet
dans le même état, d'où ils avoient
commencé de ſortir au moment que faute d'humidité, leurs racines avoient ceſ-
ſé d'agir. Ce n'eſt pas la ſeule ſubſtance
de la terre qui forme la ſéve qui nourrit les Plantes, c'eſt auſſi l'eau qui paſ-

sant au travers de cette terre, s'est impregnée du sel dont elle est remplie. Lorsque les racines manquent de cette eau, les Arbres font connoître leur soif par des jets fanez, & par des feüilles recoquillées. C'est par les frequens arrosemens que l'on fait en Eté que les Plantes potageres profitent, & qu'elles acquierent la longueur, la grosseur & les autres qualitez qui les font estimer ; au lieu que quand on ne les arrose point, elles courent risque d'être non seulement petites & menuës, mais encore d'être dures, insipides & ameres ; ce qui arrive presque toûjours quand elles ne sont pas humectées dans le besoin. Un habile Jardinier arrose, quoiqu'il tombe de temps en temps de petites pluyes, ses Plantes potageres, & ses jeunes Arbres fruitiers & non fruitiers, deux ou trois fois la semaine lors des chaleurs excessives. Il ne manque pas aussi d'arroser quelquefois ceux de l'âge de vingt à vingt-cinq ans, qui produisent des fruits, & qui en ayant retenu une trop grande quantité, font connoître qu'ils sont bien foibles, & qu'ils sont peu en état de les conduire à une fin heureuse. Comme le Soleil & la terre fertile sont les veritables peres des vegetaux, aussi l'eau quand elle leur eſt donnée avec une juſte proportion & meſure, dans un temps convenable, eſt ſans doute leur mere, qui par ſa fecondité les fait pouſſer avec vigueur, & ſans laquelle eau leur humide radical n'agit que foiblement.

Il n'y a rien, ſelon moy, de plus facile que de tranſporter les Arbres rares & curieux d'une Province à une autre. Le moyen d'y réuſſir, c'eſt de prendre des bouts de branches de ces Arbres, qu'on conſervera dans un linge humecté d'eau commune, ou de celle de la Mer, pourvû qu'elle ait eſté adoucie avec cette premiere eau. Ces bouts de branches produiſent des racines par la vegetation dans l'eau ſeule, ſans qu'il ſoit beſoin de terre, à condition que le bois ſoit parfaitement meur. Il eſt certain, dit M. Chiareſchius, que l'eau eſt un diſſolvant merveilleux & puiſſant pour ouvrir le ſein des germes qui ſont dans les graines & dans les noyaux. On fera tremper ces bouts de branches dans une fiole de verre pleine d'eau, laquelle eau il faudra changer tous les deux jours, & on y mettra de temps à autre un peu de nitre avec du ſucre, lequel eſt un ſel balſamique qui peut utilement adoucir ce qu'il y a de trop vif dans ce nitre: & on on verra que cela fera beaucoup avancer la vegetation de ces bouts de branches ; ainsi on ne peut revoquer en doute que toutes les Plantes tirent de l'eau leur principal aliment & leur accroissement. Une personne a fait au mois de Mars 1695. une experience fort agreable qui prouve bien ce que je viens de dire, car ayant mis une petite branche de Menthe ou Baume dans une fiole pleine d'eau, non seulement cette branche qui n'avoit que quatre doigts de hauteur, a pris racine, mais encore a cru jusqu'à un pied de longueur, a poussé plusieurs branches, jetté des fleurs, & produit enfin dans cette eau de la graine, laquelle est parvenuë à la maturité parfaite, comme elle auroit fait en pleine terre. La Nature, dit M. l'Abbé de Vallemont, a laissé croire durant plusieurs centaines d'années, que les Plantes ne pouvoient naître & se nourrir que dans la terre : & nous sçavons aujourd'huy parfaitement qu'à la place de cette mere universelle des vegetaux, on peut substituer l'eau comme une excellente nourrice ; à laquelle on peut sûrement confier la naissance & la nourriture des Plantes, sur tout jusqu'à un certain âge.

Quand on a planté un Arbre, & qu'on

a mis de la terre dessus ses racines, il faut le soulever & secoüer un peu, afin que la terre se glisse entre ces racines, pour n'y laisser aucun vuide.

Il ne faut jamais acheter des Poiriers nains tout greffez, que l'on ne soit assuré de la qualité de la terre où on veut les planter, afin de juger si elle demande des Poiriers greffez sur Coignassier, ou de ceux greffez sur franc; y ayant des terres où les Poiriers greffez sur Coignassier ne réussissent pas, & ne font que languir; au lieu que ceux qui le sont sur franc, y font de belles productions. Il y a aussi d'autres terres où les Poiriers greffez sur Coignassier réussissent tres-bien; au lieu que ceux qui le sont sur franc ne produisent que du bois & bien peu de fruit. Les Pêchers greffez sur differens sujets, font la même chose. Ceux greffez sur Amandier demandent une terre seche & sablonneuse pour produire des Pêches d'un fin relief. Si l'on y plantoit des Pêchers greffez sur Pruniers de S. Julien & de Damas noir, ils periroient en peu d'années, parce que leur séve n'est pas dans une terre de si peu de substance, assez abondante pour nourrir la greffe du Pêcher qui pousse beaucoup en bois; mais dans une grasse & humide te

Pêchers greffez sur ces Pruniers poussent quantité de bois & donnent de beau fruit. Si l'on plantoit dans cette derniere terre les Pêchers greffez sur Amandier, ils languiroient.

Relief est un mot dont les Jardiniers se servent pour marquer la bonté d'un fruit. Quand on dit qu'une Poire ou une Pêche est d'un fin relief, c'est-à-dire, qu'elle est excellente à manger. Ce mot de relief se dit en Latin *eminentia*; ainsi un fruit qui a du relief, c'est un fruit, pour ainsi dire, éminent & point commun: Voila ce qui a autorisé ce mot dans le Jardinage.

La plûpart des Jardiniers coupent, auparavant que de planter leurs Fruitiers nains, toutes les branches qu'ils ont poussé à quatre à cinq poûces prés la Greffe. Pour moy j'estime qu'il ne faut point les couper qu'au quinze ou vingt du mois de Fevrier, c'est-à-dire, quelques jours auparavant que ces Arbres poussent, crainte que les excessives gelées ne viennent à gerser la playe, ce qui leur porte toûjours un notable préjudice.

Les Poiriers de Saint Germain & de Bresane réussissent assez bien en toutes sortes de terroirs; avec cette difference, que si le terroir est sec & sablonneux, ils doivent être à haute tige, & être gref-

fez ſur franc ; & que s'il eſt gras & hu
mide , ils doivent l'être à demi-tige , &
greffez ſur Coignaſſier. Ces eſpeces d
Fruitiers réuſſiront parfaitement en
figure d'eſpalier, pourvû qu'en ce der
nier terroir, ils ſoient plantez aupr
d'un mur expoſé au Midi pour les y e
palier, & quen ce premier ils le ſoien
auprés d'un expoſé au Levant.

Ceux de Petit muſcat , Bergamot
d'Eté , Meſſire-Jean , Cuiſſe-Madam
Amiral , Gros Rouſſelet , Orange rou
ge , Caſſolette & Blanquette font aſſe
bien dans un terroir gras & humide; ma
il faut pour que leur fruit ſoit excellen
qu'ils ſoient à haute tige & greffez ſ
franc, ou bien à demi-tige , & greffé
ſur Coignaſſier. Ceux qui ſont nains
& reduits en buiſſon ne donnent pas à
verité de ſi bonnes Poires , mais ell
deviennent plus groſſes.

J'ay ci-devant dit qu'il étoit bien plus
propos de planter dans un terroir gras
humide , des Arbres qui produiſent d
fruit caſſant , ſec & odorant , que
ceux qui en portent de beurré & fo
dant. Ceux qui deſireront avoir de c
derniers Fruitiers en ce terroir humid
& gras , prendront des Greffes ſur de
Poiriers qui produiſent du fruit fondant

esquelles ils appliqueront sur des sujets ui en portent de cassant, sec & odorant, omme sont les Poiriers de Bonchrétien usque, Cassolette, Amadote, Orange ouge, Messire-Jean, Orange musquée, Martin-sec & Bonchrétien d'Hiver. Il t constant que le fruit fondant provenant de ces Greffes, aura un goût plus levé & plus agreable que celuy qui sera produit sur des Greffes coupées sur des oiriers qui portent des Poires fondantes.

CHAPITRE VII.

e la distance qu'il faut donner à toutes sortes d'Arbres quand on les plantera, eu égard à la qualité de la terre, & aux differentes especes.

Our planter regulierement des Poiriers nains dans un terroir sec & saonneux pour les espaliers à un mur, il aut absolument qu'ils soient greffez sur anc, parce qu'ils jettent des racines qui piquent bien avant dans la terre. La aleur du Soleil penetrant en ce terroir usqu'aux racines de ces Arbres, quand

elle eſt de temps en temps ſuivie de que
ques pluyes douces, les fait pouſſer ave
vigueur. Au lieu que les Poiriers greffe
ſur Coignaſſier, dont les racines ne peu
vent penetrer qu'à la profondeur de deu
pieds au plus, ne doivent jamais y être
plantez, parce que les exceſſives chaleu
de l'Eté altereroient beaucoup leurs raci
nes, & pourroient même les faire per
en peu d'années, à moins que de les a
roſer trois ou quatre fois la ſemaine, de
puis la fin de Juin juſqu'au quinze Aou
ce qui eſt une grande ſujetion & bien d
la dépenſe, & ſur tout quand on a beau
coup de ces Arbres. Les Poiriers greffe
ſur franc devront en ce terroir ſec & ſa
blonneux être plantez à la diſtanc
de neuf à dix pieds les uns des autres, pa
ce qu'ils n'y pouſſent pas de ſi longs je
que ceux qui ſont plantez dans un gr
& humide. On doit donner un pied plu
de diſtances aux Poiriers nains qu'on veu
faire mettre en eſpalier, qu'à ceux qu'o
doit reduire en buiſſon.

PLANTER, eſt un verbe qui ſignifie mettre d
Arbres ou autres Plants, tels qu'ils ſoient, dan
des trous faits exprés en terre, pour les oblig
à prendre racine, à pouſſer des branches & à croî
tre, & à porter dans la ſuite du fruit. Les Jardi
niers obſervent certains jours pour planter leurs A

tres & pour semer leurs graines. Ce mot de planter vient de Plant, qui a tiré son étymologie de *plantarium*.

A l'égard des Poiriers greffez sur Coignassier qu'on plantera dans un terroir gras & humide pour reduire en espalier, comme ce sont des Arbres d'une nature foible qui ne poussent que de courts jets, j'estime qu'il ne faut leur donner que six pieds & demi au plus de distance, à l'exception de celuy de Virgouleuse, auquel il en faudra donner un de plus, parce qu'il a plus de vigueur que les autres.

Ceux qui planteront en ce même terroir gras & humide des Poiriers nains greffez sur franc, pour reduire aussi en espalier, leur donneront une distance de dix à onze pieds ; s'il leur en donnoient moins, ils auroient dans la suite le déplaisir de voir que leurs branches se croiseroient les unes sur les autres, ce qui seroit fort desagreable à la vûë. Pour avoir en ce terroir un espalier toûjours bien garni, il faut aprés que ces sortes d'Arbres seront plantez, entrelasser des Pêchers greffez sur Pruniers de Saint-Julien ou de Damas noir, lesquels ne sont en vigueur que dix à onze ans au plus. Quand on les arrachera, les branches de ces

Poiriers se joindront assez pour garnir le vuide de l'Espalier.

On observera qu'en quelque terroir que ce soit il faut donner aux Pruniers & Abricotiers qu'on reduira en espalier quinze ou seize poûces plus de distance qu'aux Pêchers, parce que ces premiers Arbres sont plus abondans en séve que ces derniers, & que consequemment ils s'étendent davantage. Les Poiriers à demi-tige greffez sur Coignassier qu'on voudra espalier, seront plantez à un pied & demi moins de distance, que les Pruniers & Abricotiers.

Je conseille à ceux qui ont de grands plants d'Arbres fruitiers, de faire preparer un petit espace de terre un peu éloigné du Jardin fruitier & potager, pour y faire planter de jeunes Arbres tout greffez ou à greffer, soit pour les élever à haute ou à demi-tige, soit pour les rendre nains, & de faire en sorte que cette terre soit bien meuble, & qu'elle ait par sa nature ou par art, deux pieds & demi au moins de profondeur, afin que s'il y avoit quelques Abres qui vinssent à perir dans le Jardin, ils pussent y recourir ; parce que les allées de ce Jardin ou les espaliers, seroient trop difformes, si on n'en mettoit pas d'autres à la place de ceux qui auroient peri. Il ne faudra pas donner à ces jeunes Arbres une si grande distance qu'à ceux qui devront toûjours rester à leur place. Deux pieds au plus suffiront, parce qu'ils ne sont en ce lieu que pour être levez, & pour servir dans un autre quand on en a besoin.

Un moyen sûr pour obliger ces Arbres à reprendre aisément en terre, c'est de les lever avec leur motte, & de les transplanter au mois de Novembre. Si c'est dans un terroir sablonneux & sec, il faudra aussi-tôt leur donner une ample moüillure : A la fin de Fevrier on coupera la plûpart des jeunes branches par la moitié, parce qu'on les aura beaucoup affoiblies en les transplantant. Si au contraire c'est dans un terroir humide & gras, on devra d'abord les couper, & on n'arrosera que foiblement ces Arbres, afin d'obliger leurs racines de se lier aisément à la terre. Il est certain que des Arbres transplantez en motte, pousseront en ces deux differens terroirs de plus beaux jets la premiere année, que ceux qui le seront sans motte, ne feront en trois années ; parce que leurs racines n'ayant quasi point pris l'air, se seroient bien conservées en terre.

Ceux qui voudront donnner en plantant leurs Arbres une distance qui leur soit convenable, il faut, outre cette disposition, qu'ils observent les especes differentes, d'autant qu'il y en a qui s'étendent plus les uns que les autres, & surtout dans un terroir gras & humide, où ils poussent avec plus de vigueur, que dans un sec & de peu de sels & de substance.

Il est assez difficile de dire l'espace qu'il faut donner à toutes sortes d'Arbres fruitiers, parce que cela dépend de la bonne ou de la mauvaise qualité de la terre. Dans la sablonneuse & seche il faut leur donner moins de distance, que dans celle qui est grasse & un peu humide. Si l'on veut planter dans cette derniere terre des Poiriers, Pêchers & Abricotiers, il suffira de leur donner douze à treize pieds de distance; mais si ce sont des Pommiers, Pruniers, Bigarreautiers, Guigniers & Merisiers, il leur en faudra donner quinze à seize. Si cette terre est sablonneuse & seche, on donnera à tous ces Fruitiers, deux pieds moins de distance.

GUIGNIER est un Arbre qui produit la Guigne, qui est une espece de fruit precorce qui est meur peu de jours aprés la fraise. Cette Guigne est un peu moins ronde que la Cerise. Il y en a de rouges &

de blanches ; & on les vend assez souvent pour des Bigarreaux, & n'en different, sinon parce que leur chair est moins ferme.

Fraise est un petit fruit rouge ou blanc qui croît dans les Jardins & dans les Bois ; il ressemble au bout des mammelles des Nourrices : il est tres sain & rafraîchissant, & est bon contre la dysenterie. La Plante qui produit la Fraise est seche de sa nature, & tire beaucoup d'humide de la terre, à cause qu'elle a beaucoup de traînées & de chevelu. Elle se multiplie de plant enraciné. Le nouveau plant de Fraisier qui vient dans les Bois réüssit mieux transplanté, que celuy que l'on cultive dans les Jardins : on le met en planches ou en bordures, en terre bien preparée : on doit l'espacer de neuf à dix poûces, & on le doit replanter en May, ou au plûtard au commencement de Juin, c'est-à-dire, avant les chaleurs excessives. On ne laissera à chaque pied que trois ou quatre montans des plus forts, & on coupera les autres. Quand les Fraises seront finies, on coupera les vieilles fanes du Fraisier.

Les habiles Jardiniers quand ils font de grands plants d'Arbres fruitiers à haute tige, ne manquent presque jamais de separer ceux qui produisent des fruits bons à manger crus, d'avec ceux qui ne portent que des fruits propres à cuire ; ceux d'Eté d'avec ceux d'Automne, & ces derniers d'avec ceux d'Hiver, à cause que la maturité de tous les fruits ne vient qu'en differens temps. Ils sçavent qu'en quelque terroir que ce soit, il faut que les Fruitiers à noyau ſoient plus eſpacez d'un pied les uns des autres, que ceux à pepin ; car le genie des premiers eſt de pouſſer des branches & plus longues & plus groſſes, que les derniers, & de les étendre beaucoup plus ; cela veut dire que leur tête occupe plus de place.

La maniere la plus ordinaire & la plus reguliere de planter toutes ſortes d'Arbres fruitiers à haute tige, eſt en allée, en quarré, en quinconce & en eſchiquier. Il faudra chercher des lieux qui ſoient propres à chacune de ces figures, & qui ſoient éloignez non ſeulement des Bâtimens, mais encore des Arbres nains, parce que leur ombrage empêcheroit qu'ils ne fiſſent leur devoir. Le terrain que l'on dreſſera pour cet effet, ſera mis le plus de niveau qu'il ſe pourra. La diſtance des trous ſera de quatorze à quinze pieds les uns des autres, peu plus ou peu moins, ſelon la qualité des Arbres, ou ſelon que la terre ſera plus ou moins fertile. Si on leur en donnoit davantage, ils ne pourroient reſiſter à la violence des vents. Dans ces trous on plantera des Arbres qui ſoient, s'il eſt poſſible, pareils en hauteur & en groſſeur.

QUARRE' n'eſt autre choſe, en terme de Jardinage, que des Arbres plantez quarrément ; ce sont quatre Arbres qui se multipliant par quatre autres, font seize ; ou bien huit Arbres qui étant aussi multipliez par huit autres, font soixante & quatre ; cela s'entend si on a assez de terrain pour les y contenir. Quarré est aussi un compartiment de Jardin dans lequel on plante toutes sortes de fleurs & de legumes, qui est la quatre, la six ou la huitiéme partie de ce Jardin, selon le long espace de terre qu'il contient. Les Jardins fruitiers & potagers sont ordinairement partagez en quatre, six ou huit quarrez.

QUINCONCE, pareil terme de Jardinage, est la figure d'un Plant d'Arbres posez en plusieurs rangs paralleles, tant selon la longueur que la largeur, en telle sorte, que le premier du second rang commence au centre du quarré, qui se forme par les deux premiers Arbres du premier rang, & les deux premiers du troisiéme, & qui marque un cinq au jeu de dez. Le Quinconce est à present fort à la mode.

ECHIQUIER, aussi terme de Jardinage, n'est autre chose que des Arbres plantez, dont la figure represente parfaitement plusieurs quarrez ensemble, ce qui fait un Echiquier.

Comme j'ay ci-devant fait des observations sur la maniere de faire des trous auparavant que d'y planter des Fruitiers à haute tige, & de cultiver la terre aprés qu'ils y étoient, je n'en diray aucune chose, afin de ne point faire de repetitions inutiles. Leur distance doit être proportionnée à la nature de cette terre,

& au differentes especes de ces Fruitiers. Si la terre est grasse & humide, il faut absolument donner aux Pommiers & Pruniers à haute tige, une distance de dix-sept à dix-huit pieds, & aux Poiriers & Cerisiers, une de quinze à seize au plus. Si elle est sablonneuse & seche, on donnera à tous ces Arbres deux pieds & demi moins de distance, parce qu'ils ne s'y étendent pas tant qu'en l'autre. Il faut sur tout que ces Poiriers soient greffez sur franc & non sur Coignassier, étant la seule maniere pour leur faire produire de grosses tiges & longues branches. Ces Poiriers greffez sur franc jettent, comme j'ay déja dit, de forts pivots qui resistent aux grands vents, ce que ne peuvent faire ceux greffez sur Coignassier, parce que leurs racines n'allant qu'à fleur de terre, sont sujettes à s'éclater quand ces vents sont un peu violens.

Cependant il y a quelques Jardiniers qui élevent des Poiriers à haute tige greffez sur Coignassiers, dans l'esperance qu'ils les débiteront tres-aisément, & à prix plus favorable que ceux greffez sur franc, parce que les premiers donnent du fruit au plûtard dans trois ans; mais je conseille à ceux qui desireront planter de ces Poiriers à haute tige greffez sur Coignassier, de ne le faire que dans une terre humide & fort substancielle, & auprés d'un mur qui soit de la hauteur de quatorze à quinze pieds; encore faut-il que la greffe que l'on aura appliquée sur un si foible sujet, ait été coupée sur un endroit le plus vigoureux d'un Arbre, dont la nature est de pousser de forts jets; car enfin, si l'on plantoit des Poiriers à haute tige greffez sur Coignassier en pleine campagne, il est constant que les grands vents pourroient aisément casser quelques-unes de leurs plus belles racines, & les faire par consequent renverser.

TIGE, terme de Jardinage, est le brin de bois qu'on voit s'élever des racines d'un Arbre à la hauteur de cinq, six, sept, huit, neuf à dix pieds. Ce mot se dit en Latin *Caudex*; le bois de la tige d'un Arbre étant comme un tonneau qui renferme & qui conserve le suc; il l'empêche non seulement de se dissiper, mais encore d'être alteré par les changemens qui arrivent à l'air exterieur, comme sont la trop grande chaleur du jour, & le trop grand froid de la nuit. La tige de la Plante n'est aussi autre chose que la cuticule qui couvre au commencement les deux lobes, & la plume de la graine qui s'étend à mesure que cette Plante croît, & qui soutient les feuilles & les fleurs; ce mot-ci en ce cas se dit en Latin *Caulis*, qui vient du Grec καυλος, d'où on fait εγκαυλιειν, qui veut dire *caulem emittere*, jetter un Tige. Dans l'Histoire de l'Academie Royale des Sciences, année 170[illegible] page 67. il y a une excellente obſervation bota[illegible] nique ſur la perpendicularité des tiges des Plant[illegible] par rapport à l'Horiſon. Elle a été propoſée à ce[illegible] te Academie à l'occaſion d'un ouvrage que la Soci[illegible] té Royale de Montpellier y a envoyé ſur ce mêm[illegible] ſujet. Dans les memoires étant enſuite de cette Hi[illegible] toire, page 231. il y a une explication phyſique [illegible] la direction verticale & naturelle des tiges d[illegible] Plantes, des branches des Arbres & de leurs rac[illegible] nes, laquelle a été propoſée par M. de la Hire.

La diſtance des Arbres nains & à hau[illegible] te tige étant reglée, on devra ſe ſerv[illegible] d'une longue perche ou de deux enté[illegible] l'une dans l'autre, en telle maniere qu'e[illegible] les ne ſe puiſſent détacher. On doit plu[illegible] tôt ſe ſervir d'une perche ou d'une reg[illegible] que d'un cordeau pour compaſſer cet[illegible] diſtance. Quoyque le cordeau ne ſoit ja[illegible] mais ſi commode que la perche ou la re[illegible] gle, cependant on voit tous les jou[illegible] qu'il eſt en uſage parmi les Jardiniers ; i[illegible] s'en ſervent pour dreſſer des pieces d[illegible] Jardin telles qu'elles puiſſent être, ſo[illegible] Planches, Alignemens ou Allées, pou[illegible] y planter des Arbres, ou pour dreſſer de[illegible] couches.

Dans les terres ſeches & peu ſubſtan[illegible] cielles, les Poiriers à haute tige doiven[illegible] être plantez à ſeize ou dix-ſept pieds d[illegible] diſtance les uns des autres ; mais ſi l'o[illegible]

deſir[illegible]

..isire planter entre-deux des Poiriers ..ins pour reduire en buisson, il faut ..une absoluë necessité que cette distan..e soit de trois toises & demi. L'experience m'a appris qu'avant que de planter ces Poiriers à haute tige, il faut preparer leur tête, c'est-à-dire, y laisser trois ou quatre branches des mieux placées à la longueur de neuf à dix poûces au plus. Il est constant que cela forme la rondeur de la tête de ces Arbres dés la premiere année. La tête des Piceas, Ifs, Mirthes, Orangers & Citronniers doit se former de la même maniere.

..PICEA est un Arbre qui ressemble à l'If, excepté que ses feüilles ne sont pas d'un verd si brun. Ses ..illes à chaton composées de plusieurs sommets, ..ais steriles, car les embryons naissent entre les ..illes d'un épi separé d'elles, & deviennent une ..mence feüilluë, renfermée aussi dans des écailles, qui étant attachées autour, composent ce fruit, qui n'est autre chose qu'un épi qui devient plus gros. ..n ne met plus à present de Piceas dans les Parterres, parce qu'ils s'élevent trop haut, & qu'ils sont sujets à se dégarnir du pied. Cet Arbre produit de la graine qui n'est pas si long-temps à sortir de terre que celle de l'If.

CHAPITRE VIII.

Des conditions necessaires à toutes sortes d'Arbres fruitiers & non fruitiers pour meriter d'être choisis, soit qu'ils soient dans les Pepinieres, soit qu'ils soient hors les Pepinieres.

UNe chose des plus importantes qu'il y ait en fait de Jardinage, est selon moy, la connoissance ou le choix que l'on doit sçavoir faire des Arbres fruitiers quand on veut en planter ; car sans ce choix ou cette connoissance que l'on en doit avoir, il est tres-dangereux que l'on ne mette dans la terre des Fruitiers qui ne nous donnent que du déplaisir. Pour prevenir les inconveniens qui en peuvent arriver, il faut sçavoir que tous les Poiriers nains que l'on voudra reduire, soit en espalier, soit en buisson, sont bien conditionnez quand l'on remarque en eux, lorsqu'ils sont dans la Pepiniere, des jets de l'année bien vigoureux, & qui ne sont point alterez, tant à l'extremité de leurs branches, qu'à leurs feüilrs ; & que quand ils ſont hors de cette epinieres, leurs racines paroiſſent avoir ien de la vigueur; c'eſt-à-dire, que celles es Amandiers ſont blanchâtres, & que elles des Poiriers, Pommiers, Pru- iers & Ceriſiers ſont rougeâtres.

On doit auſſi examiner ſi la tige des oiriers en plein-vent eſt bien droite & une belle venuë, & ſi aprés qu'ils ſeont arrachez pour être tranſplantez, ils ourront ſe ſoutenir d'eux-mêmes ſans ecours ; car ſi cette tige étoit trop foi- le, on ſeroit obligé de les lier à des ieux fichez en terre, qui, quand il fait rand vent, peuvent aiſément écorcher écorce de la tige de ces Arbres; ce qui eſt auſe qu'il s'y forme quelquefois des chanres. Lorſque leur tige eſt trop menuë, il aut bien mieux les laiſſer dans la Pepinie- e, où elle groſſira plus aiſément. Si leur ti- e eſt bien droite, & de la groſſeur de ſix ſept poûces par l'extremité d'en bas, & quatre à cinq par celle d'enhaut, on les ourra arracher. Les Arbres foibles de ige ne doivent jamais ſe planter dans une erre ſeche & de peu de ſubſtance ; la raion eſt qu'ils ſont trop de temps à groſ- ſir & à produire du fruit. Je ſuis perſua- dé que les Jardinier vendent leurs Arbres à un prix un peu cher quand leur tige e grosse, & que leurs racines sont belles mais l'on est dédommagé en peu d temps de cette dépense, parce qu'i produisent du fruit à l'âge de quatre cinq ans.

On fera en sorte de n'être point tromp aux especes, parce que tous les Poirie ne réussissent pas à haute tige, comm ceux qui produisent de gros fruit, leque quand il fait grand vent, est tres sujet tomber, comme sont le Bonchrétie d'Hiver, Beurrées, Virgouleuse, Bez de Chaumontel, Franc-real, &c. Le Arbres qui portent ces fruits ne peuven réussir qu'étant espaliez à des murs fo élevez, c'est-à-dire, qui soient de l hauteur de quatorze à quinze pieds.

La bonne reputation est une chose precieuse, dit le Sage, qu'il faut faire se efforts pour l'acquerir. Les Jardiniers pour peu qu'ils se donnent le soin de met tre un bon ordre aux especes d'Arbre dans leur Pepiniere, & qu'ils venden fidelement celles qu'on leur demande passeront pour gens de probité & d'hon neur. Ceux qui desireront en acheter s'addresseront, pour ne point tombe dans des inconveniens fâcheux, à de

Jardiniers dont la reputation ſoit bien établie pour vendre les eſpeces de Fruitiers qu'on ſouhaite. Je connois pour tels les Sieurs Doré, Levacher, Bruzeau & Barouſſe Jardiniers à Orleans. Il vaut mieux les acheter un peu cherement, que de s'expoſer à être trompé aux eſpeces. Je ne ſuis pas ſurpris de ce que les RR. PP. Chartreux de Paris ont un debit conſiderable d'Arbres fruitiers, parce qu'outre qu'ils ſont des mieux conditionnez, c'eſt que l'on n'a pas juſqu'à preſent ouï dire qu'ils ont donné une eſpece pour une autre. L'ordre eſt trop bien obſervé dans leurs Pepinieres, pour qu'ils ſe trompent eux-mêmes. Le Frere François qui a l'intendance de leur Jardin, m'ayant fait l'honneur de m'y conduire, je reconnus que les eſpeces de Fruitiers, tant à pepin qu'à noyau, étoient bien diſtinguées les unes des autres. Ce pieux & ſpirituel Religieux a beaucoup d'experience dans le Jardinage.

Ceux qui deſireront acheter dans la Pepiniere des Arbres à pepin ou à noyau, examineront ſi leur écorce eſt luiſante & nette, & s'ils n'ont ni pourriture, ni mouſſe, ni chancre, ni gale, ni teigne, ni gomme autour de leur tronc, & ſi les jets de la derniere année ont pouſſé avec vigueur. Quand ils en auront fait le prix, ils les feront arracher par des Jardiniers adroits, afin que leurs racines ne se trouvent point endommagées.

Il ne faut jamais lever de terre ces Arbres que quand toutes leurs feüilles sont tombées. Si on les levoit dans le temps qu'ils sont encore en séve, on coureroit risque de les faire mourir, à moins que l'on ne prît la peine de les lever en motte. Un moyen sûr pour lever heureusement toutes sortes d'Arbres en motte, c'est d'examiner, avant que d'en venir à l'operation, si la terre où ils sont plantez, a naturellement un peu de corps & de soutien, comme sont les terres fortes. Ces Arbres pourront être levez en Novembre, ou au 12. ou 15. Fevrier, il n'importe; la terre si elle est forte, se soutiendra également dans ces deux differens mois; mais si elle est sablonneuse & legere, il faudra apporter un peu de circonspection dans cet ouvrage. Comme elle ne peut se soutenir d'elle-même pour former une motte, on déchaussera ces Arbres avant les gelées, en faisant une motte de terre au pied, & on les laissera en cet état sans les enlever, jusqu'à ce que la gelée venant à donner fortement sur cette motte, elle l'affermisse de maniere qu'on puiſſe tranſporter ces Arbres ſans craindre d'en rompre la motte. Si cette motte avoit quatre à cinq pieds de circonference, comme cela arrive quand les Arbres ont neuf ou dix ans, il faudra la renfermer dans des mannequins faits exprés. Sans cette precaution il ſeroit inutile, ou pour mieux dire impoſſible de tranſporter ces Arbres au lieu de leur deſtination, ſans courir riſque d'ébouler la terre de la motte.

Un Curieux qui deſire avoir un beau Jardin & en peu de temps, ſans ſe ſoucier d'un peu plus de dépenſe, doit ſe ſervir d'Arbres levez en motte, car il gagne par là ſix à ſept années d'avance, ce qui eſt bien conſiderable; parce que ces Arbres étant levez avec une motte de terre qui couvre leurs racines, ſe plantent tout de leur hauteur ſans rien couper; au lieu que les autres Arbres dont les racines ſont découvertes, n'ayant pas aſſez de force pour nourrir leur tête, on eſt obligé de leur abbattre, en les reſepant à neuf ou dix pieds de haut, ſi ce ſont des Arbres à haute tige. On voit par là que ce Curieux en plantant des Arbres en motte, gagne le temps qu'il faut à ces Arbres pour pouſſer une autre tête, outre qu'ils en ſont bien plus vigoreux, ne montrant point leur reprise comme ceux que l'on étête. Je sçay qu'il y a quelques Jardiniers qui pretendent que l'on peut planter hardiment un Arbre de l'âge de dix à douze ans tout de sa hauteur, sans y rien couper, & sans qu'il y ait une motte de terre à sa racine. Pour appuyer leur opinion, ils disent que cette motte de terre resserrant trop les racines que l'on est obligé de couper courtes, cela les empêche de faire leur fonction & de s'étendre avec tant de vigueur ; au lieu que les racines d'un arbre étant découvertes & toutes de leur longueur, on peut les arranger & les garnir de terre beaucoup mieux, outre qu'étant ainsi arrangées de tous côtez, elles ont plus de facilité à pousser & à se lier à la terre. L'experience que j'en ay, m'oblige de dire que ces Jardiniers se trompent dans leur sentiment ; car quand ces Arbres n'ont point de terre au pied, ou que la motte s'est cassée en les apportant, ils sont en tres-grand danger de mourir, la séve ne pouvant pas d'elle-même avoir assez de force pour monter au haut de l'Arbre, & pour nourrir sa tête, si elle n'est aidée par cette motte de terre qui est la même où on a élevé l'Arbre, & qui nourrit & entretient ses racines, jusqu'à ce qu'elles percent

dans

ans la nouvelle terre qui eſt autour.

Ceux qui arracheront des Arbres dans Pepiniere, obſerveront ceci, s'ils veu-nt conſerver leurs racines preſqu'en leur ntier, & ſans qu'elles ſoient ni caſſées ni ême endommagées. Ils feront des trous rt larges & profonds, & ôteront avec ne ſerfoüette du côté où il y a deux ents, peu à peu la terre qui eſt autour e ces racines. Si l'on faiſoit autrement, n pourroit en couper quelques-unes des lus capables de contribuer à leur vé-étation. Si ces racines ſe trouvoient écla-es ou rompuës, on peut croire que ces ayes ſont fort dangereuſes ; ainſi je is d'avis qu'on ne plante point des Ar-res qui ont ces défauts.

Pour bien choiſir les Arbres qui ſont ors la Pepiniere, il faut, en premier eu, examiner s'il n'y a pas trop long-emps qu'ils ſont arrachez ; cela ſe con-oît à leur écorce ridée, ou quand leur ois paroît corrompu, ou même alteré ar le peu de ſéve qui y eſt, ce qui ap-roche en quelque ſorte de la ſechereſſe, a qu'ils ſont écorchez tant à leurs tiges u'à leurs racines, ou même que le lieu ù la greffe a été appliquée, paroît tranglé par la ligature, ou qu'elle a été iſe trop baſſe. En ſecond lieu, il faut que ces racines ne ſoient ni pourries ni éclatées, ni ſeches ni dures, ni rongées par les Animaux qui ſont dans la terre. Comme la pourriture & la corruption marquent beaucoup d'infirmité dans le principe de vie, de même la tige & les branches des Arbres ne ſont point alterées quand leurs racines n'ont aucun défaut. En troiſiéme lieu, il faut que ces racines ſoient proportionnées à la groſſeur & à la longueur des tiges & des branches de ces Arbres, c'eſt-à-dire qu'il y en ait quelques-unes aſſez belles. Si elles ſont foibles, menuës & courtes, ce ſera une marque ſûre de l'infirmité de ces Arbres. En quatriéme lieu, s'ils ſont à haute tige, il ne faut acheter que ceux qui ont un étage de bonnes racines, & ſur tout des nouvelles, en telle ſorte qu'en ôtant les mauvaiſes, ſoit hautes ou baſſes, il puiſſe leur en reſter cinq à ſix belles qui en faſſent le tour, leſquelles on taillera à la longueur de neuf à dix poûces. A l'égard des Arbres nains, il ſuffira qu'ils en ayent trois ou quatre un peu belles, leſquelles on taillera à celle de ſix à ſept. Pour bien choiſir ces Nains, on ne doit prendre que ceux qui n'ont qu'un ſeul brin, & qui ſoit garni de bons yeux autour.

Pour n'être point trompé aux Pommiers greffez sur Paradis, quand on en achétera, il n'y qu'à examiner si leurs racines se cassent net comme un Navet lorsqu'on les pliera : si elles ne se cassent point, il est certain que ces Pommiers ne sont point greffez sur Paradis, mais plûtôt sur Petit-robert ou sur Piquet, car les racines de ceux-ci se plient aisément & ne se cassent point. Les racines des Pommiers sur Paradis ne courent qu'à fleur de terre, & celles des autres Pommiers piquent bien avant en terre ; ce qui fait que ces derniers Arbres ne produisent du fruit qu'à douze à treize ans, & que ces premiers le font d'ordinaire à trois. Plus les racines des Arbres piquent en terre, plus ils prennent de nourriture, & moins les boutons à fruit se forment ; car pour que ces boutons se noüent & s'arrondissent, il faut que les Arbres n'ayent qu'une séve moderée ; mais quand ce suc végétal y est trop abondant, il s'étend trop par tous les boutons, & il les allonge au lieu de les arrondir. Comme ces Pommiers greffez sur Paradis n'ont que tres-peu de séve, aussi ne vivent-ils dans une terre sablonneuse & seche, que douze à treize ans, & dans une humide & grasse, que quinze à seize.

Si en cherchant des Arbres fruitiers dans la Pepiniere & hors la Pepiniere il s'en presentoit devant soy qui fussent de deux greffes, j'estime que l'on devroit absolument les rejetter, pour ne prendre que ceux qui n'en eussent qu'une : mais si c'étoit un Arbre qui dût produire un fruit ou nouveau ou tres-precieux, & qu'on eût beaucoup de peine à trouver ailleurs, je serois bien d'avis que l'on s'en servît, pourvû qu'avant de le planter, on retranchât une de ces greffes, c'est-à-dire celle qui a moins de vigueur.

Pour faire en sorte que les Pêchers ayent une réussite heureuse, il faut auparavant que de les planter, examiner si leur tige n'a pas plus de deux poûces de circonference par le bas. Si ces Arbres en avoient quatre à cinq, ils ne pourroient faire aucune belle production. Les meilleurs sont ceux qui sont de l'âge de deux à trois ans. A l'égard des Poiriers nains, j'estime qu'il faut qu'ils ayent trois à quatre poûces de tour, c'est-à-dire qu'ils soient de l'âge de quatre ans au moins, pour leur faire pousser de beaux jets au Printemps. Pour ce qui est de ceux à haute tige, ils doivent, pour bien faire, avoir par le bas six à sept poûces de circonference, & par le haut quatre à cinq

Auparavant que de planter des Poiriers greffez ſur Coignaſſier, il faut examiner s'il y a trois ans qu'ils l'ont été. Il eſt tres-aiſé de le connoître aux jets qu'il ont pouſſé chaque année. Ces Arbres en vaient bien mieux que s'il y avoit moins de temps qu'ils euſſent été greffez. Quoique ces ſortes de Poiriers ayent été greffez en ce temps, j'eſtime que l'on ne doit point les lever de terre pour les tranſplanter, qu'ils ne ſoient chargez de quelques boutons à fruit, afin qu'ils donnent des Poires en peu d'années.

Lorſque l'on veut acheter des Arbres nains pour planter, il ne faut prendre que ceux qui n'ont qu'un ſeul brin; c'eſt-à dire que ces Arbres doivent avoir en pied leurs tiges bien garnies de bons yeux, leſquels ne manqueront de pouſſer dans la ſuite des jets qui ſeront bien plus aiſez à conduire que ceux qui y ſeroient venus dans la Pepiniere.

En achetant des Arbres fruitiers hors la Pepiniere, on doit bien plutôt choiſir ceux dont les racines ſont un peu groſſes, que ceux qui n'en ont que de menuës, & qui approchent du chevelu. On pourra tres-aiſément juger de la vigueur d'un Arbre, lorſque l'on verra que la playe de la Greffe ſera entierement récouverte, & que ses racines seront proportionnées à la grosseur de son tronc & de ses branches, & qu'elles ne seront point alterées; car c'est de ces racines d'où sa végétation dépend, & d'où il prend sa nourriture & son accroissement.

Les meilleures racines d'un Arbre sont, selon moy, celles qui approchent le plus de la superficie de la terre. Il ne faut faire aucune estime des vieilles; elles se connoissent aisément, car celles-ci sont toutes raboteuses & éloignées du tronc de cet Arbre. Pour que les racines des Amandiers soient bonnes, il faut qu'elles soient blanchâtres, & celles des Poiriers, Pommiers, Pruniers & Cerisiers, rougeâtres. Si ces racines sont d'une autre couleur, on doit absolument les rejetter.

TRONC, terme d'Agriculture, est la tige d'un Arbre, ce qu'il pousse depuis la terre, jusqu'à ce qu'il se divise en plusieurs branches. Lorsque toutes les branches d'un Arbre ont été coupées, ce n'est plus qu'un tronc. Ce mot se dit en Latin *truncus*; mais quand on parle d'un tronc de Choux, qui est toute la tige, lorsque la tête en est ôtée, on dit *caulis*.

Comme on doit proportionner le fondement d'un Edifice à la hauteur & à la charge qu'on veut luy donner, de même il faut que les racines des Arbres conviennent à la hauteur & à la grosseur de leurs tiges; car c'est par le canal de ces racines, que non seulement la tige & les branches, mais encore les feüilles, les fleurs & les fruits, reçoivent le suc de la terre, pour les nourrir & les faire croître.

Le temps le plus propre pour élever de bouture les Arbres fruitiers, est le mois de Novembre, & un beau jour, à cause que la terre est pour lors plus meuble, & par consequent plus aisée à manier, que quand elle est molle, cela s'entend si la terre est sablonneuse & seche; mais si elle est grasse & humide, il faut attendre au 20. ou 25. de Fevrier à en faire l'operation, crainte qu'en plantant les boutures plutôt, on ne les mît en danger d'être corrompus ou pourris par l'humidité. Voici comme il faut s'y prendre pour faire prendre racine à des boutures d'Oranger, Citronnier, Grenadier, Figuier, Meurier, Coignassier, Peuplier, Sureau, Groselier, Osier, If, Saule, & quelques autres petites branches coupées de dessus ces Arbres, & d'autres qui étant sans racines, en produisent quand on les a plantées, & qui poussent des feüilles & des branches hors de terre. Quand l'on aura coupé une branche sur quelqu'un de ces Arbres, on la plantera en rigole, ou on la fichera en terre, & on l'arrosera aussi-tôt, si la terre est un peu trop seche. Au 8. ou 10. de Mars, on aura le plaisir de voir que cette branche ou bouture poussera de petits jets accompagnez de feüilles, qui, selon toutes les apparences, auront été precedées de quelques foibles racines. Comme il faut de l'aliment pour entretenir & faire grossir ces jets, aussi la Nature ne manque pas de commencer à former à ces racines, des organes ou conduits qui servent à communiquer le suc de la terre aux jets & aux feüilles. Dans les grandes chaleurs on arrosera trois ou quatre fois la semaine cette branche; car enfin avec la chaleur, il faut de l'humidité pour la végétation & l'accroissement des plantes. Un Moderne dit que l'eau & les rayons du Soleil suffisent pour nourrir & faire croître les plantes, & que cette eau est leur principal aliment, sans qu'il soit besoin d'aucune terre, & que tout ce que cette terre fait, c'est de tenir les plantes debout, & de défendre leurs racines contre la violence du froid, du chaud & des vents.

CHAPITRE IX.

Où il est traité de la maniere de tailler les Arbres nains reduits en buisson & en espalier, de pincer & ébourgeonner de jeunes jets, & d'accoller les branches à l'Espalier; & où il est expliqué les raisons pourquoy il faudra quelquefois tailler les Fruitiers à haute & à demi-tige.

IL est constant que la taille des Arbres est l'objet d'une Science que les Anciens ont appellé avec justice Philosophie naturelle. Son ancienneté & sa noblesse ne sont pas moins certains que son utilité & son innocence. Nous connoissons tous les jours son excellence par le profit que nous en tirons, quand nous la pratiquons dans les regles. Cette taille est le Chef-d'œuvre du Jardinage : elle a passé chez les Hebreux, les Grecs & les Latins, lesquels nous l'ont depuis communiqué. J'ose assurer que tel est assez habile d'y réussir, qui a droit de se flatter de posseder un Art, que bien des Personnes qui le professent, ignorent; qui enſeigne à connoître les effets de la Nature par ſes productions, pour en démêler le bon d'avec le mauvais; & qui met a bout l'induſtrie des plus habiles.

Les Arbres qu'on taille donnent ſans doute de plus beau fruit, que ceux qu'on ne taille point, parce que leur ſéve n'eſt point occupée à nourrir des branches & des feüilles inutiles; ainſi le plus ſubtil de ce ſuc étant plus abondant, le fruit en devient & plus gros & plus excellent. Les Fruitiers que l'on taille, ſubſiſtent plus long-temps que ceux que l'on ne taille point, parce que l'on retranche le bois ſuperflu, en laiſſant ſeulement celuy que l'on juge propre, ſoit pour leur donner une belle figure, ſoit pour leur faire produire de beau fruit. Si on ne leur ôtoit point ce bois, il épuiſeroit une bonne partie de leur ſéve, & les feroit perir en peu d'années. Les Arbres enfin que l'on taille, prennent cette belle figure, laquelle conſiſte en une rondeur agreable & non gênée, & à n'avoir aucun vuide, en ſorte qu'étant bien ouverts du milieu, le Soleil y puiſſe penetrer, tant pour la maturité de leur fruit, que pour luy donner & la qualité & la belle couleur. Tout cela ſera dans la ſuite amplement expliqué.

Le Sçavant Curé d'Enonville, dans son Traité de la maniere de cultiver les Arbres, dit qu'il n'y a presque point de preceptes à donner sur leur taille, & que pour la bien mettre en pratique, il faut agir plus de l'esprit que de la main ; qu'elle est tres-difficile à expliquer, parce qu'elle ne consiste point en maximes certaines & generales, mais qu'elle change selon les circonstances particulieres de chaque espece d'Arbre ; qu'ainsi cette taille dépend absolument de la prudence du Jardinier, qui doit juger luy-même quelles branches il faut laisser, & qui sont celles qu'il convient couper ; & il ajoûte qu'il est plus aisé de l'apprendre par l'experience que par le discours.

J'estime qu'il faut, en taillant les Arbres, donner la figure qui convient à chaque espece. Ceux que l'on reduira en Buisson, seront fort bas de tige, c'est-à-dire, que cette tige doit avoir sept à huit poûces depuis la greffe, afin de labourer aisément dessous quand ils sont devenus grands. Ils devront être bien ronds, parce qu'ils seront plus agreables à la veuë, & ouverts dans le milieu plus ou moins selon l'espece des Arbres & la qualité de chaque terroir. Pour ce qui est de ceux qu'on reduira en Espalier, il faudra qu'ils ayent d'autres qualitez pour être dans la perfection qui leur est propre. A l'égard de ceux à haute & à demi-tige, il ne les faudra tailler que les quatre ou cinq premieres années, pour en regler la figure dans la suite.

TAILLER, est, en terme de Jardinage, ôter à un Arbre les branches qu'on connoît, ou qu'on doit connoître luy pouvoir nuire, tant par rapport à sa forme, que pour ce qui regarde les heureuses productions qu'on en attend. On doit conserver les branches, où on connoît que la Nature a mis des dispositions à pouvoir tout esperer d'elles. Et on doit les racourcir ou les laisser entieres, suivant que nous le disent nôtre prudence & nôtre sçavoir faire. Ce mot de tailler se dit en Latin *amputare*.

Avant qu'un Jardinier taille un Arbre, il faut, en premier lieu, qu'il voye d'un coup d'œil ce qu'il a à faire, soit pour le rendre parfait quand il ne l'est pas, soit pour conserver sa beauté lorsqu'il l'a acquise, soit enfin pour le rendre fecond. Il doit voir, en second lieu, où il faut qu'il place les branches qui peuvent produire du fruit. Il faut, en troisiéme lieu, qu'il coupe toutes les branches gourmandes, & toutes celles qui empêchent & la beauté & la fecondité de cet Arbre. Et en dernier lieu, il doit de temps à aure s'en éloigner, afin de voir s'il donne dans la belle figure. C'est par la taille que la science d'un Jardinier paroît avec plus d'éclat, & qu'on juge mieux de son adresse & de son experience.

On doit avoir soin en taillant un Poirier nain, de conserver le bois qui peut donner du fruit, lequel est celuy qui est court, bien nourri & chargé de quelques boutons à fruit, & qui est le plus prés du tronc de l'Arbre. On doit faire en sorte qu'il n'y ait à chaque branche feconde que trois ou quatre boutons, & qu'au haut de chacune, il y en ait un à bois, parce qu'une bonne partie de la séve, sera employée à faire produire à ce bouton à bois, un jet qui servira, ainsi que ses feüilles, à garentir le fruit contre les ardeurs du Soleil. Ce jet empêchera que ce fruit ne se perde en naissant. Si on ne laissoit au bout d'une branche taillée, aucun bouton à bois aprés ceux à fruit, il est constant que l'abondance de la séve feroit avorter ou noyer le fruit qui en proviendroit, & ne feroit pousser à cette branche que du bois.

BRANCHE, terme de Jardinage, est le jet qu'un Arbre pousse en rameau au-delà de son tronc; c'est elle qui luy donne la figure, & d'où sort tout le profit que nous en attendons. Branches ſont dites en Latin *Brachia*, parce qu'elle ſont en effet les bras du corps de l'Arbre. Il y a pluſieurs ſortes de Branches ; ſçavoir la Branche à bois, la Branche à fruit ou feconde, la Branche de faux bois ou gourmande, la Branche veule ou élancée, la Branche mere, la Branche d'eſperance, & la Branche chiffonne. Lorſque la Branche d'un Arbre eſt à demi rompuë, & que l'écorce n'en eſt point tout-à-fait ſeparée, ſi on la rapproche, & qu'on y faſſe un appareil capable d'arrêter la ſéve propre à la défendre des approches de l'air, qui pourroit en deſſecher l'humidité ou y cauſer quelque alteration, comme aux playes des Animaux dont il eſt le plus dangereux ennemi, la Branche reprend facilement & ſe réunit : c'eſt une experience qui m'a pluſieurs fois réuſſi. Branche veule ou élancée, eſt celle qui ayant pris tout ſon accroiſſement, paroît longue & fort menuë. Une Branche veule ſur un Poirier n'eſt propre à rien ; ainſi il faut l'ôter tout-à-fait. Les Branches peuvent être nuiſibles aux Arbres en deux manieres, quant à la forme, quant au fruit. La forme d'un Arbre n'eſt jamais belle quand on y laiſſe une Branche mal placée, & ſon fruit n'y devient que rarement beau lorſqu'en taillant cet Arbre, on eſt trop negligent à ôter les Branches qui donnent trop de confuſion, ou qu'on y laiſſe les Branches gourmandes, qui abſorbant tout le ſuc nourricier, l'empêchent de profiter dans toutes ſes bonnes parties, ainſi que dans ſes productions. Les Branches que l'on doit conſerver, ce ſont celles qu'on peut, ſans faire injure aux autres, appeller les favorites de la Nature, à cauſe de la grande abondance des fruits qu'elles nous promettent, & de la figure de l'Arbre qu'elles compoſent. Les Branches qu'on racourcit ou qu'on laiſſe entieres, ſont celles, ou qui doivent donner du fruit l'année même, ou qui ont des marques infaillibles d'en donner en peu de temps.

On voit souvent des Poiriers nains en buisson, qui ayant une branche bien placée, en ont deux autres situées de l'autre côté, quasi vis-à-vis, & qui sont sorties d'un même œil; mais l'une desquelles se jette en devant, & l'autre est disposée pour donner la belle figure à l'Espalier. Quand cela se trouve, il faut retrancher celle qui se jette en devant, à l'épaisseur d'un écu prés la tige, & tailler l'autre à à l'ordinaire.

Il ne faut pas esperer que le fruit d'un Pêcher puisse tenir sur une branche taillée à demi bois, parce que la séve étant trop abondante & trop grossiere, elle n'est pas d'une qualité propre à penetrer la queuë des Pêches pour leur fournir la nourriture convenable; & elle passe outre pour convertir cette branche à fruit, en une branche à bois, qui garnit le côté du Pêcher qui étoit vuide.

Pour faire prendre fruit à un Poirier qui est abondant en séve, & pour l'obliger à le retenir quand il est noüé, il ne faut le tailler que quand il a commencé à pousser. Cela luy fera sans doute perdre une partie de sa séve, & empêchera aussi que plusieurs boutons qui ne paroissent pas encore, puisqu'ils ne peuvent se perfectionner qu'à la fin d'Avril, n'avortent ou ne se convertissent à bois. C'est par là qu'on conservera & ce fruit & ces boutons.

AVORTER, est un terme propre à l'Agriculture & au Jardinage, puisqu'il convient aux choses produites par le labour de la terre. Lorsqu'un Arbre pousse son fruit dehors avant le temps prescrit par la Nature, ce fruit ne peut acquerir la maturité. Quand un fruit est trop battu des vents, il ne manque gueres d'avorter. Lorsqu'il survient des pluyes froides dans le temps de sa fleur, cela le fait avorter & couler.

Pour bien tailler un Poirier nain reduit en espalier, il faut d'abord commencer par un de ses côtez du haut en bas; ensuite conduire son ouvrage, sans qu'il y ait rien de confus, & prendre ses branches les unes aprés les autres. Lorsque ce premier côté sera tout-à-fait taillé & palissadé, on ira de l'autre côté aussi du haut en bas avec le même ordre & en observant la même symmetrie.

PALISSADER, terme de Jardinage, c'est proprement parlant attacher à un treillage de fil-de-fer ou d'échalas dressé contre un mur, les branches des Arbres reduits en Espalier, de telle maniere que faisant l'Eventail, on leur donne par ce

moyen

moyen une forme qui leur convient. Ce mot de palissader, selon Columele, se dit en Latin *transversis longuriis palos jugare; palos*, à cause qu'on ne se servoit autrefois que de pieux pour faire des palissades.

S'il se rencontre à l'extremité d'en haut d'une branche bien droite, un bouton à fruit, comme il arrive quelquefois, j'estime qu'il faut l'ôter, parce que la séve qui monte continuellement à l'Arbre pour nourrir ses branches, ses feüilles & son fruit, étant attirée par le Soleil & poussée en haut par celle que les racines envoyent en abondance, fait noyer & avorter ce bouton, & le convertir en un petit jet ou sion. Cependant si on veut avoir le plaisir & la curiosité de voir produire à ce bouton ainsi placé à cette extremité d'en-haut d'une branche, du fruit plus beau qu'à aucun endroit de tout l'Arbre, il n'y a qu'à contraindre cette branche où le bouton est attaché : cela se peut faire de deux manieres. La premiere, en couchant le haut de la branche un peu plus bas que le lieu d'où elle tire son origine. La seconde, en faisant avec cette branche une espece d'anneau ou de petit cercle, comme les Vignerons font avec les longues branches que la Vigne blanche a poussé l'année derniere, pour

leur faire mieux retenir le fruit qu'elle
doivent produire. Le bouton à bois qu
sera le plus élevé de cette branche pliée
poussera un beau jet, lequel attirera un
grande partie de la séve ; cependant il
en aura assez pour nourrir le fruit qui
sera, puisqu'il deviendra plus gros qu
par-tout ailleurs. Cette découverte e
fort utile, & d'autant plus à estimer, qu'
n'y a eu aucun Auteur avant moy qui e
ait parlé. Je puis bien assûrer que tout
les fois que j'ay contraint ou plié un
branche, à l'extremité de laquelle il
avoit un bouton à fruit, elle a fort bie
retenu son fruit. Si cette branche e
pliée trop fortement, le fruit y devie
petit & méprisable, à moins qu'elle n'a
été assujetie dés la premiere année, pa
ce que ses fibres n'étant pas alors ass
droits, le suc nourricier ne peut s'y po
ter que foiblement.

Les branches qui ne doivent pouss
que du bois, seront toûjours tant s
peu taillées. On doit laisser moins d'ye
à bois & de boutons à fruit aux branch
mediocres, qu'à celles qui ont bien
la vigueur ; & au contraire il faut laiss
aux dernieres beaucoup de bois & pl
sieurs boutons à fruit, afin qu'elles
produisent d'autres fecondes, & qu'el

retiennent mieux leur fruit.

Un moyen sûr pour rendre un Poirier nain reduit en espalier, toûjours bien garni, tant par le haut, le milieu, que le bas, & pour luy faire porter d'excellent fruit, c'est de couper court une branche qui sera entre deux autres branches. L'année suivante la courte sera taillée longue, & la longue courte; & ainsi suivre d'année en année, jusqu'à ce que l'Arbre soit prêt à perir.

Si sur le corps d'un Poirier nain il se trouve un bouton à fruit, j'estime qu'il faut le conserver, parce que le fruit qui en pourra provenir, sera sans doute plus gros & plus excellent, que tous ceux que produira cet Arbre.

Pour qu'un Arbre nain en buisson soit garni de tous les côtez, il faudra retrancher toutes les branches qu'il poussera au milieu. Cet Arbre doit être plus large & plus étendu dans un terroir gras & humide, que dans un sec & de peu de substance, afin que son fruit ayant plus d'air, & étant mieux regardé des rayons du Soleil, puisse plus aisément meurir.

SUBSTANCE n'est autre chose que ce qu'il y a de plus pur, de plus subtile & de plus essentiel dans la terre, qui étant ramassez ensemble, forment cette substance, qui par le moyen de la chaleur, s'introduit dans les Plantes pour leur faire prendre un heureux accroissement. Les Herbes & les gros Arbres tirent toute la substance de la terre; les petits & les jeunes plants de Vigne ne peuvent croître auprés.

Quand on s'appercevra qu'un Poirier greffé sur Coignassier sera chargé d'un trop grand nombre de boutons à fleur, on devra bien juger que cet Arbre est bien prés de sa fin. Pour y remedier, il faut retrancher une bonne partie de son bois, sans épargner plusieurs boutons à fruit. Plus on en ôtera, plus cet Arbre deviendra vigoureux, car il jettera dans la suite plus de bois & moins de boutons à fruit, ce qui le fera fortifier & renouveller, pourvû qu'aprés qu'on l'aura taillé, on mette au pied de ce Poirier un amendement qui convienne à la qualité de la terre où il est planté. Le contraire est d'un Poirier greffé sur franc, lequel se charge toûjours trop en bois, & particulierement quand il est nain, à cause qu'il a une grande abondance de séve. Si on souhaite qu'un Poirier nain greffé sur franc produise du fruit en peu d'années, il suffira, en le taillant, de couper seulement le bout de ses branches. Cela obligera sans doute cet Arbre de donner du fruit bien plûtôt qu'il n'auroit fait, parce qu'étant ainsi gouverné, il jettera moins de bois, & produira beaucoup de boutons à fruit. Il est certain que plus un Poirier nain greffé sur franc abonde en séve, moins il en produit, & s'il en produit quelquefois, le fruit qui en provient coule & se convertit en bois. La trop grande abondance de la séve, dit M. Tournefort, produit tres-souvent de grosses tumeurs, lesquelles empêchent les Arbres de profiter ; cela arrive sur tout en Provence aux Poiriers nains, à cause de la violence avec laquelle la séve se porte aux extremitez des branches que l'on a taillées. On croit, ajoûte-t-il, qu'en déchargeant beaucoup les Arbres vigoureux, ils en rapportent plus de fruit ; cependant il arrive le contraire, l'abondance de ce suc ne faisant que pousser de nouvelles branches, au lieu de faire fleurir les vieilles.

La difference de rapport des fruits aux Arbres, n'est fondée que sur le plus & sur le moins de vigueur. Les Fruitiers qui en ont une grande, produisent quantité de gros bois, & peu de menu ; & ceux qui n'ont que peu de vigueur, n'en font gueres de gros, & en donnent beaucoup de menu. Ainsi comme le gros ne produit que rarement du fruit, car c'est toûjours le menu qui en porte, j'eſtime que l'on doit donner aux Arbres vigoureux une grande étenduë en les taillant, & laiſſer les groſſes branches fort longues, leſquelles ayant plus de place à employer leur furie, ne pourront dans la ſuite produire de ſi groſſes branches, & en feront un grand nombre de mediocres, leſquelles ſont appellées fecondes.

Il eſt conſtant qu'un Arbre qui eſt en langueur, eſt ſemblable à un Homme qui eſt au même état, parce que ſes racines luy fourniſſent peu de nourriture, ce qui eſt cauſe que ſon tronc & ſes branches pâtiſſent beaucoup, que ſon bois en devient dur & ſon écorce alterée. Le plus ſûr moyen pour empêcher que cet Arbre ne periſſe, c'eſt de le décharger de la plûpart de ſes branches, & autant qu'on le jugera à propos. C'eſt ainſi que les Arbres infirmes deviennent vigoureux & ſe renouvellent. Cela ſera obſervé non ſeulement ſur les jeunes Fruitiers qui ſeront en langueur, mais on l'obſervera encore plus exactement ſur les vieux qui ſeront fort infirmes & tout rabougris, à cauſe qu'ils ont peu de ſéve, & qui ne pouvant fournir à leurs tiges & à leurs branches, eſt obligée d'abandonner une partie des extremitez de ces branches, qui pour lors étant bien racourcies, produisent & du bois & du fruit. Quand le suc nourricier, dit un Moderne, vient à manquer, les Plantes languissent, leurs feüilles se fanent & tombent hors de leurs saisons, les racines se carient, se chansissent & se remplissent d'un certain limon qui empêche la filtration des sucs. Il ajoûte que les fumiers de Vache & de Pourceau arrêtent la Carie, comme le Storax arrête la Gangrene des Animaux. Qu'on emporte la Chansissure, en lavant bien les parties affectées avec de l'eau claire : & que le Terreau & la fiente de Pigeon remedient au limon qui causent de grandes obstructions dans les racines.

RABOUGRI se dit en terme de Jardinage, des Arbres qui n'ont pas poussé des branches d'une belle venuë, qui sont ou étêtez ou ébranchez, ou qui ne profitent pas bien, qui ont le tronc court, raboteux ou noüeux, & qui ne poussent que de foibles jets. Les feüilles de ces Arbres sont d'ordinaire pleines de Pucerons & de Fourmis. Cette maladie survient à la plûpart des Arbres, & sur tout aux Pêchers & Pruniers.

On observera en taillant les branches d'un Arbre en espalier, de laisser toûjours en dehors les boutons à bois qui sont au bout de ces branches ; parce que si on les laissoit en dedans, les jets qui en ſortiroient, s'étendroient du côté du mur, ce qui empêcheroit ces jets de meurir avant l'Hiver.

On doit couper de biais les branches des Poiriers & Pommiers, auprés d'un bouton à bois, afin que la playe se recouvre promtement, ſans y laiſſer aucun argot. S'il s'en trouvoit de la précedente taille, il faudroit les couper juſqu'au vif. Si on n'ôtoit pas les argots ſecs à ces Fruitiers, ils pourroient bien faire perir les branches où ils ſeroient. Si on coupoit les argots juſqu'au vif aux Pêchers, Abricotiers & Pruniers, il eſt conſtant que la gomme s'y formeroit & feroit perir la branche. Si on la veut conſerver, on ne coupera l'argot qu'auprés du vif.

ARGOT eſt, en terme de Jardinage, le bois qui eſt au-deſſus du dernier œil d'une branche, & qui n'étant point recouvert par ſa pouſſe, meurt. C'eſt une choſe deſagreable à la vûë que des Arbres où il y a quantité d'argots. Les habiles Jardiniers ôtent toûjours les argots qu'ils apperçoivent à leurs Arbres, & ſur tout à ceux des Pepinieres qu'ils ont greffez ; car les regles de la taille demandent que l'on coupe juſqu'au vif les argots qui paroiſſent ſur les branches des Fruitiers à pepin, & auprés du vif ceux qui ſont ſur les branches de ceux à noyau. Je croy que ce nom d'Argot a été donné à ces petits morceaux de bois qui paroiſſent ſur

sur un Arbre, à cause qu'ils ressemblent, pour ainsi dire, aux Argots des Coqs.

Ceux qui desireront avoir de tres-grosses Poires dans les Arbres qui en portent de grosses, comme sont celles de Beurrée, Bezy de Chaumontel, Saint-Germain, Bonchrétien d'Hiver & autres pareilles, tailleront court les branches de ceux qui en portent de telles. Plus on donnera de la charge prés du tronc, plus le fruit deviendra gros & excellent.

Comme on sçait qu'il se trouve toûjours dans les grosses & longues branches, une grande abondance de séve qui en occupe toutes les extremitez, aussi doit-on sçavoir que cette abondance ne peut produire des boutons à fruit, mais seulement de ceux à bois. L'experience m'a appris que ces boutons à fruit ne se forment jamais qu'aux endroits où il se trouve une certaine quantité de séve qui soit presque également éloignée de l'excés du trop ou du défaut du trop peu; c'est pour cela qu'on ne voit point de boutons à fruit à l'extremité de la taille d'une grosse branche, dont les fruits qui en sortent, s'y tiennent; au contraire ils avortent & coulent, à moins que la séve, par quelque obstacle à nous inconnu, n'ait été en partie détournée de son cours ordinaire. D'ailleurs, il est certain que sur les parties basses de ces grosses branches, la séve n'est point si abondante ni si agitée que vers leurs extremitez, où elle est attirée par les rayons du Soleil, & où il se forme quelquefois des boutons à fruit.

Lorsqu'un Poirier un peu vieux paroît infirme & ratatiné, & qu'il ne fait plus que de foibles productions, il faut le tailler court au mois de Novembre, soit que cet Arbre soit planté dans un terroir sec & sablonneux, soit qu'il le soit dans un humide & gras. Cette operation luy donnera un peu plus de vigueur.

RATATINE' se dit, en terme de Jardinage, d'un Arbre qui ne pousse que des jets fort mediocres, & qui ne donne que du fruit tres-petit: ainsi un Arbre ratatiné se dit en Latin *languens arbor*. Ce mot de ratatiné se dit aussi par rapport aux fruits & aux racines de Jardin qui sont tout ridez & dessechez : ainsi un fruit ratatiné se dit en Latin *fructus retorridus*.

Un Poirier greffé sur Coignassier qu'on aura planté au mois de Novembre dans une terre grasse & humide, devra être taillé court au même mois de Novembre de l'année suivante, pour obliger cet Arre à pousser au Printemps suivant de beaux jets. Si dans la suite on s'apperçoit qu'il ait fait de belles productions, il ne le faudra tailler qu'au mois de Fevrier.

On ne fera que le moins de playes que l'on pourra quand on taillera un Arbre, car par ces playes, il se peut faire un écoulement de séve, & sur tout quand elle est déja dans le bois, qui peut beaucoup luy prejudicier. Les Poiriers, Pommiers & Coignassiers sont par ces playes, sujets à la teigne & au chancre; & les Fruitiers à noyau, à la gomme.

Il faut palissader de telle sorte les branches des Pêchers & Abricotiers, qu'elles soient également partagées des deux côtez, que rien n'y soit confus, ni aucunes branches laissées mal à propos; & enfin que ces Arbres soient tellement reguliers, que ceux qui les viendront voir, puissent dire qu'ils ont été tres-bien conduits. Pour ce qui est des Poiriers à haute tige, il faut leur ôter, sur tout dans le milieu, tout le bois superflu qui les rend sombres, & particulierement de ceux plantez en un terroir humide & gras.

Comme un Sçavant Medecin purge doucement & peu à peu le Corps de l'Homme de ses humeurs qu'il appelle mordicantes, âcres, malignes, aduftes & fuperfluës ; de même un Jardinier habile doit émonder les branches des Arbres qui nuifent aux fruits en leur portant trop d'ombrage, ce qui les empêche d'acquerir la belle couleur & la maturité. Pour les émonder comme il faut, on doit d'abord commencer à fupprimer les branches qui font les moins neceffaires, & enfuite les plus onereufes. Quand des Arbres nains reduits en efpalier & en buiffon font bien égayez, ils font plus agreables à la vûë. Aux Poiriers en buiffon greffez fur franc qui font plantez dans un terroir humide & gras, il faut leur donner beaucoup d'air dans le milieu, car le fruit y a beaucoup de peine à meurir, & même l'Arbre à en produire, s'il n'a fuffifamment de l'air, de même que les Hommes ne peuvent vivre s'ils ne le refpirent. Comme les Plantes ont des parties organiques à peu prés femblables à celles des Animaux, & que le mouvement de l'air dans ces Plantes n'eft pas moins neceffaire pour la végétation & la production du fruit, que le mouvement du fuc nourricier ; auffi faut-il en taillant les Arbres en buiffon, leur donner beaucoup d'air, pour les obliger à produire quantité de bois & de fruit.

lesquels puissent parfaitement meurir.

EGAYER un Arbre, n'est autre chose que palissader les branches de telle sorte, qu'elles soient également partagées des deux côtez, qu'il n'y ait point de confusion, & qu'il n'y ait aucune branche laissée mal à propos; enfin que la propreté y soit tellement observée, que les Connoisseurs puissent dire, voila un Arbre bien conduit. Egayer un Arbre à haute tige, est luy ôter tout le bois superflu qui le rend sombre, sur tout dans le milieu, & ne luy laisser que celuy qui luy convient, tant par rapport à sa figure, que par rapport à sa fecondité. Il faut toûjours égayer le plus qu'on peut les Arbres, si on veut qu'ils paroissent agreables à la vûë. Ce mot d'égayer les Arbres, se dit en Latin *Exhilarare Arbores.*

Il ne faut pas tailler si regulierement les Arbres en plein vent, que les nains. Il suffira de tailler ceux-là les trois ou quatre premieres années, afin qu'il n'y ait aucune confusion dans leurs branches, & de pouvoir leur faire acquerir une belle figure. On devra seulement ôter tous les bouchons qu'on y trouvera, car à l'ordinaire ils font avorter le fruit, quand on ne les en décharge pas.

Les Fruitiers à noyau poussent des jets plus vigoureux & plus confus que ceux à pepin. Il faut donc tailler ces premiers avec beaucoup de prudence. Ceux qui ont poussé pendant une année de forts jets, & qui ont produit quelque fruit perdent dans ces jets, l'année suivante leur vigueur, & n'en poussent de côté & d'autre que de petits, mais qui sont chargez d'un grand nombre de boutons à fruit. La plûpart de ces petits jets perissent l'année suivante, ainsi que presque toutes les bourses annuelles de ces Arbres à noyau. Lorsque l'on taillera ces derniers Fruitiers, il faudra ôter les vieux jets dés leur origine.

BOURSE est, en terme de Jardinage, cette petite production qui croît aux branches secondes d'un Arbre, & qui est de forme ronde, & un peu grosse, d'où sort au Printemps une fleur, suivant que l'espece de l'Arbre qui la produit, le permet. J'estime que ce mot de Bourse est bien pensé, d'autant qu'elle enveloppe ce qui doit produire le fruit, & comme ce ne sont que des feüilles qui composent ces Bourses, on les appelle en Latin *Folliculi*.

Pour tailler dans les regles un Pêcher il faut attendre que ses boutons soient tout-à-fait hors de fleur, afin de reconnoître les veritables d'avec les faux. Ceux-ci ne peuvent retenir leur fruit, & ceux-là sont assez aisez à connoître, parce qu'ils s'enflent & grossissent, & que les autres demeurent au même état. Il faut être soigneux d'ôter le bois sec & languissant auprés de celuy qui est vif, & n point du tout toucher à ce bois vif. On retranchera aussi une partie de ses branches, afin d'avoir dans la suite & du bois & du fruit. Si on veut qu'un Pêcher donne beaucoup de Pêches, il faut charger ses grosses branches, & décharger ses foibles.

Fleur, est un bouton épanoüi de diverses couleurs que produisent les Arbres, & d'où leur fruit & leur semence naissent. L'on use aussi de ce terme dans l'Agriculture & le Jardinage par rapport aux bleds & aux legumes, car on dit qu'ils commencent à entrer en fleur. Si on regarde, dit un Moderne, l'ordre de la production des fruits, on trouve que reglément la Nature commence par des boutons à fleur qu'elle fait paroître. Aux Arbres à pepin chaque bouton contient plusieurs fleurs, & consequemment plusieurs fruits. A ceux à noyau chaque bouton ne contient qu'une fleur, & par consequent qu'un fruit unique; or d'un petit aiguillon qui se trouve dans le milieu de chaque fleur, le fruit se forme trois ou quatre jours aprés qu'elle est épanoüie, & cela s'entend si le temps est favorable, c'est-à-dire, si les pluyes froides ou les gelées blanches ne gâtent pas ces précieux commencemens; ainsi chaque fruit est précedé de sa fleur; mais pour ce qui est de la Figue, elle naît tout d'un coup parfaite sans fleurir: à l'égard des Melons, Concombres, Citroüilles & Courges, le fruit est la premiere chose qui paroît, & c'est seulement quelques jours aprés la naissance de ce fruit, qu'on voit à son extremité une fleur achever de se former, & ensuite s'épanoüir: c'est veritablement, ajoûte-t-il, de la bonne fortune de cette fleur, que dépend la perfection de ce fruit ; en sorte que si elle n'est pas capable de resister aux pluyes froides & aux gelées blanches, ce fruit vient à perir presque aussi tôt qu'il a pris naissance. M. Grew dit que la fleur est composée de trois parties, qui sont l'enveloppe ou le calice, le feuillage ou le fond, & le cœur ou le milieu de la fleur. Que les feüilles des fleurs sont composées des mêmes parties essentielles que les feüilles vertes ; car leurs membranes, leurs pulpes & leurs fibres, ne sont rien autre chose que la peau, le parenchyme & le corps ligneux qui se sont étendus pour former le fruit. Que ces feüilles des fleurs servent à couvrir le cœur de la fleur aussi bien que le fruit ; de sorte que comme le calice étant plus dur & plus grossier, est leur enveloppe exterieure, qui ne leur est pas moins necessaire, il ne se voit point de fleurs dont les feuilles soient roulées en dehors, comme le sont quelquefois des feüilles vertes. Qu'il croit qu'il ne s'en peut point trouver, pour deux raisons. La premiere, parce que les fibres ne sont point élevées sur le dos des feüilles de ces fleurs, comme elles le sont sur le dos des autres feüilles ; & la seconde, parce que les feüilles de ces fleurs doivent enfermer & conserver le cœur, ce qu'elles ne pourroient faire, si elles étoient roulées en dehors.

CALICE est, en terme de Jardinage, la partie exterieure qui environne le feüillage & le cœur de la fleur, soit qu'il soit tout d'une piece, soit que cette enveloppe soit partagée comme dans les Roses.

Lorsque les Pruniers nains sont dégarnis de branches, & qu'ils sont sur leur retour, il ne faut pas pour cela les arracher. Pour les renouveller, il n'y a qu'à les receper, s'ils ne sont pas trop vieux, avec un ciseau de Menuisier au mois de Novembre, à deux doigts au-dessus de la greffe, si le fruits qu'ils produisent est excellent, sinon on les recepera au-dessous de cette Greffe. Si ces Pruniers sont à haute tige, on le coupera à la hauteur de sept pieds & demi au plus sur leurs petites branches & non sur leur tige, afin qu'ils poussent plus facilement des jets au Printemps suivant. Une taille si utile donne sans doute à ces Pruniers, tant nains qu'à haute tige, une nouvelle vigueur, & leur fait produire dés la troisiéme année au plûtard, de plus beau fruit qu'auparavant. Ces Arbres recepez devront être labourez deux fois par an au moins.

RECEPER est un terme de Jardinage qui signifie couper entierement la tête d'un Arbre, soit pour le greffer d'une autre espece, soit pour luy faire acquerir une nouvelle tête par le moyen des branches qu'il reproduira, sur lesquelles, si le fruit que cet Arbre donne ne plaît pas, on appliquera des Greffes en écusson à œil dormant, qui auront été coupées sur un qui en produit de plus gros & de plus excellent. Ce mot de receper se dit en Latin *amputare*, qui proprement parlant, signifie couper la tête de quelque chose. Il y a des Jardiniers qui au lieu du mot de receper, se servent de celuy d'étêter.

Si les Poiriers, Pêchers & Abricotiers nains sont aussi sur leur retour, & presque tout-à-fait dégarnis par le bas, j'estime que pour les faire renouveller, il faut les receper au mois de Novembre à quatre doigts au-dessus de la Greffe, ôter la terre qui est autour de leur tronc à la profondeur d'un pied & demi, & substituer à la place de cette terre ôtée, d'autre meilleure qu'on mêlera avec du terreau; & au-dessus de tout cela, on mettra du fumier neuf, qui conviendra au terroir où ces Arbres sont plantez. Il est constant que tous ces amendemens les obligeront de pousser de vigoureux jets, & fera produire à ces Poiriers dans quatre ans au plûtard, de tres-beau fruit, & à ces Pêchers & Abricotiers dans deux.

Il ne faut pas trop accourcir les branches du Figuier lorsqu'on le taille, il suffit de couper un peu l'extremité des plus grosses, & à la moitié celles qui sont plus foibles; & c'est ordinairement de celles-ci d'où le fruit se produit. Cet Arbre est d'une nature bien differente de celle des autres, car les branches des derniers qui sont taillées l'année suivante, ne portent que du bois, si elles sont branches à bois; au contraire les branches de ce Figuier produisent d'autres branches qui en la même année donnent du fruit ; car tout œil resté en Mars sur ces grosses branches de l'année derniere, produit une Figue & quelquefois deux. S'il y en a deux, j'estime qu'il faut en retrancher une ; il est certain que celle qui restera, profitant seule de l'aliment que l'Arbre auroit envoyé aux deux, deviendra & plus grosse & plus excellente. La Nature a encore mis à ce Figuier d'autres dispositions à donner du fruit, lesquelles ne sont pas dans les autres Arbres ; car les branches de ce premier, depuis qu'elles commencent à croître, qui est depuis le 25. ou 30. Mars, deviennent quelquefois de la longueur de deux pieds, d'où il naît d'ordinaire une seconde fois autant de Figues qu'il y paroît d'yeux, lesquelles peuvent en l'Isle de France acquerir la parfaite maturité, lorsque l'année est seche, chaude & hâtive, & que les Arbres qui les produisent sont plantez auprés d'un mur exposé au Midi, & que l'on a eu soin de les arroser lors des excessives chaleurs.

On sera bien soigneux de pincer les branches du Figuier qui s'éleveront trop, & de couper les branches gourmandes dés leur naissance. S'il naît au pied de cet Arbre quelques rejettons, il ne faudra pas manquer de les ôter ; parce qu'ils dérobent aussi-bien que les herbes une partie des sels & de la substance de la terre. Au mois de Juin on coupera les grosses branches qu'il aura poussé à la longueur d'un pied au plus. Cela fera pousser à cet Arbre sur ces grosses branches plusieurs jets, sera cause que les secondes figues deviendront plutôt meures, & luy fera produire au Printemps suivant un grand nombre de Figues. La plus hâtive de toutes les Figues est la blanche, qu'on appelle Figue fleur qui est de trois sortes ; sçavoir celle à courte queuë, celle à longue queuë, & la petite de Marseille. La Figue jaune est tres-grosse, un peu rouge dedans, de couleur grenade, a les pepins plus gros, & est tres-excellente. La Figue violette platte est de mediocre grosseur. La violette longue est tres-grosse, & est appellée Figue d'Espagne : elle n'acquiert en ce climat la maturité qu'avec beaucoup de peine. La Figue verte appellée Brugeote, est plus petite & plus courte, toûjours verte dehors & tres-rouge dedans. La Figue de Bordeaux, dit l'Angelique ou de Langon, est violette, longue, & même rouge dedans, & des plus exquises ; elle est un peu menuë. La meilleure espece de Figue est la blanche, c'eſt-à-dire, celle qui a le pepin blanc. Les Figues lâchent le ventre & netoyent les conduits ; elles ſechent, échauffent un peu, & rendent le ſang mauvais : un peu de coton trempé dans le lait de l'Arbre qui les produit, mis ſur les dents, en appaiſe la douleur. Il y a des Figues de deux ſéves. Celles de la premiere naiſſent de l'ancien nombril de la queuë de certaines feüilles de l'année precedente, c'eſt-à-dire, d'auprés l'endroit où étoient les feüilles, qui l'Eté precedent avoient été pouſſées, & n'avoient point produit les ſecondes Figues pour l'Automne. La plûpart des Figues de la premiere ſéve ſont d'ordinaire meures à la fin de Juillet, s'il ne ſurvient point de fraîcheurs qui les faſſent tomber ; & ſi pendant ce mois elles ne ſont point gâtées, ou par trop de pluyes, ou par d'exceſſives chaleurs. A l'égard des Figues de la ſeconde ſéve ; on ne peut gueres eſperer de voir meurir en ce Païs-ci, que celles qui étant nées dés le 15. ou 20. de Juin, ſe trouvent preſque en groſſeur au 6. ou 7. d'Août, & encore faut-il que ce ſoit dans un climat fort chaud, & que l'Automne ſoit accompagné de chaleur, & qu'il ſoit exempt de gelées blanches & de pluyes froides. Si on veut faire meurir, dit M. de Vallemont, des Figues un mois avant la ſaiſon, voici ce qu'il faut faire. On choiſit des branches de Figuier où il y a beaucoup de Figues, bien ſaines, & des plus avancées. On pique legerement avec un canif ces branches à un demi pied plus bas que ces Figues. On attache au bas de l'endroit piqué un cornet de parchemin, haut d'environ quatre doigts, que l'on remplit de fiente de Pigeon détrempée avec de l'huile d'Olive. On couvre tout cela avec un linge que l'on attache avec de l'Oſier. On met ſur chaque Figue une goute de la même huile; ce qu'on continuë de faire tous les quatre ou cinq jours. On aura par là des Figues bien plutôt qu'à l'ordinaire.

On ſe donnera bien de garde d'ôter les branches menuës d'un Poirier, quand elles ſont garnies de quelques boutons à fruit, ni même toucher à ces boûtons. J'eſtime qu'il faut attendre à les ôter, que le fruit qui y tient ait été cueilli.

Les jets qui ne viennent à pouſſer aux Poiriers qu'au commencement de Juillet, ſont toûjours tres-foibles, ne donnent que du faux bois, lequel ne peut meurir avant l'Hiver. Quand on taillera ces Arbres, il faut ſupprimer entierement ces ſortes de jets. Il n'en eſt pas de même de yeux de la premiere pousse, lesquels on devra laisser presque tous entiers. Ceux-ci sont d'ordinaire chargez de bons yeux à bois ; & c'est le seul endroit où se forment dans la suite les boutons à fruit.

Il ne faut pas rabattre tous les ans les branches des Pêchers. Si on le faisoit, ils pousseroient trop de faux bois, & ne produiroient que tres-peu de boutons à fruit. Pour avoir beaucoup de boutons à fruit, il faut que les branches garnissent & montent sur le lieu qu'ils doivent occuper à l'espalier. Il est certain que ces Arbres en dureront bien moins, mais en recompense ils feront plus de plaisir à la vûë, puisqu'ils seront plus chargez de fruit.

Une branche qui a été contrainte ou versée dans un Poirier reduit en espalier, & une autre qui s'est versée d'elle-même à un autre Poirier en buisson, sont autant de branches fecondes pour l'année suivante. Si par cas fortuit il sort en ce temps quelques branches gourmandes, on taillera celles-ci à la longueur de quatre doigts. Si on les laissoit presque entieres, elles ruineroient sans doute les fecondes, & on ne pourroit dans la suite en tirer aucun secours, tant pour la fecondité que pour la figure de l'Arbre.

BRANCHES gourmandes, sont celles qui prennent leur origine dans le tronc ou dans les meres-branches d'un Arbre qui a beaucoup de vigueur, & qui naissent toujours grosses, fort unies, droites & longues; on les appelle ainsi à cause qu'elles engloutissent & emportent la plus grande partie du suc qui doit nourrir les autres branches; elles sont dites en Latin *rami voraces*.

MERES-BRANCHES sont les grosses branches de l'Arbre, & d'où toutes les autres qui le composent sont produites. C'est un grand accident lorsque sur un Arbre une mere-branche est endommagée. Ce sont les meres-branches qui fournissent aux autres la nourriture dont elles ont besoin, elles sont dites en Latin *rami nutricii*.

Il faut absolument retrancher les branches d'un Poirier nain greffé sur franc qui proviendront d'un calus, sur lequel ont été suspenduës les queuës des Poires l'année precedente, la raison est que l'on n'en peut tirer aucun avantage.

CALUS est, en terme de Jardinage, un effet de la Nature qui envoye aux Arbres assez de matiere pour les rejoindre & les réunir, & pour empêcher que le fruit ne rompe avant la maturité.

Les branches chifonnes d'un Poirier n'étant propres à rien, il faut absolument les ôter quand on le tailles. On peut aisément d'une branche chifonne en faire une feconde. Pour y réussir, il n'y a qu'à la couper par la moitié, ou bien la rom-

pre

pre au declin de la séve de cet Arbre, qui est d'ordinaire au 15. ou 18. Août au plûtard. Cela la fera grossir & la rendra feconde.

Branche chifonne, est une branche qui est courte & fort menuë, & qu'il faut absolument retrancher quand on taille les Arbres. Les habiles Jardiniers quand ils taillent leurs Arbres, ont un grand soin d'ôter les branches chifonnes, parce qu'elles dérobent aux fecondes une partie du suc qui les doit nourrir.

A l'égard des branches à fruit, il faudra les conserver avec grand soin, & particulierement celles des Arbres qui ont bien de la vigueur, pourvû qu'elle ne portent aucun préjudice à leur figure, car il faut toûjours s'attacher à faire acquerir aux Arbres nains, la figure la plus naturelle & la plus convenable.

Branche à fruit, est celle qui prend son origine d'une branche à bois, & qui donne la naissance au fruit. Cette branche est peu longue & mediocrement grosse. Il faut bien la considerer & conserver, si elle ne cause ni difformité ni confusion à l'Arbre. Une branche à fruit, en quelque endroit de l'Arbre qu'elle soit placée, est celle qui dans sa source, a comme une espece d'anneaux, & des yeux fort prés les uns des autres. Branche à fruit est dite en Latin *ramus fructifer*.

Si on s'apperçoit qu'au bas des anciens

Arbres nains & un peu haut montez, & que ce haut soit en mauvais état, & desa greable à la vûë, il se presente de plu belles branches qu'au haut, il faudro couper toutes les branches hautes, pour ne faire agir que les basses, afin de don ner lieu à une nouvelle figure d'Arbre. Cela vaut mieux que de les arracher, ca cela les renouvelle entierement, & leur fait produire de plus beau fruit. Comm la séve n'est pas si abondante en ces an ciens Arbres qu'aux jeunes, ils produi ront du fruit dans trois ans, si ce sont des Poiriers & Pommiers, & dans deux si ce sont des Fruitiers à noyau.

Voici une tres-belle découverte qu j'ay pratiquée avec tout le succés possi ble au sujet des Arbres steriles, qui e de leur faire produire en peu d'anné quantité de fruits. Il ne faut pas fai comme quelques Jardiniers, qui pa impatience les arrachent, à cause qu'i sont trop de temps à fructifier. Ils ne sç vent pas que c'est une maladie qui pr vient de la trop grande abondance de séve, laquelle maladie ne vient qu'au Poiriers nains greffez sur franc, plantez dans une terre grasse & hu mide.

ARBRE sterile, est un Arbre qui ne produit poi

le fruit, quoiqu'il soit de nature à en porter. On dit aussi qu'une terre est sterile quand elle rapporte peu ou point de grains. La sterilité des Plantes, dit M. Tournefort, ne vient pas toûjours du vice de la séve; quelquefois elle est causée par la distribution imparfaite de ce suc. Il s'est vû, ajoûte-t-il, un Pommier tres-beau qui ne fleurissoit point, parce que la séve se répandoit trop aisément dans les feüilles; on l'ébrancha pendant l'Eté dans le dessein de le faire arracher en Automne, mais il se mit à pousser des branches toutes chargées de boutons à fleur, qui donnerent même des avortons de fruits; ce changement luy sauva la vie, en donnant la fecondité à cet Arbre.

Ce qui empêche ces Arbres de devenir feconds, c'est que la séve trop abondandante en eux, n'est employée qu'à donner beaucoup de bois, & non aucuns boutons à fruit. Moins il se trouvera de séve, dans un Poirier nain greffé sur franc, plus il donnera de fruit; ce qui cause sa fecondité, c'est la mediocrité de cette séve. Un Poirier à haute tige greffé sur franc, se met bien plutôt à fruit, qu'un nain aussi greffé sur franc, à cause qu'une partie de ce suc est occupée à nourrir & à grossir cette haute tige, ce qui fait qu'il y en va moins dans les branches.

Puisque c'est l'abondance de la séve qui empêche qu'un Poirier nain greffé sur franc ne devienne fecond, il faut chercher un remede qui puisse guerir cette grande maladie. Le plus sûr, selon moy, c'est d'affoiblir cet Arbre. Pour y réussir on fera au mois de Novembre un trou large & profond au pied de ce Poirier pour tâcher de découvrir toutes ses racines, sans en éclater aucunes, s'il est possible. Quand on les aura bien consideré, il en faudra ôter le quart. Il ne faudra pas les ôter du même côté, parce qu'il pousseroit par ce côté des jets si foibles que cette operation pourroit bien le faire perir, ou du moins le rendre toûjours infirme. Il y a des Jardiniers qui entêtez d'une erreur ancienne, font un trou au travers de la tige de leurs Poiriers qui ne fructifient point, avec un tariere, & y mettent une cheville de bois de chêne bien sec, dans l'esperance qu'ils ont que cela fera perdre par cet endroit une partie de leur séve, & les obligera de produire un grand nombre de boutons à fruit. Il y en a d'autres qui s'étant laissez préoccuper par d'autres aussi ignorans qu'eux, fendent une des grosses racines de ces Arbres steriles, & mettent dans la fente une pierre. Pour moy j'estime que tout cela n'est pas suffisant pour affoiblir des Arbres bien vigoureux. M. Ray dans son Histoire des Plantes, livre premier, page 47. fait beaucoup d'estime de la saveur des Plantes, qu'il regarde comme un moyen sûr, pour découvrir leurs facultez specifiques, & pour affoiblir les Arbres steriles, & même pour leur faire produire du fruit en peu d'années. Il enseigne en même temps la maniere de tirer le suc des Arbres, laquelle se fait par terebration, c'est-à-dire, en perçant le tronc d'un Arbre avec un tariere, quand il commence à monter vers la fin de Mars. M. Bacon dans un Traité qu'il a fait sur ce sujet, page 249. en parlant de cette Terebration, ne la propose que comme un remede efficace, pour faire plus aisément fructifier les Arbres infeconds, & il la compare à la saignée qu'on fait à l'homme. Il y a, dit-il, plusieurs avantages de percer le tronc des Arbres steriles; on les délivre d'un excés, d'une repletion & d'une abondance de sucs qui nuisent beaucoup à leur fecondité. Dailleurs, cette operation par laquelle on évacuë des sucs mal digerez & inutiles, doit être regardée comme une sueur favorable, qui peut beaucoup contribueur à rendre les fruits d'un meilleur goût. La Terebration dans les Arbres, ajoûte-t-il, est une saignée salutaire; il ne sort par cette évacuation que des sucs superflus. Il dit que c'est par les larmes que répand la Vigne, qu'elle se purge de quantité d'humeurs qui la noyeroient : qu'elle s'en décharge, pour ne reserver que des sucs bien cuits, bien digerez, exaltez & sublimez, tels qu'on les goûte dans les raisins, ou dans la delicieuse liqueur qu'un Vigneron habile en retire dans la saison. Ce n'est pas l'abondance du sang, dit un Medecin, qui fait l'embonpoint & la santé ; trop d'aliment surcharge & fait de mortelles obstructions. M. Tonge dans l'Acte philosophique du mois d'Avril *1669.* page 51. explique les manieres differentes de tirer le suc nourricier d'un Arbre fort vigoureux. Pour en avoir beaucoup, dit-il, il ne suffit pas d'entamer legerement l'Arbre avec un couteau, il faut percer le tronc du côté du Midi, passer au travers de la moëlle, & ne s'arrêter qu'à un poûce prés de l'écorce qui est côté du Septentrion. Il faut faire aller le tariere de telle sorte, que le trou monte toûjours, afin de donner lieu à l'écoulement de la séve. Deplus, il dit qu'il faut que ce trou soit fort proche de la terre, pour ne point gâter le tronc de l'Arbre, & afin qu'il ne soit pas besoin d'un long tuyau pour conduire la séve dans le vaisseau qui doit la recevoir. M. l'Abbé de Vallemont dans ses Curiositez de la Nature & de l'Art ſur la Vegetation, p. 520. dit qu'il y a des Arbres charmans, & qui ne portent pourtant aucun fruit; que cela vient à coup ſûr de la trop grande abondance de la ſéve. Il eſtime que pour aider à guerir cette dangereuſe maladie, on doit percer avec un tariere dans leur tronc juſqu'à la moëlle, parce qu'une partie de la ſéve en montant ſe déroute & s'évacuë par cette ouverture, ce qui rend l'Arbre fructifiant; ainſi cet excellent Auteur prétend que c'eſt une ſaignée ſalutaire.

Il n'eſt pas difficile de connoître les boutons à fruit des Pêchers, Abricotiers & Pruniers. Pour les diſtinguer d'avec ceux à bois, il n'y a qu'à examiner ſi ces boutons ſont doubles ou s'ils ſont ſimples. On doit en taillant ces Arbres, preferer les doubles, parce qu'ils ſont propres à donner du fruit, & retrancher les ſimples, comme n'étant bons à rien.

Il eſt de l'ordre naturel que les nouvelles branches d'un Poirier nain greffé ſur franc, ſont moins groſſes que celles qui leur ont donné la naiſſance; cependant il arrive quelquefois que contre cet ordre les nouvelles ſont devenuës plus groſſes que les anciennes. Ces ſortes de branches n'étant pas conformes à l'ordre de la Nature, ne peuvent, ſelon moy, être que des branches de faux bois, lesquelles absorbent aux autres branches une bonne partie de leur nourriture. J'estime qu'il faut absolument les retrancher, parce qu'elles ne peuvent être d'aucune utilité à cet Arbre, soit à sa fecondité, soit à sa figure, soit à la beauté de son fruit.

BRANCHE de faux bois, est celle qu'on voit croître d'ailleurs que dessus les branches taillées l'année precedente, ou qui est produite sur les mêmes branches, mais qui ne donne aucune marque de fecondité prochaine; c'est pourquoy j'estime qu'il faut l'ôter en taillant les Arbres nains, à moins que cette branche ne serve à remplir un vuide; ce qui, en ce cas, se pourroit tolerer. Branche de faux bois se dit en Latin *Ramus inutilis*.

Si par hazard une branche de faux bois se presentoit pour faire une belle figure à un Poirier nain greffé sur franc, il seroit bon de la conserver; la raison est, que la séve étant venuë en grande abondance dans tout le corps de l'Arbre, cette branche pourroit bien faire moderer cette abondance, & faire ainsi fructifier l'Arbre beaucoup plûtôt qu'il n'auroit fait.

Il ne sera pas hors de propos que je dise ici quelque chose sur la durée des branches à fruit de toutes sortes d'Arbres.

bres, puiſque ſans cette connoiſſance on ne peut tailler comme il faut ces Arbres. Les branches à fruit des Poiriers & Pommiers ſubſiſtent d'ordinaire aſſez de temps, c'eſt-à-dire, qu'elles continuent à donner du fruit pendant ſix ou ſept ans, & enſuite periſſent. Pour ce qui eſt de celles des Fruitiers à noyau, & particulierement des Pêchers, elles ne donnent jamais deux années de ſuite du fruit dans un même endroit, parce qu'elles periſſent toûjours l'année ſuivante qu'elles ont été produites; & ſi par bonheur quelques-unes ſubſiſtent, c'eſt qu'étant devenuës tant ſoit peu plus groſſes qu'elles n'étoient auparavant, elles ont produit à l'extremité quelques branches à fruit pour cette année ſuivante; mais à la fin de ce temps, elles deviennent ſeches & inutiles.

Comme on ne lie point les branches des Poiriers nains en buiſſon, de même qu'on fait celles des Poiriers en eſpalier, il faut faire en ſorte que celles de ces buiſſons puiſſent ſe ſoutenir d'elles-mêmes ſans aucun ſecours, & porter aiſément le fruit qui y ſera attaché. Pour y réuſſir on examinera en taillant ces Poiriers en buiſſon, la qualité du fruit qu'ils doivent produire, le nombre des boutons à fleur qu'on veut laisser à chaque branche, & même la grosseur de chacune, afin qu'elle ne soit pas au hazard de plier par la pesanteur du fruit qui en proviendra ; accident que l'on doit prevenir, tant pour sa propre satisfaction, que parce que cela fait une méchante figure par les appuis qu'il faudroit y mettre, lesquels sont toûjours desagreables à la vûë. Pour éviter cet accident, on doit tailler court les branches foibles, & un peu plus long celles qui sont fortes.

Il faut toûjours couper une branche auprés d'un bouton à bois, & jamais auprés d'un à fruit, parce que dans cette taille-ci, le fruit qui y viendroit, ne seroit pas garanti par les feüilles contre les pluyes froides, les grandes ardeurs du Soleil, & les autres incommoditez de l'air. De plus, c'est qu'outre que la branche en seroit éventée, la playe ne pourroit bien se sceler, & jamais la cicatrice ne se fermeroit, parce que le fruit emporteroit le suc qui pourroit la fermer.

On ne peut gueres esperer du fruit aux Poiriers vigoureux que sur les branches foibles, & non sur les fortes. Tout le contraire est de ceux qui ont peu de vigueur, où il faut chercher ce fruit sur les grosses & fortes branches, & jamais sur les foibles. Ainſi quand on apperçoit dans les Arbres foibles des branches foibles, il faut les ôter, ſoit qu'elles ayent produit du fruit ou non, car ſouvent elles periſſent ſans avoir donné aucune eſperance de fecondité, ayant même abſorbé une partie de la ſéve, laquelle auroit été mieux employée ailleurs.

Le Figuier eſt d'une nature bien differente de celle des Poiriers, car pour ſe mettre à fruit, il ne veut point être contraint comme ces Poiriers qu'on reduit en eſpalier; au contraire ce Figuier demande une entiere liberté quand il eſt planté auprés d'un mur. On pourra ſeulement attacher à ce mur ſes anciennes branches, & jamais les jeunes qui ſont les fecondes. Il faut que ces jeunes pour produire bien du fruit ſoient hors de ce mur, afin que le Soleil puiſſe plus aiſément les fraper de tous côtez. Cela rendra ſans doute cet Arbre plus fecond, & fera que ſon fruit deviendra plus hâtif & plus excellent, que ſi ſes jeunes branches euſſent été attachées à ce mur comme les anciennes.

Il ſe trouve aſſez ſouvent des Poiriers nains qui ſont trop dégarnis au bas de leur tige, parce que la ſéve étant attirée par le Soleil, ſe porte toûjours en haut;

ce qui fait dégarnir ce bas de branches. Pour remedier à cette difformité, il faut ravaler ces Arbres, c'eſt-à-dire, retrancher leurs branches à la longueur de quatorze à quinze poûces. Cette operation les obligera de pouſſer autour de ces branches de nouveaux jets, dont on pourra dans la ſuite eſperer quelque choſe d'avantageux, tant pour la belle figure de ces Arbres, que pour leur fecondité.

Lorſqu'on a accourci une groſſe branche d'un Pêcher, ou même d'un Amandier, on n'en peut gueres eſperer de nouvelles, parce que l'écorce de cette groſſe branche eſt ſi dure, que la ſéve ne peut la percer que difficilement. Si ces Arbres ſon encore vigoureux, ce ſuc vegetal trouvera un autre chemin, lequel va plus aiſément dans les jeunes branches voiſines des anciennes. Il n'en eſt pas de même des vieux Abricotiers, Poiriers, Pommiers & Pruniers, où la ſéve peut aiſément percer les groſſes branches pour produire de beaux jets, parce que leur écorce n'eſt pas ſi dure que celle du Pêcher ou de l'Amandier. Voila ce que les Jardiniers doivent ſçavoir, s'ils veulent réuſſir en la taille de ces Arbres.

AMANDIER est un Arbre assez grand ; il a son tronc gros, court & droit, & l'écorce raboteuse ; il ne s'étend gueres en racines, & souvent il n'en a qu'une, mais grande, forte & profonde en terre, qu'on appelle communement pivot. L'Amandier a grande peine à reprendre en terre quand il est transplanté. Je conseille à ceux qui voudront en élever, de mettre en terre les Amandes toutes germées pour y rester toûjours. L'Amandier est presque semblable au Pêcher, & sur tout par ses feüilles ; il fleurit le premier au Printemps, & produit un fruit qui a la forme d'un cœur, & qui est couvert d'une double pelure ou écorce comme la Noix ; mais en Août cette double pelure de dessus s'entrouve & se détache, & on casse l'autre qui est dure pour en tirer le fruit. L'Amandier ne se plaît que dans une terre legere. Si on le plantoit dans une grasse, la gomme auquel il est sujet ne manqueroit pas de luy arriver. Cette gomme arrête les crachemens de sang.

Le défaut de produire du fruit n'est pas si ordinaire aux Poiriers à haute tige qu'aux nains, parce que la séve, comme j'ay ci-devant dit, est en partie occupée à grossir cette haute tige. Ceux à haute tige greffez sur franc, donnent d'ordinaire du fruit à la cinq ou sixiéme année, & les nains aussi greffez sur franc, n'en peuvent produire qu'à l'âge de dix-huit ou vingt ans, & sur tout quand ils sont plantez dans une terre grasse. Les Poiriers nains greffez sur Coignassier, aufſi bien que ceux à demi-tige greffez ſur ce même ſujet, en donnent d'ordinaire dés la troiſiéme année. Pour bien tailler toutes ces eſpeces de Poiriers, il faut donner bien de la charge à ceux qui ſont greffez ſur franc, & ôter beaucoup de bois aux autres.

L'experience m'a appris qu'un bouton à fruit qui vient au bout d'une branche dans un Arbre qui produit ſouvent ſon fruit en cet endroit, ne doit pas pour cela être retranché, & ſur tout quand il en porte peu. Quand la Nature place un tel bouton au bout d'une branche, c'eſt qu'elle veut la rendre feconde; car le fruit qui y vient ſcele la branche, & l'empêche de pouſſer des branches à bois; ainſi cette branche feconde ne recevant que tres-peu de nourriture, forme dans ſon étenduë pluſieurs boutons à fruit, & trois ou quatre ans aprés, elle en eſt toute fournie. Elle continuë d'en porter pendant cinq ou ſix ans de ſuite, & puis perit tout-à-fait. C'eſt pourquoy j'eſtime qu'il faut conſerver le bouton à fruit qui vient au bout d'une branche d'un Poirier greffé ſur franc, car ſi on l'ôtoit il eſt conſtant que la ſéve viendroit en abondance dans cette branche coupée, & au lieu du fruit que la Nature y auroit destinée, on n'auroit que du bois. M. Tournefort en parlant de la séve des Plantes, dit que la trop grande abondance de ce suc, fait qu'il s'épanche hors de ses vaisseaux propres; que les Pins sont souvent attaquez de cette maladie, quand le suc resineux qui y est en trop grande abondance, est d'ailleurs assez fluide pour couler dans les tuyaux les plus superficiels du tronc, sans s'y épaissir, & fait crever l'écorce qui les enveloppe, & s'épanche au dehors; que c'est cette liqueur qui s'appelle Terebentine quand elle est fluide, & Galipot ou Baras quand elle prend la consistance de resine; que pour tirer des Pins une plus grande quantité de terebentine, on en découvre le tronc à coups de hache; qu'au bout de deux ans l'Arbre meurt, moins par la perte qu'il a faite de sa séve, que par l'embaras qui survient dans la circulation de ce suc; ce qui peut, ajoûte-il, arriver en deux manieres. La premiere, quand le Galipot en se durcissant vient à boucher les ouvertures qui donnoient passage au suc à travers de l'écorce; & la seconde, lorsque les tuyaux se resserent ou qu'il se fait de petis grumeaux de resine, en sorte que le suc est obligé de séjourner & de s'y épaissir; car pour lors celuy qui y monte des racines trouvant le passage bouché, se répand dans les pores voisins, & s'imbibe jusques dans les trachées, où il intercepte le commerce de l'air, & fait cesser la circulation de ce suc, de la même maniere que dans les Animaux qu'on étouffe; que cela n'arrive pas aux Sapins, parce que le suc resineux y est moins abondant & moins sujet à s'épaissir, & qu'outre cela les vaisseaux de l'écorce y sont plus grands; qu'ainsi le suc resineux dilatant ces vaisseaux dans les endroits qui cedent plus facilement, forme des vessies grosses comme des Noix, que l'on peut fort bien comparer à des varices; qu'elles sont remplie d'une excellente Terebentine qui sent le Citron, comme le Baume du Levant. Un autre Auteur en parlant de l'origine de la séve des Plantes, dit que ce suc vient du sel de la terre; que l'experience luy a appris que ce sel ne produiroit aucun effet s'il n'étoit dissous par les humiditez d'enhaut, comme sont les pluyes & les neiges, car tant que ce sel est fortement attaché à la terre, & qu'il ne fait avec elle qu'une masse comprimée, il ne peut aucunement agir; que par le moyen des pluyes & des neiges, ou par les arrosemens, ce sel se dissout & se mêlange avec toutes les parties de la terre ; & que ces parties étant ainsi animées & mises en mouvement, se distribuent ensuite & se communiquent aux racines des Arbres qui en font leur nourriture ; en sorte que cette matiere étant liquefiée, devient séve de ces Arbres, par l'action de ces racines.

PIN est une sorte de grand Arbre dont on tire une Resine blanche & odorante, qui se convertit en torches, sur tout quand cet Arbre se pourrit. Son tronc est fort haut, & n'a des branches qu'à sa sommité, qui vient fort gros & droit. Cet Arbre au lieu de feüilles, a de petits brins toûjours verds. Il aime les lieux élevez aussi-bien que le Sapin. Il y a deux sortes de Pins ; on les distingue en Pins domestiques & en Pins de montagnes. La pomme du Pin maritime est ronde, & s'ouvre incontinent ; & celle des montagnes est plus longue, plus verte & moins ouverte. Le Pin domestique a beaucoup de branches tournoyantes autour du haut de son tronc ; ses feüilles chargées de poil, fermées, fort longues & pointuës au bout. Il a ses Pignons grands, serrez, solides, & ses noyaux enclos d'écailles longuettes, dures & noircies, comme de quelque suye. Ces noyaux ont une pellicule jaune, & un goût doux & agreable, & leur substance est grasse & huileuse.

PIGNON est le fruit qui se trouve dans la pomme de Pin, lequel est une espece de noyau qu'on tire de ses diverses cellules ou concavitez. Ce fruit est fort agreable à manger, & est plus doux qu'une Amande. Il adoucit les âcretez de la poitrine ; il nourrit beaucoup ; il appaise les ardeurs d'urine, & il excite le lait & la semence.

On a souvent vû des Poiriers nains greffez sur franc d'une si grande vigueur, & dont leur séve étoit en si grande abondance, qu'il sortoit quelquefois d'un seul œil à bois, jusqu'à trois ou quatre branches. Quand on verra cela, il faudra conserver les plus propres pour leur figure & pour leur fecondité. J'estime qu'il n'en faut laisser que deux au plus ; encore doivent-elles regarder deux côtez vuides & éloignez les uns des autres.

Les branches d'un Poirier nain reduit en espalier, peuvent aisément se coucher d'un côté & d'autre, si on le fait quand elles sont nouvelles. Si par negligence on n'a pas pris cette precaution quand on a taillé cet Arbre, j'estime que pour y remedier, il faut l'année suivante couper ces branches à l'épaisseur d'un écu, ou du moins auprés du premier œil de l'extremité d'en-bas, parce qu'il pourra sortir de cet endroit deux ou trois vigoureuses branches, dont on se servira dans la suite fort utilement. Cette coupe à l'épaisseur d'un écu se fait d'ordinaire sur les grosses branches que l'on veut ravaler & accourcir. Cette maniere de tailler eſt d'un grand ſecours pour la figure & la fecondité des Poiriers nains greffez ſur franc reduits en eſpalier, puiſqu'elle nous procure quantité de jeunes branches.

Voici une nouvelle figure que l'on donne à des Poiriers greffez ſur franc & reduits en eſpalier & en buiſſon, pour laquelle on doit avoir bien de la conſideration. Un moyen ſûr pour faire acquerir à ces Arbres quand ils pouſſent de vigoureux jets, cette nouvelle figure, c'eſt s'il ſe rencontre au milieu d'eux une branche gourmande bien droite, de la laiſſer croître a la hauteur de cinq pieds & demi. Quand elle aura cette hauteur, on l'étêtera au mois de Novembre, & on laiſſera tous les yeux qui y ſeront autour, afin que par ces yeux, elle pouſſe plus aiſément d'autres petites branches, leſquelles aideront à faire groſſir cette branche gourmande, & à la mettre en état de ſe ſoutenir d'elle-même ſans aucun ſecours. Il ſe formera à la ſommité de cette tige nouvelle une ſeconde tête, laquelle on conduira de la même maniere que l'on a conduit l'Arbre qui l'a produit. Cette ſeconde tête qui ſera moins large que la premiere, fera que la ſéve ſera moins abondante dans les autres branches. Quelque abondant que soit ce suc dans des Arbres tres-vigoureux, il ne manquera pas de s'y former un grand nombre de boutons à fruit, & de fortifier les branches qui les produisent. Il ne faut faire cette operation que sur les Poiriers nains de Virgouleuse, de Robine, de Bergamote greffez sur franc, & tous ceux qu'on voit qui ne se mettent point à fruit, & qui sont plantez dans un terroir fort substantiel, afin qu'ils soient garnis de branches de tous côtez. C'est ainsi que l'on conduit les Mirthes, Piceas, Houx, Ifs, Genevriers, Fillarias, ausquels on fait trois ou quatre têtes quand on les tond.

BUISSON, terme de Jardinage, est un Arbre nain qu'un Jardinier contraint par le moyen de la taille, de prendre cette figure. Quand un Arbre fruitier reduit en buisson est bien conduit, c'est une chose fort agreable. Ce mot de Buisson se dit aussi de toutes sortes d'Arbres avortez, soit d'Epines, de Houx ou de Genêts; car d'ordinaire on dit voila un beau Buisson de Houx, &c.

FILLARIA est un Arbre toûjours verd, qui jette des branches & des feüilles dés sa racine, & qui est propre à faire des palissades. Il y en a de plusieurs especes. Les feüilles du Fillaria sont astringentes; on les met en cataplasme sur les inflammations, & sur les tumeurs.

Il y a des Arbres qui sont plus sujets

à la pourriture les uns que les autres. Le bois des Poiriers ne craint pas si fort cette maladie que celuy des Pommiers. Pour peu que l'on fasse une incision au dernier, cette pourriture ne manque pas de luy survenir aussi-tôt, & même fait quelquefois perir ces Pommiers, & particulierement quand ils sont un peu âgez. C'est pourquoy il ne faut point toucher à leur bois sans grande necessité. Lorsque la pourriture paroîtra à ces Arbres, on prendra une gouge avec laquelle on ôtera le bois pourri jusqu'au vif, & l'on mettra aussi-tôt sur la playe de la bouze de Vache, laquelle on enveloppera d'un linge qu'on liera avec de l'osier.

La taille d'un Poirier nain se doit faire bien differemment que celle d'un Pommier nain, en ce que le premier, quand il est bien âgé & foible, doit être taillé court, pour luy faire pousser quelques beaux jets, & pour luy donner une nouvelle vigueur, & que ce dernier quand il est vieux, veut être taillé long, si on veut qu'il donne beaucoup de Pommes. Le Pommier greffé sur Paradis, quoy que jeune, veut aussi être taillé long. Si on le tailloit court, il ne porteroit aucun fruit.

Pour réussir en la taille des Poiriers,

Pêchers, Abricotiers, & Pruniers nains reduits en espalier, il faut, avant que d'en venir à l'operation, les dépalissader entierement, parce qu'outre que leurs branches se taillent bien plus aisément, c'est que celles que l'on conserve sont bien mieux palissadées, & que le travail en est mieux fait. A la fin de May, il ne faut pas manquer de retirer les branches qui se sont glissées derriere les échalas de l'espalier, & de retrancher les jets foibles & inutiles, lesquels portent toûjours un grand prejudice à ces Fruitiers.

Lorsque l'on s'apperçoit qu'un Pêcher nain reduit en espalier est foible & languissant, & qu'il ne produit presque plus de bois, il ne faut plus compter sur cet Arbre. Comme l'Espalier seroit trop difforme si on le laissoit, j'estime qu'il faut l'arracher à la fin du mois d'Octobre. Il sera bon, en le taillant pour la derniere fois, de conserver quelques branches à fruit, & de choisir celles qui seront en état de donner quelques belles Pêches.

On doit tailler les Pruniers nains qui sont espaliez, en rabatant la moitié de leurs jets, de la même maniere que l'on en use quand on taille les Pêchers. Si l'on fait de même aux Cerisiers greffez, l'on pourra esperer qu'ils donneront de beau fruit.

Il faut tous les ans rafraîchir toutes les branches des Poiriers nains, plus ou moins selon leur force ou leur foiblesse, & recouper le bois du mois d'Août, qui est celuy de la derniere séve. Si ce n'est qu'il soit necessaire de le conserver faute d'un meilleur, ou qu'il se trouve bien nourri & bien meur.

Quand un Poirier nain greffé sur franc nouvellement planté auprés d'un mur pour l'y espalier, vient à pousser de vigoureux jets les deux ou trois premieres années, on a assurément bien de la peine à le reduire. Le moyen d'y remedier, c'est de luy donner, au commencement sur tout, bien de l'étenduë en haut & sur les côtez. Si on luy ôtoit trop de bois, il ne produiroit pas si-tôt du fruit. Quand le débordement de la séve sera passé, on remettra ses branches dans les lieux qui leur conviendront. Cet inconvenient survient assez souvent aux Arbres qui ayant beaucoup de séve, ont bien de la peine à former des boutons à fruit, comme sont les Poiriers nains de Robine, de Bergamote & de Virgouleuse greffez sur franc.

Il ne faut point trop fatiguer les Arbres en les taillant, ni laiſſer comman-der aucunes de leurs branches, il vaut mieux que la ſéve ſoit par tout égale-ment partagée. Il eſt tres-difficile que ces Arbres ayent une belle figure, quand ce ſuc ſe porte quaſi tout d'un côté; rien n'eſt ſi deſagreable à la vûë, joint qu'il ne peut produire aucun bon effet pour leur fecondité. Quand l'on ne pourra pas remedier à cet inconvenient, il fau-dra abſolument les arracher, & en re-planter d'autres en leur place.

FATIGUER, eſt un terme dont on ſe ſert dans le Jardinage, quand on ne donne pas aux Arbres la culture qui leur convient, & qu'on les neglige trop. C'eſt les fatiguer que de les laiſſer chargez de bois inutile, & ne les point tailler dans les regles, ou enfin leur refuſer par negligence ou par mal-ha-bileté, ce qu'ils demandent de nous pour faire de belles productions. C'eſt auſſi un terme d'Agricul-ture; car les Laboureurs diſent que c'eſt fatiguer une terre, quand on la fait porter beaucoup plus, & plus ſouvent qu'elle ne peut; & c'eſt la fati-guer que de ne la point laiſſer repoſer. Ce mot de fatiguer dans l'un & l'autre ſens, exprime tres-bien le danger qu'on cauſe aux Arbres & aux terres, quand on les neglige; car il eſt certain que les uns & les autres ſe fatiguent de faire trop de produc-tions par l'épuiſement des ſels qui ſe fait au dedans d'eux, ſans leur donner le temps d'en acquerir de nouveaux.

Lorſqu'on veut reſſerrer un Poirier en buiſſon

buisson qui est trop ouvert, & que par hazard il a poussé en dedans une belle branche, j'estime qu'il faut la conserver, parce qu'elle pourra garnir un lieu vuide. On ne doit faire cette operation qu'à celuy qui est planté dans un terroir sec & sablonneux, où il n'est pas necessaire qu'il soit si ouvert, que s'il l'étoit dans un humide & gras.

Pour faire en sorte qu'un Poirier de Beurrée reduit en buisson, & planté dans un terroir aride & de peu de substance, où il est sujet à s'évaser, devienne bien resserré, il faut le tailler court, parce que son fruit est fort gros. Cela fera grossir ses branches, & le rendra plus agreable à la vûë.

EVASER signifie, en terme de Jardinage, s'ouvrir trop. Les Poiriers en buisson qui produisent de gros fruit, ont accoûtumé de se trop évaser: ce verbe est aussi actif; car les Maîtres en parlant à leurs Jardiniers, disent, Prenez garde en taillant ces Fruitiers, de ne point tant les évaser, c'est-à-dire, de ne les point tant ouvrir. Dans le premier sens ce mot d'évaser vient d'*extendi*, au lieu que dans le second il vient de *deducere*.

Quand on voit que les branches qui composent la tête d'un Poirier nain ou à haute & à demi-tige, languissent, j'estime qu'il faut l'en dépoüiller entierement, en vûë pourtant de luy faire pousser d'autres branches plus vigoureuses. Cette operation se fait de telle maniere, que cet Arbre ne paroît plus qu'un tronc. On peut faire étronçonner les Pêchers, Abricotiers, Poiriers, Pommiers, Pruniers, Noyers, Châtaigniers, Cerisiers, & les Ormes, pour les remettre, quand ils languissent, au même état qu'ils étoient auparavant; mais il ne faut jamais étronçonner ni ébrancher les Chênes, parce que cela feroit capable de les faire mourir. L'Ordonnance veut que l'on condamne à l'amende ceux qui auront étronçonné, eshouppé ou deshonnoré les Chênes.

ARBRE, est le premier & le plus grand des Végétaux qui pousse de grosses & profondes racines, une grosse & haute tige, & de grosses & longues branches. Il y a une infinité d'Arbres de differente espece, comme les fruitiers & non fruitiers, dont chacun a son nom particulier. Il y a des Arbres aquatiques qui ont un merite qui les distingue fort des sauvages, c'est de n'être sujets à aucune vermine, par une raison physique & naturelle, qui est qu'ils sont d'une nature si froide que les Insectes n'y peuvent faire leurs œufs. Le Jardinier Solitaire dit qu'il y a trois principes qui contribuënt à former un Arbre dans la terre. Premierement, qu'il y a dans une Amande un principe de vie aussi-bien que dans les pepins des fruits, &

dans les Arbres. Secondement, que les humiditez d'enhaut, où les arrosemens dissolvent les sels dont la terre est en partie composée. Troisiémement, que la chaleur du Soleil échauffe la terre, & que cette terre étant échauffée, elle donne à la séve un mouvement suffisant pour la production. Voici de quelle maniere les Arbres reçoivent leur nourriture des sels de la terre. Il faut considerer, dit un autre Auteur, qu'il y a deux principes dans la production des Arbres. Un Arbre qui est planté en terre, a un principe de vie. La chaleur du Soleil qui communique à cet Arbre sa vertu, & sans laquelle il ne peut faire aucune production, est, selon luy, le second principe. Il ajoûte que c'est de ce premier principe que les racines tirent & reçoivent leur nourriture des sels de la terre, qui a été preparée par les pluyes, & par la fonte des neiges, & que c'est la chaleur du Soleil qui cuit cette nourriture; en sorte que de liquide qu'elle étoit auparavant, elle luy donne au bout de quelque temps une qualité de matiere convenable pour produire un Arbre tel que nous le voyons, & qui produit dans la suite des branches, des boutons, des fleurs, des feüilles & des fruits. Il y a des Arbres fruitiers nains que l'on reduit, ou en espalier, ou en buisson, ou en contre-espalier. Il y en a qu'on éleve à haute & à demi-tige. Les Fruitiers nains qu'on reduit en espalier, sont ceux dont les branches sont étenduës & attachées contre des murs en façon de main ouverte, qu'on appelle taillez à plat. Les Fruitiers nains que l'on reduit en buisson, son taillez en rond, arrêtez par les branches qui veulent monter, & dont le milieu est nettoyé de son bois pour luy donner de l'air; & il y a des Pommiers nains en buisson greffez sur Paradis, lesquels n'ont pas assez de vigueur pour s'élever bien haut. Les Fruitiers à haute tige, qui ſont ceux qui ſont au milieu d'un Jardin ou d'un Champ, ou qu'on laiſſe monter ſans les arrêter par leurs branches, ſi ce n'eſt les trois ou quatre premieres années qu'il faut les tailler pour leur faire acquerir une belle tête. Il y a encore des Poiriers à haute tige, dont les branches ſont étenduë, & attachées contre des murs en façon de raquette; & d'autres auſſi à haute tige taillez à plat comme ces derniers, qui ont l'air des deux côtez. Les Fruitiers que l'on reduit à demi-tige, ſont ceux dont la tige n'a que quatre pieds au plus. Et les Nains que l'on reduit en contre eſpalier, ſont ceux plantez prés de de l'eſpalier en ligne parallele. J'ay vû, dit Methodius, ſur le coupeau de la Montagne de Geſchidage, un grand Arbre fort élevé, & étendant ſes racines au milieu du feu qui ſort des ſoupiraux de la terre. Au reſte, cet Arbre eſt ſi beau, ſi verd, & ſi chargé de branches & de feüilles, qu'il ſemble qu'il prend ſa vigueur de quelque vive & fraîche fontaine. Je n'en puis pas, ajoûte-t-il, rendre la raiſon : car enfin on ſçait que le feu conſume & devore toutes choſes; & cet Arbre neanmoins répand ſuperbement ſes rameaux de tous côtez, en dépit des flammes, au milieu deſquelles il eſt planté. Si cela eſt vray, il y a des Arbres à qui il faut du feu pour les nourrir, & pour entretenir leur verdure & tout leur embonpoint. Il y a, dit un Auteur, aux Indes de grandes Forêts qui ſont composées d'un ſeul Arbre, dont les branches tombent en terre, y prennent racine, & produiſent de nouveaux Arbres. Il y a, dit un autre, aux Indes une eſpece d'Arbre fort commun appellé Arbre triſte, parce qu'il ne fleurit que la nuit. Ses fleurs tombent une demi-heure avant le lever du Soleil, & commencent à repouſſer une demi-heure aprés ſon coucher. Cet Aibre eſt de la grandeur d'un Prunier. Ses branches ont une aûne de long. Lorſqu'on le coupe à la racine, il recroît en moins de ſix mois. On le plante d'ordinaire auprés des maiſons, comme on fait en France les Meuriers. Les Indiens en ramaſſent curieuſement les fleurs, à cauſe qu'elles ont une odeur tres-agreable. Dans l'Hiſtoire de l'Academie des Sciences, année 1699. page 60. il y a un Diſcours ſur le Paralleliſme de la touffe des Arbres avec le ſol qu'elle ombrage.

Quand un Arbre nain eſt garni de jarrets, il faut les ôter dés leur origine. S'il s'en trouve quelqu'un qui donne une belle figure à l'Arbre, on pourra le ravaler à quatre à cinq poûces, pour luy faire produire de nouvelles branches, leſquelles on taillera dans la ſuite comme on le jugera à propos. Comme il n'y a rien de ſi deſagreable à la vûë que ces jarrets, je conſeille aux Jardiniers, quand ils tailleront leurs Arbres, de les ſupprimer tout-à-fait, ou de les bien accourcir.

JARRET eſt, en terme de Jardinage, une branche qui a d'ordinaire ſept à huit ans. Cette branche eſt fort longue, & dégarnie depuis l'extremité d'en-bas juſqu'à celle d'en-haut, ſoit qu'il n'y ſoit jamais venu de branches, ou que celuy qui l'a taillé ait ôté celles que la Nature y auroit produites, en n'y laiſſant que celles qui ſeroient crüës à l'extremité. Les habiles Jardiniers évitent ces grands défauts qui ne font qu'offuſquer la vûë; & quand ils en trouvent ſur les Arbres qu'ils taillent, ils les ôtent tout-à-fait, ou du moins ils les ravalent à quatre à cinq poûces, afin qu'à leurs extremitez il y en croisse de nouvelles, lesquelles on taillera dans la suite comme il faut.

Quand un Pêcher languit, & que la gomme s'y fait voir, ce qui est assez ordinaire à cet Arbre, il faut l'arracher en Novembre, & en replanter un autre en sa place, parce que quand cette gomme survient à un Pêcher, & sur tout quand il est un peu vieux, il est tres-difficile de le guerir de cette maladie. Il n'en est pas ainsi d'un Poirier qui languit dans un terroir ; car il peut aisément se rétablir, en l'arrachant, & en le replantant aussi-tôt dans un autre qui luy convienne mieux que celuy où il étoit planté. Auparavant que de le replanter, on taillera court ses branches, parce que le changement de terroir diminuant la force de ses racines, ne luy fait pousser que de foibles jets.

On doit examiner auparavant que de tailler un Pêcher, s'il a peu ou beaucoup de branches à fruit & à bois. S'il a peu de branches à bois & beaucoup de celles à fruit, il faut tailler les plus grosses à fruit de la même maniere que l'on a accoûtumé de tailler les grosses à bois, c'est-à-dire, que l'on doit les accourcir, afin de faire produire à cet Arbre d'autres branches à fruit pour l'année ſuivante.

Il ne faut gueres eſperer de fruit à un Poirier nain greffé ſur franc qui n'a que de longues & groſſes branches ; ce ne pourra être que quand la grande abondance de la ſéve ſera paſſée, & que ces groſſes branches en auront produit beaucoup de mediocres. On taillera long les unes & les autres, ſur tout au commencement. Si cette ſéve eſt employée à faire produire & groſſir les mediocres & petites branches, on pourra eſperer que ces mediocres deviendront en peu d'années fecondes. Pour les rendre bien-tôt fecondes, il faut tailler long les groſſes & longues branches, & court les mediocres & les petites.

Si on n'a à garnir que des murs de cinq à ſix pieds, il faudra, les trois premieres années ſur tout, tailler un peu long les Abricotiers & les Pêchers, afin de les obliger à pouſſer quelques branches à fruit. Si on les tailloit court, on n'auroit que du faux bois.

Il y a des Poiriers nains qui par le peu de ſoin qu'on a eu d'eux, ſe trouvent dégarnis par le bas de quelques branches, ce qui eſt un grand défaut en ces Arbres ; car leur principale beauté, eſt que ce bas soit bien garni. Un moyen sûr pour la leur faire acquerir, c'est de couper en moignon ces grosses branches à la longueur de quatre à cinq poûces au plus, lesquelles produiront quatre ou cinq nouvelles branches, dont on pourra se servir utilement. Ces branches ainsi coupées rempliront les vuides qu'il pourroit y avoir.

COUPER en moignon, est couper une branche un peu grosse à trois à quatre poûces de longueur; & ces branches taillées de cette sorte, sont d'un grand secours aux endroits où elles croissent, & où il y a des vuides à remplir. Ce mot de couper en moignon se dit en Latin *truncare*, dérivé de *truncus*, qui veut dire un moignon.

J'avertis ceux qui tailleront les Poiriers nains en buisson, de ne point laisser si prés de terre leurs branches, & particulierement celles à fruit, parce que les Poires qui en proviennent pourrissent par la fraîcheur de la terre, & des méchantes herbes, qui croissant sans discontinuation autour du tronc de ces Arbres, étouffent ces Poires. Outre que cette terre & ces herbes empêchent leur maturité, c'est que ne voyant pas le Soleil, elles deviennent insipides, & n'ont aucune couleur.

Il

Il faut beaucoup plus ouvrir un Poirier nain d'Hiver en buiſſon, que ceux d'Eté & d'Automne; ceux-ci étant mieux d'être un peu plus ſerrez, que de leur donner trop d'ouverture.

Il y a de vieux Poiriers nains qui pour n'avoir pas été conduits comme il faut, ſe trouvent tout-à-fait dégarnis par le bas, étant un des plus grands défauts que ces Arbres puiſſent avoir. Pour y remedier efficacement, il faut les ravaler ſur leurs plus groſſes branches, autant que l'on jugera que ces vieux Poiriers nains auront de vigueur. Plus ils en auront, moins on les ravalera; & moins ils en auront, plus on les ravalera. On fera encore mieux ſi on les étronçonne tout-à-fait en Novembre, parce que cela les renouvellera, & leur fera pouſſer au Printemps ſuivant de beaux jets.

ETRONÇONNER eſt un terme de Jardinage, qui ſignifie dépoüiller tout-à-fait la tête d'un Arbre de ſes branches, en vûë neanmoins de luy en faire jetter d'autres; & ce travail ſe fait de telle maniere, que cet Arbre ne paroît plus qu'un tronc; & on n'en vient à cette extremité, que quand une partie des branches qui composent ſa tête venant à languir, on eſt obligé d'en venir à cette operation, dans l'eſperance qu'on a qu'il luy en naîtra d'autres qui ſeront d'une plus grande utilité: ou bien que lorſque l'on veut greffer un Arbre en cou, ronne. Ce mot d'étronçonner vient du Latin *truncare*, qui veut dire faire un tronc de la tige d'un Arbre.

Lorsque l'on voudra conserver une branche haute d'un Poirier nain reduit en espalier pour supprimer la haute, il faudra la tailler en pied de biche à l'épaisseur d'un écu, afin de luy faire pousser une belle branche. Mais quand on souhaitera ravaler une branche haute sur une basse, il la faut entierement couper, afin que la séve la puisse plus aisément recouvrir.

Un Poirier greffé sur Coignassier ne produit du fruit que sur le milieu des branches produites trois ans auparavant. Il n'en est pas de même d'un Coignassier, lequel n'en peut porter qu'à l'extremité d'en-haut des petites branches quand elles sont sorties des grosses. Si on ne sçait pas cela, il est presque impossible de réussir en la taille de ces deux especes d'Arbres.

Comme il est difficile de tailler tous les Arbres en même saison, & sur tout quand on en a un grand nombre, j'estime qu'il faut commencer à tailler court dés le mois de Novembre ceux qui sont fort jeunes, & ceux qui ont peu de vigueur, parce que cela les fera pousser au Printemps ſuivant de plus beaux jets & de plus gros fruit. Pour ce qui eſt des Poiriers nains greffez ſur franc, je croy qu'il les faut tailler, quand ils ont beaucoup de vigueur, à la fin de Fevrier, qui eſt le temps où leur ſéve commence à être en mouvement, afin de leur faire perdre une partie de cette ſéve, & pour faire fortifier les branches à fruit.

Il ne faut jamais trop dégarnir les Arbres nains en les taillant, d'autant qu'il eſt auſſi dangereux de leur ôter trop de bois, comme de les laiſſer trop confus.

Lorſqu'on voit quelques groſſes branches qui défigurent un Poirier nain, il ne faut pas manquer de les couper avec la ſcie, & de paſſer auſſi-tôt la ſerpette ſur la ſuperficie de cette partie ſciée, & preſque brûlée par le mouvement qu'on a fait avec cette ſcie. Si l'on manquoit à cela, la playe auroit bien de la peine à ſe fermer, & il pourroit bien s'y former un Chancre, lequel ſe communiqueroit aux branches voiſines. Pour éviter cet inconvenient, il faut ſe ſervir d'un Ciſeau de Menuiſier pour les couper.

Quand une branche à fruit d'un Poirier nain n'a produit qu'une petite branche & point de fruit, c'eſt qu'apparemment la féve n'eſt pas montée comme on l'avoit eſperé ; ce qui fait que pour prevenir un inconvenient plus grand, il faut la ravaler à un œil au-deſſus de celle qu'elle a produit, qui devant être preferée à cette petite branche, en ſera par ce moyen mieux nourrie, & par conſequent plus propre à donner du fruit.

Une precaution qui me paroît utile, & même neceſſaire à prendre, pour donner une belle figure à un jeune Poirier deſtiné à être reduit en buiſſon, c'eſt de laiſſer en dehors l'œil le plus élevé de chaque branche à bois. Cette operation contribuëra ſans doute à ſon élargiſſement & à ſon arrondiſſement, qui ſont, ſelon moy, les qualitez les plus eſſentielles pour rendre cet Arbre fecond & agreable à la vûë. Enſuite on prendra un Cerceau de bois, ou de Bouleau, ou de Coudrier, lequel on attachera à quatre ou cinq échalas fichez en terre, pour accoller autour de ce Cerçeau, toutes les branches que ce jeune Poirier viendra à pouſſer.

BOULEAU eſt un Aibre dont le tronc devient fort gros, & dont toutes les branches croiſſent par ſions & par menus brins. Il eſt mis au rang des bois blancs : il a l'écorce blanche comme le Peuplier, auquel il reſſemble. Son bois eſt propre à faire du Cerceau & des Paniers, & est fort leger. Sa feüille est crenelée autour. Il ne produit point de fruit, & jette quelquefois de petits floquets comme le Coudrier; il en sort une glu ou resine qui brûle comme une torche; & si on le perce, on en tire quantité d'eau qu'on dit être propre à rompre la Pierre dans les Reins & dans la Vessie. Le Jardinier Botaniste dit que l'eau qui sort du Bouleau aprés qu'on luy a fait une incision, nettoye le Visage. On se servoit autrefois de l'écorce de cet Arbre pour écrire : on s'en sert à present pour faire des Cordes à Puits. Le Bouleau sert de premiere verdure au Printemps, & n'est sujet à aucune Vermine; c'est ce qu'il a de meilleur, mais il se verse aisément. Il vient également bien dans les terres humides & seches. Van Helmont pretend que le bois de Bouleau est en ce Païs-ci, ce que le bois Néfrétique est depuis trois mille ans dans les Indes, c'est-à-dire, un remede souverain contre la Pierre & contre les douleurs de la Néfrétique. Il a observé que c'est un usage ordinaire aux Princes d'Allemagne, de boire tous les jours durant le mois de May, une verrée de suc de Bouleau, comme un specifique contre la Pierre; qu'ils gardent ce suc dans des bouteilles, & versent dessus environ deux doigts d'huile d'olive, pour empêcher que l'air ne gâte cette excellente Liqueur, & ce pur Baûme qui est inestimable : & il ajoûte que ce suc rafraîchit les entrailles, guerit les chaleurs de foye, & est souverain contre la Gravelle, la douleur de Reins & la Colique.

COUDRIER ou Noisetier, est un Arbrisseau qui jette plusieurs petits troncs, au bout desquels sortent des branches qui ont des verges longuettes & feüillües. Son bois n'a point de nœuds, & ne croît pas bien haut; ses feüilles ressemblent à l'Aûne, mais plus larges, plus madrées, min- ces & découpées autour ; il est revêtu d'une écorce legere, & marquetée de taches blanches sa racine est profonde en terre, où elle tient avec beaucoup de force, quoy qu'elle ne soit pas fort grosse. Il ne porte point de fleurs, mais seulement quelques flocs qui se rapportent au Poivre long; & il sort de chacune de leurs queuës de petites pellicules où est contenu le fruit, lequel fruit est difficile à digerer, & resserre le ventre. Il y a le Coudrier sauvage & le Coudrier domestique ; celuy-ci produit la Noisette franche, qui est rouge dedans ; & celuy-là la donne plus petite, qui est blanche dedans. Le Coudrier est fort propre pour garnir des Bosquets. C'est avec son fruit qu'on en perpetuë l'espece, ou bien on en fait des Marcotes. On attribuë à cet Arbrisseau des proprietez admirables pour plusieurs secrets, comme pour découvrir les eaux, les vols, les assassinats, les tresors cachez, mais cela n'est pas fort sûr.

Il faut arrêter au deux ou troisiéme nœud les jeunes branches d'un Poirier nain reduit en espalier, qui sortent de dessus les vieilles, si elles poussent avec trop de vigueur, autrement elles attireroient toute la séve qui doit nourrir la branche d'où ces jeunes tirent leur origine. Si l'Arbre se trouve assez garni sans elles, on les coupera quand elles pousseront avec trop de force, à la fin de May. Si on en laisse quelques-unes on les attachera aux endroits où elles pourront être utiles.

NOEUD est, en terme de Jardinage, la partie de l'Arbre par où il pousse ses branches ou ses racines, quand quelques-unes de ses petites branches ont été mises dans la terre, quand cet Arbre est de sa nature propre à y réussir, comme sont les Figuiers, Coignassiers, Groseliers & quelques autres. Le bois est plus serré & plus dur dans les nœuds que dans le tronc & dans les branches, mais aussi il est sujet à s'éclater. Il se dit aussi de certaines bosses ou tumeurs qui sont des especes de maladies qui viennent aux bois rabougris, qu'on appelle autrement louppes. Et nœud se dit, en terme d'Agriculture, de cette liaison ou jointure qui se voit aux tuyaux des bleds, aux Cannes d'Inde, & à d'autres Plantes par l'entortillement de leurs feüilles. Les nœuds qui sont à ces Plantes sont faits pour fortifier la tige, & sont comme des Tamis qui filtrent, purifient & affinent le suc de la terre qui s'éleve vers l'épi pour luy donner la nourriture dont il a besoin.

Toutes les branches d'un Poirier nain reduit en espalier, qui auront poussé avec vigueur, tant sur le devant que sur le derriere de cet Arbre, seront coupées, à cause qu'elles le rendent trop difforme. Mais s'il se trouve quelques branches à fruit sur le devant qui soient bien courtes, on peut les laisser pour cette année seulement. A la prochaine taille on les ôtera absolument, parce qu'il faut toûjours s'attacher à donner une belle figure à un Arbre nain reduit en espalier, quelques bonnes raisons que l'on ait d'en user d'une autre maniere, la difformité étant toûjours desagreable à la vûë.

Nain se dit dans le Jardinage par rapport aux Arbres qu'on veut reduire ou en espalier ou en buisson, ausquels on ne donne d'ordinaire que cinq à six poûces de tige. Comme parmi les Animaux les differentes manieres de croître leur font attribuer differens noms, il en est de même à l'égard de certains Végétaux, qui de leur nature étant toûjours petits, se font aussi, à cause de cela, appeller differemment; tellement qu'y ayant des Animaux qu'on appelle nains, à cause qu'ils ne sont point grands, on a cru agir prudemment dans le Jardinage, en imposant ce nom aux Arbres qui ne croissent point jamais bien haut d'eux-mêmes, ou que l'on oblige d'être toûjours nains, d'où vient qu'Arbres nains se disent en Latin *Arbores pulmiones*, comme *Homines pulmiones*, qui signifie des Hommes nains. Ainsi je croy que ce mot de Nain est bien trouvé.

Il ne faut jamais croiser aucunes branches en espaliant les Arbres, que dans une urgente necessité, & quand on ne peut faire autrement. Je condamne fort les Jardiniers, qui par negligence ou par mal-habileté, ont en cela ruiné l'ordre agreable que leurs Arbres nains reduits en espalier, auroient pu avoir sans ce défaut; car il n'y a rien de si difforme &

le si desagreable à la vûë qu'une branche croisée.

CROISER est un terme fort en usage dans le Jardinage, & il se dit par rapport aux branches d'un Arbre qui vont en croix les unes sur les autres quand il est palissadé. Autant qu'il est possible il faut éviter de le faire, à cause qu'en matiere d'Arbre, c'est un défaut dans lequel neanmoins on est quelquefois obligé de tomber pour remplir un vuide.

Il ne faut jamais souffrir que les branches fecondes d'un Poirier nain reduit en buisson, soient si longues que celles d'un reduit en espalier, car ces dernieres ont les treillages ausquels on les attache, & qui leur servent d'appuy ; au lieu que ces premieres n'ont que leurs forces naturelles qui les soûtiennent. La plûpart des Jardiniers ne font pas attention à cela.

Il faut attendre au 12. ou 15. de Fevrier à plier & dresser les branches des Poiriers nains en espalier, car c'est d'ordinaire le temps auquel les fortes gelées sont passées. On coupera pour lors tout le bois mort & inutile qui est autour de leurs branches. La séve n'étant pas encore montée ni même émûë dans ces Arbres, on n'est point en danger d'éborgner les boutons à fruit.

J'ay dit au sixiéme Chapitre de quelle maniere on devoit faire transplanter des Poiriers nains greffez sur franc de l'âge de quinze à dix-huit ans, & en un autre Chapitre j'ay dit en quel terroir on devoit avant l'Hiver déchausser le pied de ces Arbres ; mais je n'ay pas dit comment il falloit tailler ces anciens Poiriers aprés qu'ils avoient été transplantez. Un Poirier nain greffé sur franc nouvellement transplanté, quelques belles & bonnes branches & racines qu'il ait, ne peut avoir la premiere année qu'une mediocre séve. Ainsi il faut tailler court les branches de ces Arbres anciens, & les traiter de même que l'on fait celles des jeunes Poiriers nains qui ont peu de vigueur. Si on chargeoit trop ces Arbres anciens nouvellement transplantez, il est constant qu'ils ne pourroient pousser que des branches chiffonnées & inutiles ; au lieu que si on leur laissoit tres-peu de bois, ils produiroient quelques branches d'esperance, c'est-à-dire des branches qui donnent des marques d'une fecondité prochaine.

Il arrive quelquefois qu'une branche à fruit d'un Poirier nain a changé de nature, & qu'elle a produit des branches à bois au lieu de fruit ; quand cela est, il faut tailler au mois de Novembre cette espece de branche, en moignon, en telle sorte qu'il n'y revienne plus aucune branche à son extremité.

MOIGNON est, en terme de Jardinage, une branche d'Arbre raisonnablement grosse & taillée au deux ou troisiéme œil ; & une branche taillée de cette sorte est d'un grand secours à l'endroit où elle croît & où il y a un vuide à remplir.

Ceux qui voudront avoir de grosses Poires, couperont avec des Ciseaux à un Arbre en espalier, toutes les queuës des petites Poires qu'ils y trouveront, & ne point les arracher comme quelques-uns font. Ce travail doit se faire au 15. ou 20. de Juin, qui est le temps où les Poires sont déja un peu grosses. On doit couper toutes celles qui sont au bout des branches, parce qu'elles ne parviennent presque jamais en cet endroit à une belle grosseur, qui est ce qu'on doit le plus considerer aprés leur excellence. On laissera celles qui sont attachées aux grosses branches, & celles qui sont sur le tronc de l'Arbre. On laissera aussi celles qui ont la tête large, & la queuë grosse & courte, & qui sont bien regardées du Soleil. Les Poires qui auront été conservées, ayant tout l'aliment de cet Arbre, deviendront sans doute fort grosses, & auront l'écorce polie & lissée. Quand on ôtera aux Pêchers & Abricotiers une partie de leur fruit, il n'y aura qu'à les faire tomber avec le doigt.

Quand les nouveaux jets d'un Poirier nain reduit en espalier, seront un peu longs & forts, il faudra les coucher, & attacher au treillage de cet espalier avec de la paille un peu moüillée. Cette façon qui sert pour donner de l'air au bois & au fruit, & pour les faire mieux meurir, est appellée par les Jardiniers acoller. Il faut absolument qu'elle soit faite au 15. ou 18. Juin au plus tard, parce qu'au 10. ou 12. de Juillet on doit faire le second palissage. Il ne faut jamais acoller deux branches ensemble, ni ôter aucunes branches qui soient un peu belles & bien placées. S'il s'en trouvoit quelques-unes que l'on ne pût coucher & acoller sans être en danger de se casser, en ce cas il faudroit les couper à deux poûces de leur origine, parce qu'on pourroit esperer que des deux côtez de cette épaisseur il pourroit bien y naître quelques branches à fruit ou d'esperance.

Comme le bois d'un Poirier nain ou à

haute tige de quelque eſpece qu'il ſoit qui pouſſe à la ſeconde ſéve, c'eſt-à-dire, au 15. ou 20. de Juillet, ne produit preſque jamais de fruit, à cauſe qu'il n'eſt pas Aoûté, je ſuis d'avis que quand on le taillera, ſoit au mois de Novembre, ou en celuy de Fevrier, l'on ſuprime tout ce bois dés ſon origine.

AOÛTE' eſt un terme de Jardinage. Une branche bien Aoûtée, ſignifie que la ſéve qui l'a nourrie pendant une partie du mois de Juillet, & preſque pendant tout celuy d'Août, y a bien fait ſon devoir; & cela ſe remarque lorſqu'une telle branche ayant pris tout l'accroiſſement qui luy convient pour cette année, s'endurcit à la fin de ce dernier mois, meurit & prend une couleur qui luy eſt propre, pour produire l'année ſuivante du fruit, ſi c'eſt un Arbre à noyau, & trois ans aprés, ſi c'en eſt un à pepin; au lieu que quand l'écorce en eſt verdâtre & veluë, elle n'eſt propre à rien. Ce mot d'Aoûté s'employe auſſi à l'égard des Citroüilles ou des Melons, qui ceſſant de croître, prennent une certaine conſiſtance qui leur convient: ce qui eſt à leur égard une marque aſſurée de leur maturité; il ſe dit en Latin *maturus*.

Il y a des Jardiniers qui diſent que l'on doit pincer dés le 12. ou 15. de May au plûtard, les forts jets que les Pêchers pouſſent, afin de les obliger à produire des branches fecondes. D'autres ſoutiennent au contraire, que quand la taille eſt une fois faite, il n'en faut plus faire d'autre pendant toute l'année. Pour moy je suis de l'avis des premiers, à cause du profit que j'en ay tiré.

PINCER n'est autre chose, en terme de Jardinage, que rompre à quatre ou cinq yeux les gros jets de l'année, qui sont venus sur la forte taille de la precedente, afin que chacun puisse dans la suite en produire trois ou quatre mediocres, lesquels deviennent l'année suivante feconds, au lieu qu'un gros jet ne donneroit que du bois sans aucun fruit. Le pincement contribuë sans doute à faire produire quantité de fruits; il se doit faire avec les doigts au mois d'Avril à l'extremité du gros jet, si ce sont des Arbres à pepin, & à la fin de May, s'ils sont à noyau. Il ne faut pas pincer les gros jets qui sont au bas des Arbres, à moins qu'il ne fût necessaire de garnir quelque vuide.

Les Pommiers & Poiriers nains seront ébourgeonnez au mois de May. Ce travail se doit faire en arrachant les jets avec les doigts, quand ils font trop de confusion; les playes n'étant pas si tôt recouvertes, quand on les coupe avec un couteau. Cet ébourgeonnement fera fortifier les jets qui auront été conservez, & formera une belle tête. Il faut ébourgeonner les Arbres à pepin depuis le 18. Avril, jusqu'au 8. May; & ceux à noyau depuis le 12. May jusqu'au 8. Juin. J'estime qu'en ébourgeonnant ces derniers, il faut ôter avec les doigts la trop grande abondance du fruit qu'il y a ſur les jeunes branches, afin que celuy qu'on y laiſſera, devienne plus beau & plus excellent.

EBOURGEONNER eſt un terme d'Agriculture & de Jardinage, puiſqu'il convient non ſeulement à la Vigne, mais encore aux Arbres à fruit. Quoique ce mot d'ébourgeonner n'a été proprement inventé que par rapport à la Vigne, car on dit en Latin *pampinàre* qui vient de *pampinus*, qui veut dire pampre; cependant il plaît aux Jardiniers, & ne convient pas mal, ſelon moy, au travail que chez eux luy a acquis ce nom, à cauſe qu'en ébourgeonnant les Arbres, on ôte en effet des branches toutes tendres, & qui ne ſont preſque encore que bourgeons. Ebourgeonner la Vigne & les Arbres fruitiers, eſt ôter les branches inutiles. Si on ne les ôtoit pas, elles porteroient un grand prejudice à celles qui doivent contribuer à les rendre beaux & feconds.

Il y a des Poiriers nains greffez ſur franc qui ſont ſi vigoureux, qu'ils jettent quelquefois parmi les bouquets de Poires, de petites branches, leſquelles font plaiſir à voir. Il eſt tres-difficile de découvrir la cauſe de cette agreable diverſité: La Nature nous en montre bien d'autres en ſes productions. Quand on trouvera de ces petites branches parmi ces bouquets de Poires, il faudra les couper, parce que la séve étant en partie emportée par elles, est hors d'état de faire grossir le fruit comme il faut; & cela fait que faute d'aliment suffisant, il devient tres-petit.

Il faut absolument élaguer tous les ans les Arbres à haute tige, c'est-à-dire, ôter les branhes qui naissent autour de leur tige, afin que la séve se portant toute à leur tête, elle la leur rende plus belle, & leur fasse avoir une tige plus unie. Cette maxime ne se pratique qu'à l'égard des Arbres à haute tige.

Il arrive souvent que les jets des Fruitiers reduits en espalier, se jettent derriere les échalas. Quand on s'en apperçoit, il faut les en retirer de bonne heure, parce qu'ils pourroient se casser, ou du moins devenir tout tortus, si on tardoit trop à le faire. Ainsi je conseille aux Jardiniers de parcourir leurs Arbres en espalier, & de retirer ces jets, crainte qu'ils ne se brouïssent.

Lorsque les Abricotiers, Cerisiers & Bigarreautiers nains reduits en espalier seront sur le retour, il ne faudra pas les émonder ou élaguer, mais plûtôt se resoudre à les étêter, que de détruire leurs maîtresses branches, parce que la gom-

me

ne pourroit aiſément ſe former à l'endroit de l'inciſion. Quand ces Arbres auront l'année ſuivante formé une nouvelle tête, on devra ſe rendre maître des nouvelles branches, ſur tout au commencement, afin que conduiſant cette tête dans les regles de la taille, on puiſſe luy faire acquerir une figure qui ait l'approbation des plus habiles.

Comme il n'y a point de défaut qui ſoient plus viſibles & plus évidens dans un Arbre à haute tige, que la trop grande confuſion des branches dans le milieu, ni que celles qui s'éloignant trop des autres, ſe jettent auſſi trop en dehors, & y paroiſſent même ſans la compagnie d'aucune autre; il faut abſolument éviter ces défauts, ſi on veut avoir des Arbres à haute tige qui ſoient bien conditionnez, pour trois raiſons. La premiere eſt, que tous Arbres confus dans leur figure, produiſent rarement beaucoup de fruits. La ſeconde eſt, que s'ils viennent à en donner quelques-uns, ils ſont preſque toûjours inſipides. Et la troiſiéme eſt, que toutes les branches qui ſont dans une mauvaiſe ſituation, ne doivent jamais être ſouffertes dans de tels Arbres.

Il arrive quelquefois que quand on

laisse trop de branches sur les Poiriers en plein air, on tombe dans deux grands défauts. Le premier consiste à les rendre desagreables à la vûë; & le second fait que le fruit qui en provient est fade & d'un bas relief, à cause du trop d'ombrage qui l'empêche de joüir du Soleil, & par consequent de parvenir à une heureuse fin. Or si un Curieux veut faire conduire ses Poiriers à haute tige dans la veritable maxime que la taille demande, il doit faire retrancher les branches qui causent cette confusion, soit qu'elles prennent leur naissance au-dessus ou au-dessous de celles qu'on aura laissées l'année precedente, comme des branches bien placées.

Rarement se rencontre-t-il des Arbres fruitiers qui dans leur jeunesse ne souffrent qu'on les taille, & qui ne soient même tres-joyeux qu'on les fasse décharger de leurs branches inutiles; mais ce n'est pas la même chose quand ils sont dans leur vieillesse; car à l'exception des Poiriers, la plûpart des autres Arbres, & particulierement les Pommiers nains reduits en buisson, s'en trouvent fort incommodez, qui quand ils ont dix-huit à vingt ans, ne sont gueres contens qu'on les décharge de leur bois, à cause qu'ils ont bien de la peine à ſe recouvrir ; ce qui fait que ſouvent la pourriture ſe forme aux endroits où la ſerpette a touché.

On voit quelquefois des Poiriers en eſpalier, qui ayant une branche bien placée, en ont deux autres ſituées d'un autre côté preſque vis-à-vis, qui ſont ſorties d'un même œil, mais l'une deſquelles ſe jette en devant, & l'autre eſt bien diſpoſée à donner une belle figure à l'eſpalier. Quand pareille choſe ſe rencontrera, je ſuis d'avis que l'on coupe la branche qui ſe jette en devant, à l'épaiſſeur d'un écu prés du tronc qui la produit, & que l'on taille les deux autres auprés de cet œil.

Il ſurvient quelquefois aux mois d'Avril & de May des vents ſi froids & ſi humides, comme ſont ceux d'Oüeſt & de Nord-oüeſt, que les feüilles des Pêchers deviennent toutes brouïes, ce qui porte d'autant plus de préjudice à ces Arbres, que ces feüilles ne prenant plus de nourriture, tombent peu de temps aprés. Comme il leur en ſuccede d'autres quand le doux temps revient, j'eſtime qu'il faut ôter toutes celles qui ne ſeront pas tombées, parce qu'outre qu'elles ſont trop deſagreables à la vûë, elles dérobent à celles qui viennent de naître une partie de leur aliment. La brouïssure n'est autre chose, à l'égard de la séve, qu'une cessation de mouvement dans les feüilles d'un Arbre, par le moyen du froid, dont sont toûjours accompagnez de certains vents, qui venant à frapper ces parties encore fort tendres, en alterent si fort les fibres, que n'ayant plus les dispositions à y recevoir le suc nourricier, sont obligez de se déranger entierement, ce qui est cause de leur chute. Et comme dans ce temps la portion de séve que la Nature avoit destinée pour ces parties n'est point encore consommée, il arrive que telles feüilles ne sont pas plûtôt tombées, qu'il leur en succede d'autres.

Si on laisse agir d'eux-mêmes les Fruitiers à pepin & à noyau, ils donneront leur fruit d'une maniere differente. Les Poiriers & les Pommiers qui ont peu de vigueur, n'en auront qu'au bas & au milieu de leurs branches. Les Pêchers, Abricotiers & Pruniers n'en auront que tres-rarement en ces endroits. Si l'on souhaite que ces derniers Arbres donnent du fruit au bas de leurs branches, il faudra les rabattre dans le temps que leur séve est dans son declin. Si on les rabattoit dans le temps que ce suc est en son abondance, la gomme s'y formeroit aussi-tôt.

& feroit perir la branche qui devroit produire le fruit. Les Jardiniers n'ont pas lieu d'esperer qu'il se forme de nouveaux boutons à fruit dans le vieux bois des Pêchers, Abricotiers & Pruniers, non plus que dans celuy de la Vigne, n'y ayant que le jeune qui les puisse produire.

Il n'est pas extraordinaire qu'une branche d'un Poirier nain greffé sur franc, produise en même temps & du bois & du fruit, ce n'est même qu'un signe assuré de la grande fecondité de cet Arbre. Si on voit que de telles branches soient bien placées, & ne soient point trop confuses, & même n'empêchent point la maturité du fruit, on doit bien les conserver. Si au contraire il se trouve de ces especes de branches qui soient mal placées, ou bien qu'on les juge incommoder le fruit qui en est proche, il faut les retrancher.

Pour bien finir cette premier Partie, je feray part au Lecteur d'une découverte qui n'est pas moins utile que curieuse, puisque c'est, pour ainsi dire, rajeunir de vieux Poiriers & Pommiers greffez sur franc tout remplis de mousse, qui ne poussent plus que des jets foibles & languissans, & pour les obliger de produire encore de beau & bon fruit pendant plus de quinze années. Il eſt conſtant que la ſéve d'un vieux Arbre n'a pas d'autre paſſage pour nourrir ſa tige, ſes branches, ſes feüilles & ſon fruit, qu'entre le bois & la petite écorce, laquelle petite écorce eſt couverte d'une plus forte & plus épaiſſe; celle-ci ſert comme d'habit pour le garentir du grand chaud & du grand froid, auſquels il ſeroit ſans cela expoſé. Comme cette groſſe écorce reſſerre fortement le bois, & empêche que la ſéve ne paſſe aiſément, il faut trouver un moyen ſûr pour la faire paſſer. En voici un qui a été pluſieurs fois éprouvé & qui a quaſi toûjours réuſſi. C'eſt de couper au 15. ou 20. Fevrier la groſſe écorce qui eſt au tronc & aux groſſes branches de l'Arbre, avec une plane ou un ciſeau de Menuiſier, & de ne pas toucher à la petite écorce, qui n'eſt gueres plus épaiſſe qu'un écu, parce que la ſéve pourroit aiſément ſe perdre par cette ouverture. Si par malheur on avoit endommagé cette petite écorce, il faudroit auſſi-tôt couvrir la playe avec de la fiente de vache. Cela bien executé, on aura tout lieu d'eſperer que l'on aura l'année ſuivante des Pommiers & Poiriers à haute tige greffez ſur franc qui ſeront tout rajeunis, car il ſe fera à la place de l'antienne écorce, une nouvelle qui ſera polie, liſſe & argentine. Ces Arbres ainſi renouvellez, donneront trois ou quatre ans aprés de plus beau fruit qu'auparavant, parce que la ſéve paſſera plus aiſément qu'elle ne faiſoit. Il faudra couper toutes les branches des Pommiers, afin de l'obliger à en pouſſer au Printemps de plus belles. A l'égard des Poiriers, on pourra leur en laiſſer huit à neuf des plus jeunes & des mieux placées, leſquelles on coupera à la longueur d'un pied & demi au plus, afin de leur faire acquerir une belle tête. Au paravant que de couper la groſſe écorce du tronc & des groſſes branches de ces deux ſortes d'Arbres, il faut déchauſſer leurs pieds à la profondeur de deux pieds au moins, & ôter tout-à-fait la terre. Au fond du trou on mettra un peu de ſarment, parce qu'étant pourri par l'eau des neiges & des pluyes, qui viendra dans la ſuite à tomber, il aura la vertu de faire produire à ces Arbres de beaux & vigoureux jets. Et au-deſſus de ce ſarment on mettra de la terre neuve, & enſuite de bon fumier neuf qui ſoit convenable au terroir où ils ſont plantez. Ce dernier amendement empêchera ſans doute que cette terre neuve ne ſoit trop battuë ni affaiſſée par les pluyes & les neiges de la froide saiſon ; au contraire cette terre étant penetrée par ces neiges qui ſont pleines d'eſprits nitreux, & qui ſe fondant lentement au pied de ces arbres, augmentent la qualité de la terre, donnent aux racines une nourriture plus abondante, & par conſequent plus de vigueur pour la vegetation ; en ſorte qu'au Printemps ils font d'excellentes productions. Le Jardinier Solitaire dit que pour rajeunir un vieux Arbre, il faut l'étêter, c'eſt-à-dire, couper toutes ſes branches, & ne les laiſſer que de la longueur d'un pied ou environ, depuis l'endroit où elles ont pris naiſſance du corps de cet Arbre ; que pour lors il en ſortira de nouvelles branches, & que c'eſt la veritable methode pour le rajeunir.

Fin de la premiere Partie.

TABLE

TABLE ALPHABETIQUE

DES ARBRES, ARBRISSEAUX, *Arbustes, Fleurs, Fruits, Grains & Legumes, avec les termes propres à l'Agriculture & au Jardinage, contenus dans ce premier Volume.*

A.

C.

D.

E.

G.

H.

I.

L.

M.

N.

O.

P.

Q.

R.

S.

T.

Fin de la Table des Matieres du premier Volume.

APPROBATION.

J'AY lû par ordre de Monſeigneur le Chancelier un Livre intitulé, *Obſervations ſur quelques parties de l'Agriculture & du Jardinage* ; & je crois que l'impreſſion en pourra être utile au Public. A Paris ce 6. Septembre 1710.

Signé, HAVARD.

PRIVILEGE DU ROY.

LOUIS par la grace de Dieu, Roy de France & de Navarre : A nos amez & feaux Conſeillers les Gens tenans nos Cours de Parlement, Maîtres des Requêtes ordinaires de nôtre Hôtel, Grand Conſeil, Prevôts, Baillifs, Sénéchaux, leurs Lieutenants & à tous autres nos Juges & Officiers qu'il appartiendra, Salut. Nôtre amé JEAN ANGRAN DE RUENEUVE, nôtre Conſeiller en l'Election d'Orleans, Nous a tres humblement fait expoſer qu'il a composé un Livre qui a pour titre *Obſervations ſur quelques parties de l'Agriculture & du Jardinage*, lequel Livre il deſireroit donner au Public, s'il Nous plaiſoit de luy en accorder nos Lettres ſur ce neceſſaires: A CES CAUSES, voulant favorablement traiter l'Expoſant, Nous luy avons permis & accordé, permettons & accordons par ces Preſentes, de faire imprimer, vendre & debiter dans tous les lieux de nôtre obéiſſance, par tel Imprimeur-Libraire qu'il voudra choiſir, ledit Livre intitulé *Obſervations ſur quelques parties de l'Agriculture & du Jardinage*, en tant de volumes, de telle marge, forme & caractere, & autant de fois que bon luy ſemblera pendant le temps de dix années conſecutives, à compter du jour & date des Preſentes. Défendons à tous Imprimeurs, Libraires & autres Perſonnes de quelque qualité & condition qu'elles ſoient, d'imprimer, faire imprimer, contrefaire, vendre ni debiter ledit Livre en tout ni en partie, & ſous quelque pretexte que ce puiſſe être, même d'impreſſion étrangere, ſans le conſentement par écrit de l'Expoſant ou de ſes ayans cauſe, ſur peine de quinze cens livres d'amende contre chacun des contrevenans, applicables un tiers à Nous, un tiers à l'Hôtel-Dieu de Paris, & l'autre tiers à l'Expoſant; de confiſcation des Exemplaires contrefaits, & de tous dépens, dommages & interêts, à condition de faire enregiſtrer ces Preſentes dans trois mois du jour de leur date ſur le Regiſtre de la Communauté des Imprimeurs & Libraires de Paris; que l'impreſſion dudit Livre ſera faite en beau caractere, ſur de beau & bon papier, dans nôtre Royaume & non ailleurs, conformément aux Reglemens de l'Imprimerie & de la Librairie ; & qu'avant l'expoſition dudit Livre en vente, il en ſera mis deux Exemplaires dans nôtre Bibliotheque publique, un dans le Cabinet de nos Livres en nôtre Château du Louvre, & un dans la Bibliotheque de nôtre tres-cher & feal Chevalier Chancelier de France, le Sieur Phelypeaux, Comte de Pontchartrain, Commandeur de nos Ordres; le tout à peine de nullité des Preſentes, du contenu deſquels Nous vous mandons & enjoignons de faire joüir & uſer l'Expoſant & ceux qui auront droit de luy, pleinement & paiſiblement, ſans ſouffrir qu'il en ſoit aucunement empêché. Voulons auſſi que la Copie des Preſentes qui ſera tout au long imprimée au commencement ou à la fin dudit Livre, ſoit tenuë pour dûëment ſignifiée, & qu'aux Copies qui en ſeront collationnées par l'un de nos amez & feaux Conſeillers-Secretaires, foy soit ajoûtée comme à l'Original. Commandons au premier nôtre Huissier ou Sergent pour l'execution des Presentes, de faire tous actes requis & necessaires, sans demander autre permission, nonobstant Clameur de Haro, Chartre Normande & autres Lettres à ce contraires: CAR tel est nôtre plaisir. DONNE' à Paris le treiziéme jour de Septembre, l'an de Grace mil sept cens dix, & de nôtre Regne le soixante-huitiéme. Signé, Par le Roy en son Conseil, LAUTHIER.

Registré sur le Registre N° 3. de la Communauté des Libraires & Imprimeurs de Paris, page 70. n° 70. conformement aux Reglemens, & notamment à l'Arrest du 13. Aoust 1703. A Paris, le 14. Septembre 1710. Signé, DELAUNAY, Sindic.

Monsieur ANGRAN DE RUENEUVE a cedé son droit au present Privilege à CLAUDE PRUDHOMME, Libraire à Paris, pour en joüir suivant l'accord fait entr'eux.

Le Prix de ce Livre est de trois livres dix sols.

www.ingramcontent.com/pod-product-compliance
Lightning Source LLC
Chambersburg PA
CBHW052101230326
41599CB00054B/3570
* 9 7 8 2 0 1 1 3 4 7 5 8 9 *